ICT 기기를 이용한 도시의 에너지 절약

ICT 융합에너지 절감도시

김병호/소선섭/윤영선
정진만/은성배 저

북링커

머리말

정보통신기술의 발달 "ICT 융합 에너지 절감 도시"

정보통신기술은 매력적인 IT 기기를 넘어 눈에 보이지 않는 주변 환경까지 사람들의 일상에 스며들고 있다. 손 안에 스마트폰은 물론 집, 버스 정거장, 버스나 지하철 안, 자가용, 주차장, 사무실 등 움직이는 공간 곳곳에 내장된 컴퓨터와 센서들이 하루가 다르게 다양한 서비스를 제공하고 있다.

이처럼 도시를 지능화하는 기술은 매우 다양하고 심지어 기술의 문제를 넘어 창의적 시나리오를 요구하기도 한다.

이 책은 정보통신기술의 발달로 진화하는 유비쿼터스 도시의 현재와 미래 모습을 담았다.

1부 지속가능 도시기술에서는 환경 오염이나 에너지 문제처럼 현대도시의 문제점을 해결하는 데 도움이 되는 정보통신기술에 대하여 살펴보고, 2부 유비쿼터스 도시 기술에서는 유비쿼터스 컴퓨팅을 응용한 창의적 도시 서비스들에 대하여 소개한다.

2016년 1월

이 책의 구성

제 *1* 부 유비쿼터스 도시 기술

Chapter 5 증강형 멀티미디어

Chapter 6 센서네트워크

Chapter 7 센서네트워크 응용

Chapter 8 모바일 증강현실

Chapter 9 실시간 인터넷 멀티미디어

Chapter 10 스마트폰의 발달

제 2 부 ICT 활용 지속가능 도시

Chapter 11 에너지 생산 소비 가능 가정

Chapter 12 가정 내 에너지 절감 사례

1

유비쿼터스
도시 기술

유비쿼터스 컴퓨팅

1.1 유비쿼터스 컴퓨팅 비전

1991년 Scientific American의 "The Computer for the 21th Century"에서 마크 와이저는 컴퓨팅 패러다임의 새로운 단초를 제공하였다. 마크 와이저는 사람이 관심을 집중시켜야 작동되는 컴퓨터가 아니라 어디에 있는지 잘 인식하지 못하는, 백그라운드에서 사람을 둘러싼 환경을 스스로 감지하고 작동되는 인간중심의 컴퓨터, 즉 유비쿼터스 컴퓨터의 개념을 제시했다. 사물들에 자신의 위치를 알리고 추적을 가능케 하는 컴퓨팅 센서를 내장시키고 이들이 모두 서로 네트워킹이 될 때 지금까지의 컴퓨팅과는 다른 유비쿼터스 컴퓨팅의 힘이 발휘될 것이라 보았던 것이다. 이러한 유비쿼터스 컴퓨팅을 위해 기술적으로는 싸고, 저전력을 사용하며, 편리한 디스플레이장치를 가진 컴퓨터, 모든 기기들을 연결시켜주는 네트워크, 유비쿼터스 응용을 가능케하는 소프트웨어 시스템의 개발이 필요한 것으로 보았다.

마크 와이저는 유비쿼터스 컴퓨터는 기존의 데스크톱 컴퓨터의 제약을 극복케 할 뿐 아니라 우리를 자유롭게 할 것이라 보았다. 마크와이저가 생각한 컴퓨터는 일상생활을 전혀 방해하지 않는 그런 컴퓨터였다. 마치 안경을 통해 세상을 보지만 안경을 의식하지 않고 장님들이 지팡이를 통하여 길을 찾아가지만 지팡이를 의식하지 않는 것과 같은 전기처럼 어느 곳에나 편리하게 있어 늘 당연한 듯이 사용하면서 전기의 편리함을 평소에는 잊어버리는 것과 같은 그런 컴퓨터를 말하는 것이었다. 그리고 사람이 컴퓨터를 익히고 적응해나가는 것이 아니라 사람의 필요와 요구에 스스로 적응하는 그런 컴퓨터와 컴퓨팅 환경을 구상한 것이었다.

따라서 그는 지금의 컴퓨터는 정보기술이 완전히 구현되는 단계로 가는 중간단계의 산물일 뿐이라고 보았다. 그리고 궁극적인 컴퓨팅 단계는 사람이 처한 환경을 고려하면서도 전면부에서 사라져 백그라운드에서 모든 컴퓨팅 작업이 행해지는 단계로 보았다. 그리고 이러한 유비쿼터스 컴퓨팅 패러다임이 20년 이내에 지배적인 컴퓨터 패러다임으로 변할 것으로 보았다. 컴퓨터와 사물에 심어진 컴퓨터가 개별적으로는 새로울 것이 없다. 그러나 마크 와이저는 도처에 산재하는 이러한 컴퓨터들이 사람과 사람간의 연결은 물론, 사물과 사물, 사람과 사물간의 네트워킹을 가능하게 할 때 지금까지 행해져오던 일들의 수행방식은 양적변화를 넘어 질적인 변화를 가져올 것이라 보았던 것이다. 그러면 이러한 정보통신기술의 발전은 도시에 어떤 영향을 미칠 것인가? 그리고 도시는 이러한 정보통신기술의 발전을 이용하여 도시관리의 문제와 한계점들을 어떻게 개선해 나갈 수 있을 것인가?

1.2 ▲ 정보통신기술의 발달과 미래도시의 형태

정보통신기술이 도시에 어떤 영향을 미칠지에 대해서는 오랫동안 많은 연구가 진행되어왔다. 정보통신기술의 발전은 경제의 흐름을 변화시키고 도시관리의 방식을 변화시키며, 공간적인 차원에서 새로운 가능성을 열어준다. 경제적으로는 세계화된 시장의 출현, 정보에 기반한 새로운 생산양식의 출현, 정보통신에 대한 투자의 증가를 가져올 것이며 사회·문화적으로는 급속한 변화가 일상화되는 경향을 촉진시킬 것이다. 세계를 대상으로 한 영업과 경영은 치열한 세계경쟁을 의미하며 이것은 많은 정보를 소유하고 접근할 수 있는 정보부유층과 정보 빈곤층 간의 격차를 더욱 벌어지게 할 것을 의미한다. 환경적으로 정보기술의 발달은 모든 종류의 사회간접자본시설들에 대한 효율적 관리를 가능하게 할 것이다. 정보통신의 발달은 주변도시의 발달을 촉진시킬 것이다.

1.2.1 경제구조의 변화 – 위성도시 네트워크

세계화와 경쟁의 심화는 전통적인 산업사회 도시의 모습을 바꾸었다. 생산설비들은 개발도상국들로 이전하면서 국제적인 노동분업이 일어나기 시작했다.

포드 시대의 대규모 제조업체들은 유연하고 빠르게 반응하는 소규모의 네트워크화된 기업으로 대체되고 있다. 상품과 서비스를 작은 업체들로부터 구매하는 경우가 많아지고, 도시 노동시장과 도시의 사회경제적 구조를 바꾸어 놓고 있다. 금융서비스의 혁신으로 인하여 전자 및 금융서비스의 네트워크의 중심지에서 대규모 도시들이 성장하기 시작하였다. 도시경제활동에서 지식과 정보를 창출하고 이에 부가가치를 부여하는 활동이 증가하였다. 산업도시들이 후기 산업도시 혹은 정보도시로 변화하고 있는 것이다. 정보도시에서는 소비산업이 흥행하고, 물질적인 상품보다 무형의 지식, 상징적인 상품들을 생산하고 유통하는 것이 더 큰 비중을 차지하게 된다. 소비재산업, 지식의 가공, 처리, 유통, 상징적 재화, 정보처리 관련 직업종사자, 정보인프라 투자가 활발하게 일어나며 이는 세계화를 가속화시킨다. 구조적 실업이 발생할 수 있으며, 제조업 분야 일자리가 축소되는 반면, 소매, 여가, 관광분야 등에서 저급의 직장이 성장하게 된다. 전 세계의 도시들은 발달된 교통네트워크 뿐 아니라 전자통신에 기반한 정보, 돈, 각종 서비스, 노동력, 상품과 이미지들의 흐름을 통하여 마치 하나의 거대한 체제와 같이 움직인다. 그러나 도시의 이러한 변화는 도시내에서 불공평하게 전개될 가능성이 크다. 세계금융자본이 핵심적인 영향력을 지니며 부상하게 되고 최고의 직장들이 입지한 지역을 통제한다. 일부 소규모의 산업화되지 않은 몇몇 도시들은 고급 제조업, 연구개발, 고급기술서비스 등으로 특화하고, 다른 지역들은 관광의 핵심지역으로 특화하기도 한다. 그러나 동시에 오래된 산업도시들은 쇠퇴의 길을 걷게 된다. 도시시스템의 빠른 변화, 도시공간에 부여되던 여러 기능들의 쇠퇴로 도시경제는 급변하고 불확실한 미래에 직면할 가능성이 크다.

1.2.2 사회 및 문화적 변화

1980년대 도시경제의 위기는 전후 케인즈류의 복지정책에 종지부를 찍게 하였고 도시관리에 신자유주의적인 접근이 시작되었다. 경제적인 구조조정의 영향과 더불어 사회문화적 변화는 도시에서의 사회적, 지리적 분극현상을 촉진시킨다.

부유층과 엘리트층들은 인터넷을 비롯한 각종 정보시스템에 접근하여 모든 편익과 이익을 누리지만 비용이나, 컴퓨터 지식의 부족 때문에 정보화에서 소외되는 자들이 점차 늘어난다. 심지어 기본적인 전화서비스도 받지 못하는 정보빈곤 함정에 갇히는 사람의 수가 동시에 늘어나게 된다. 부유층과 빈곤층의 양극화현상은 범죄에 대한 공포를 상승시켜 첨단 전자정보시스템을 이용한 이웃의 요새화가 진행된다. 가정중심의 도시문화가 확산되고 점차 근무, 쇼핑, 서비스에 대한 접근, 사회적 상호작용 등이 도시의 공공장소에서 상호작용을 거치며 일어나는 것보다는 컴퓨터를 매개로 하여 이루어지는 경우가 많게 된다. 정보통신기술의 발달이 지체 부자유자들이나 노약자들의 소외를 극복함으로써 도시의 사회적 자유, 진보적인 변화에 얼마나 기여할 수 있을지에 대해서는 논란이 많다. 그러나 전자공간에서 전자통신을 통한 상호작용은 전자공간과 도시공간에서 동일한 관심과 이익을 가진 네트워크 공동체를 출현케 하고 있다. 인터넷의 발달은 미디어규제의 자유화와 더불어 지구적 문화의 출현과 미디어산업의 출현을 가져온다. 인터넷통신은 이미지, 지식, 정보, 상징물들의 흐름의 통로역할을 하면서 장소와 사람들을 실시간으로 세계문화체계로 편입시킨다. 기존의 대규모 방송시스템은 케이블, 위성 TV, 인터넷통신 등으로 다양화 된다. 미디어산업의 출현은 개인과 집단의 자유화, 권한의 부여 등 긍정적인 측면도 있겠으나 빠르게 성장하고 있는 방송 대기업들에 의한 모든 정보의 상업화라는 부정적인 측면도 있다. 또, 미디어의 발달은 지방의 차이를 없애고, 서구의 문화가 비서구 국가에 전파되어 정보에 대한 사회적인 접근을 양극화시킨다.

1.2.3 도시환경

정보통신기술의 발전이 지속가능한 도시의 건설에 도움이 될 것인가에 대해서도 논란이 있다. 정보통신의 발전이 교통인구를 줄이지는 않을 것이다. 정보통신기술의 발전은 대단히 넓은 범위에서 서로 상반된 영향을 미치게 된다. 통신의 발전이 물리적 이동, 상품 등에 대한 새로운 수요를 창조하므로 더 많은 교통량을 유발할 수 있다. 도로정보시스템의 발전은 교통수요를 분산시켜 교통혼잡을 완화시킴으로써 도로에 대한 매력도를 증가시킬 수 있다. 원격근무는 피크타임의 교통혼잡을 줄일 수 있겠지만 주간에 가정에서의 전기와 열 소모량은 많아지게 된다. 또 직장근처에서 거주해야 하는 필요성이 원격근무에 의해 줄어들게 되면서 도시가 확장될 수도 있다. 에너지, 물, 폐기물분야에서 유사한 상충성이 일어날 수 있다.

1.2.4 도시교통과 기반시설

원거리통신은 도시의 교통과 기반시설 네트워크의 관리에 큰 영향을 미친다. 이전에는 표준화되고 독점적 공급체계로 운영되던 교통, 열, 전기, 물 공급 등을 위한 기반시설에 대한 관리가 분산된 기반 설비 서비스체제, 그래서 상호간의 경쟁이 가능해진 체제로 변화하고 있다. 원거리통신수단의 발달은 기반시설 서비스제공자들이 다른 종류의 소비자들에게 차별화된 서비스를 제공하는 경우 그 차별화된 가격을 파악할 수 있게 한다. 소비자들에게 프리미엄, 고급, 보통 등의 차별화된 서비스를 제공할 수 있게 되는 것이다. 특수소비계층에 대한 차별화된 서비스공급의 가능성이 열린다. 민영화와 자유주의의 변화와 더불어 독점체제에서 다자간의 경쟁적 서비스체제로 변화한다. 예를 들어 GIS는 다른 종류의 소비자들에게 차별화된 비용을 분담시키는 것을 가능케 함으로써 가장 이익이 많이 남을 소비자들을 대상으로 영업활동을 할 수 있게 한다. 서비스에 대한 수요와 공급을 보다 더 상세히 파악함으로써 더 이윤이 많이 나는 방향으로 기반시설을 관리할 수 있게 한다. 전보회사와 전화회사는 철도회사의 시간을 표준화하고 철도망 위 열차의 움직임을 통제할 수 있게 했다. 유럽에서 시행되고 있는 전자도로가격시스템은 실시간별로 혼잡의 정도에 따라 요금을 부과하고 있다. 화물운송체제는 생산과 분배지역간의 전자적인 연결로 재고량을 급속히 감소시키는 것이 가능했으며 저장과 배분의 기능을 중앙집중화함으로써 교통네트워크를 보다 더 효율적으로 이용할 수 있었다. 뿐만 아니라 회사들은 기사들과 실시간으로 교신하면서 가장 효과적인 도로를 이용하여 운반하게 한다. 텔레매틱스(전화+컴퓨터), 즉 컴퓨터통신은 사회간접자본 서비스에서 새로운 시장을 만들었으며 경쟁을 유발시켰고 소비자들을 차별화하여 차별화된 서비스를 제공할 수 있게 하였다.

1.2.5 도시의 물리적 형태

도시의 경관과 물리적 형태도 급속히 변화하고 있다. 세계의 경제적 힘이 지역시장에 영향을 미치고 도시에서 오래된 산업지역은 전 지구적인 소비와 문화의 중심지로서 초근대적인 모습으로 변화하고 있다. 새로운 통신장비, 통신장비 기반시설들이 오래된 도시에 심어지면서 도시의 물리적인 형태가 변화하기 시작한다. 통신기반의 발전에 따라 예전에는 도심에서만 행해질 수 있었던 여러 활동들이 도심에서 멀리 떨어진 곳에서도 가능해지기 시작하면서 다핵도시의 모습이 촉진되기도 한다. 시 외곽지역의 사무실 건물, 기업과 기술 단지, 시외의 쇼핑센터 등은 점차 도심외곽의 도시들을 변화시키면서 도시지역의 물리적인 배치를 변화시킨다. 자동차의 발달로 인한 분산효과, 통신 기술의 발달은 도시지역을 확산시킨다. 핵심도시들은 확장된 도시지역으로 통합되고 이러한 도시지역들은 더 거대한 광역도시권으로 흡수되면서 최종적으로는 행성계와 같은 광역도시군을 형성하게 된다. 하나의 도심이 다른 하나의 도심과 계층적으로 연결되는 기존의 형태를 벗어나 도시들간에 상호보조적인 관계에 기반하는 매우 복잡한 네트워크가 형성되는 것이다. 이러한 경향은 특히 북미지역에서 두드러진다. 그러나 이러한 분산화 경향이 도시의 종말을 의미하는 것이 아니다. 분산화와 집중화의 영향이 복잡하게 얽혀지면서 동시에 일어난다. 그러나 컴퓨터통신으로 인한 집중화의 경향은 더 강하게 나타날 것이다.

1.2.6 도시계획, 정책, 거버넌스

도시 거버넌스에서 점차 강조되고 있는 것은 경제적 발전을 위한 공공부분과 사부문간의 협조이다. 시당국은 이제 다국적기업과 공공기관, 스포츠 및 여가산업, 관광객들의 투자를 이끌어내야 하는 도시기업가로서의 역할을 요구받게 되었다. 이제 도시는 글로벌 네트워크상에서 서로 분리된 다수의 노드 중의 하나로서 기능하기 때문에 이러한 기능상의 발전을 위한 경쟁은 매우 치열하다.

선거로 선출된 자들로 구성되는 지방정부는 점차 기업적인 방법으로 운영되고 선거로 선출되지 않은 지방기업 유틸리티 회사들(전기, 가스, 수도 등)과 함께 일하면서 도시의 재발전을 위하여 노력한다. 정보통신회사들은 이 과정에서 점차 중요한 역할을 하게 되는데 회사들은 이들이 보유하고 있는 정보기반시설에서 발생될 장기적인 수익에 의존하기 때문이다. 자연히 정보통신회사들은 정보집약적인 경제분야의 발전을 지지함으로써 많은 것을 얻을 수 있게 되는 것이다. 이같이 도시 경쟁력의 이미지에 미치는 정보통신의 중요성은 곧 도시정책의 중심이 바로 정보통신정책 위주로 된다는 것을 의미한다. 도시관리에 대한 이러한 새로운 접근은 바로 상호 연결된 도시체제의 출현을 의미한다. 이러한 상황에서 도시정책의 입안자들은 이들 도시의 역할이 도시 네트워크상의 노드로 생각하게 되는 것이다. 도시를 둘러싼 시장이 급속히 세계화되어 나가면서 정보통신회사들은 점차 다국적기업의 필요에 맞게 변화되어 나간다. 도시 거버넌스와 도시 서비스 역시 정보통신의 응용으로 변화되어 나간다. 케인지안 복지체제로부터 개인주의적이고 보수적인 복지체제로의 변화는 도시복지서비스를 비용절감, 민영화, 구조조정 흐름으로 몰아가게 되는데 극화현상의 증가는 복지서비스에 대한 수요를 동시에 증가시킨다. 이러한 상황에서 최대의 관심은 정부가 더 기업적으로 정부를 개조하고 정보통신의 혁명을 이용하여 최저의 비용으로 최대의 융통성과 효과를 지니는 방향으로 도시서비스를 제공하는 것에 있게 된다. 결과적으로 도시 관리에 있어서 정보통신에 기반한 구조조정이 점차 활기를 띠게 되면서 과거의 물리적, 인적자본을 필요로 했던 서비스들을 가상의, 전자적인 서비스로 대체해 나가게 된다. 일상적인 기능들이 먼, 심지어 다른 지역이나 장소에 의해 수행되는 아웃소싱도 증가하게 된다.

1.2.7 원격통신과 도시의 미래

현대도시들은 도시의 물리적공간과 전자공간이 동시에 병행되면서 이해되어야 올바르게 이해될 수 있다. 이 양자를 이해하지 않고서는 우리는 선진자본주의국가들의 도시에서 일어나고 있는 변화상황을 이해할 수 없다.

현대도시를 이해하기 위해서는 도시공간 -고정된 장소로서 사회적, 경제적 문화적인 생을 펼치는 도시와 다양한 정보, 서비스, 노동, 미디어가 지리적인 공간의 영역을 넘어서 흐르고 있는 전자적인 공간을 동시에 이해해야 한다. 도시에서 전자공간의 발달이 전통적인 물리기반의 도시를 미래학자들이나 유토피언들이 말하는 것처럼 해체하지는 물론 않는다. 물리적 공간으로서의 도시는 여전히 존재할 것이며 문제가 될 것이다. 그러나 도시공간은 앞으로 전지구적인 자본주의를 지탱하는 거미줄같이 얽힌 관계와 외부성으로 특징지어지는 공간이 될 것이다. 도시공간과 전자공간은 서로 영향을 주고받을 것이며 상호 밀접하게 연계될 것이다. 양공간의 밀접한 연계관계가 앞으로 미래 도시의 모습을 규정하게 될 것이다. 이 과정에서 승자와 패자가 나타나게 될 것이다. 이 과정에서 거의 모든 물리적 공간이 도시화되는 현상이 나타나게 될 것이다. 원격통신의 힘과 빠른 교통네트워크의 발달로 시간과 공간이 축소되면서 시골지역의 공간과 생활형태도 앞으로는 도시화될 것이다. 그러나 이것이 도시의 사망을 의미하는 것은 아니며 시골생활의 진정한 혁명을 의미하는 것도 아니다. 이것은 전지구적인 네트워크를 통하여 작동하고 있는 초도시, 초산업자본주의 사회의 출현을 의미하는 것이다. 원격통신의 활발한 이용이 교통수요와 재화와 사람의 물질적인 이동을 감소시킬 것으로는 보이지 않는다. 오히려 도시내와 도시간의 교통수요와 원격통신에 대한 수요가 급속히 늘어날 것이다. 이러한 경향은 재화, 사람, 서비스, 정보, 데이터와 이미지 등의 증가된 흐름으로 이동과 커뮤니케이션 집약적인 사회로 도시를 변화시킬 것이라는 것을 예견하게 한다. 원격근무의 주된 혁신은 전국적인 현상은 아니고 주된 대도시를 중심으로 일어날 것이다. 여전히 출퇴근을 하겠지만 변할 것은 물리적 출근과 원격근무를 적절히 배합하면서 더 융통성 있는 작업을 해 나갈 것이라는 점이다. 그렇다고 하여 전자공간의 급속한 팽창에 의하여 도시가 크게 영향받지 않으리라는 것이 아니다. 주된 문제는 현재 도시발달에서 본질적으로 내재된 사회적, 경제적인 극화현상이다.

　이러한 극화현상은 전자공간의 발달에서도 반영될 것이며 오히려 강화될 것이다. 도시의 경제적 건강도의 패턴은 모든 공간에서 더 불균형하게 될 것이다. 교환과정은 사회적인 엘리트층의 특권과 권한을 더욱 증가시킬 것이며 더 많은 사람들을 지배해 나가게 될 것이다. 도시와 원격통신과의 상호작용에 대한 이해를 진작시키기 위하여 기술적 결정주의나 사회적 결정주의를 버려야 한다. 원격통신이 단순하고, 전체적으로, 그리고 단선적으로 도시에 영향을 미칠 것이라는 가정이나, 이와는 반대로 이러한 변화는 단순히 자본주의 정치경제를 반영할 따름이라는 가정들은 여전히 일상적으로 보편화 되어 있다. 그러나 이 두 가지 주장 모두가 건전하지 못하다. 도시에 대한 종합적인 시각은 사회적 행위는 도시에서의 원격통신의 응용행태를 이것이 비록 자본주의의 정치경제적 흐름과 배치되더라도 다양하고 상황에 따라 다른 모습으로 변화시킬 것이라는 점을 가르쳐준다. 새로운 원격통신기술은 새로운 대안과 가능성을 가져다 줄 것이며 도시에서 일어나는 제반과정은 이러한 가능성에 의하여 새로운 모습으로 변화될 수 있는 것이다. 기술과 사회적 행위간의 다양한 상호작용은 전혀 예기치 않았던 결과를 가져오기도 한다. 소득 양극화로 인한 사회적 갈등과 마찰은 여전히 이러한 과정의 핵심을 이루게 될 것이다. 이러한 마찰과 갈등은 도시에서의 원격통신의 응용과 설계에 영향을 미칠 수밖에 없다. 다국적기업은 광섬유와 사적인 네트워크에 접속할 수 있겠으나 빈민가지역의 사람들은 공중전화라도 쓸 수 있으면 다행일 것이다. 그러나 이러한 문제가 도시에서 원격통신의 응용을 결정적으로 제약하지는 못한다. 일단 기술이 이용가능하게 되면 정치 사회적인 갈등과 행동들이 기술들의 응용방향에 영향을 미칠 것이며 이것은 궁극적으로 기술이 미칠 영향의 방향을 바꾸어 나갈 것이기 때문이다. 따라서 같은 기술이라 할지라도 그 쓰임은 완전히 달라질 수 있으며 그 영향 역시 완전히 달라질 수 있다. 해서, 원격통신이 도시에 미칠 영향도 때와 장소에 따라 완전히 달라질 수 있다. 일률적인 영향을 단언할 수 없는 것이다. 같은 기술이 사회적으로 불리한 자들을 도우고 힘을 부여하는데 이용될 수도 있으며, 반대로 이들을 이용하고 착취하는데도 이용될 수 있다.

　장애우, 여자, 소수민족들이 원격통신의 덕을 본 사례들은 많다. 원격통신은 도시의 대중,

지방, 시민사회를 강화시키는데 이용될 수 있으나 동시에 사회적인 균열과 원자화를 촉진시킬 수도 있다. 지속가능한 도시의 발전에 이용될 수도 있겠으나 지극히 지속가능하지 않은 도시의 발전에도 같이 이용될 수 있다. 따라서 정보통신기술의 발전이 도시에 미칠 영향은 복잡하며 분명하지 않다. 정보통신기술의 발전은 도시기반시설이나 교통체계에 영향을 미치며 도시성장의 장애요인을 제거할 것이다. 환경파괴적인 교통의 흐름을 증가시킬 수도, 원격근무로 교통흐름을 감소시켜 지속가능한 도시발전에 도움을 줄 수도 있을 것이다. 정보통신기술의 발전은 도시경제를 세계경제의 네트워크상에서 움직이는 하나의 분리된 지점으로 기능하게도 할 것이고 지역의 경제를 발전시키고 지방의 결속력을 강화시키기도 할 것이다.

1.3 정보통신기술의 발달과 도시관리의 새로운 형태

1.3.1 디지털도시 개념

사이버공간의 시대가 도래하기 이미 훨씬 전부터 사람들은 공간개념을 컴퓨터 속에서 실현시키려 노력하여 왔다. 사이버공간에 대한 개념은 주로 공간적, 지리적인 메타포로 충만하였는데 이중 가장 두드러진 것은 가상도시의 개념이었다. 이러한 가상공간에 대한 구상은 엘 고어의 디지털 지구, 유럽연합의 디지털도시 세미나, 암스테르담의 디지털도시, 헬싱키의 가상도시 등에서 구체화된다. 디지털도시는 미국에서도 적용되고 있는데 유럽에서 디지털도시를 공공서비스를 위한 목적으로 주로 적용하고 있는 것과는 달리 상업적 이익을 위해 주로 적용되고 있다. 일본에서도 기술적으로 정교한 디지털도시의 모형들이 나오고 있다.

디지털 도시는 여러 관점으로 해석될 수 있다. 지역사회의 정보기반으로 생각할 수 있으며, 실제도시의 거주민과 방문자들에게 정보를 제공하는 것으로도 볼 수 있다. 지역주민들간 의사소통의 매개체로도 생각할 수 있으며, 지역의 민주주의와 참여를 촉진하는 수단으로도 볼 수 있다. 사이버공간의 실험장으로도 생각할 수 있으며, 일상생활을 위한 실질적인 자원의 제공처라고도 볼 수 있다. 전자상거래, 온라인 공공서비스 등은 디지털 도시에서 경제적인 활동을 지원하는 새로운 모습들이며, 사회생활에서 일어나는 각종 문제를 해결하고 조정하는 실험적 수단으로도 역할한다. 지금은 대부분의 활동들이 시장이나 국가를 통하여 조정되고 있지만 이제 디지털도시에서는 시장, 국가를 거치지 않고 사용가능한 지역의 자원과 네트워크를 동원하여 일들을 도모하게 될 것이다. 컴퓨터네트워크상에 설립되어 있는 디지털 도시, 실제의 도시가 행하는 모든 기능을 하는 그런 도시를 상상할 수 있다. 디지털도시에 대해서는 극단적인 찬반양론이 대립한다. 옹호론자들은 고도로 발달된 정보통신 기술을 향유하는 디지털도시는 지금까지 치유 불가능했던 도시의 여러 문제를 해결 가능케 해줄 구원으로 생각하고 있는 반면 반대론자들은 도시의 문제들을 더욱 깊게 만들어줄 뿐이라 주장한다. 낙관론자들이 디지털도시는 질서, 합리성, 공동체, 민주주의, 우정, 단결, 지속가능성, 지구적인 상호이해, 모두를 위한 더 나은 삶을 가져올 것이라 생각하는 반면, 비관론자들은 무질서, 비능률, 분리, 불공평, 폭동, 빈곤, 파괴, 절망을 가져올 것이라 주장한다. 옹호론자들의 입장에서 보면 전지구적인 고속정보망의 구축은 지역내뿐만 아니라 지역간, 국가간의 상호이해와 아이디어의 교환을 가능하게 할 것이며, 그리스 아테네 도시광장에서나 가능했던 직접민주주의와 유사한 형태의 도시 민주주의가 디지털도시의 전자광장에서 가능해질 것으로 본다. 지역내, 지역간의 긴밀한 의사소통은 편견, 적대감, 오해를 불식시킬 것으로 본다. 아이러니칼하게도 지구화는 점차 사람들로 하여금 단순하고, 소규모의, 그리고 보다 지역적인 것에 대한 소중함을 깨닫게 해주었으며 이것이 디지털도시에 대한 관심으로 나타나고 있는 것이다.

비관론자들은 도시에 대한 사람들의 기대가 현실적인 도시에서 여전히 많은 고통과 문제를 안고 있듯이 디지털도시에서 이러한 문제가 더욱 증폭될 것이라 본다. 지금의 도시에서 가난과 부, 부의 집중과 계층간의 분리, 갈등이 존재하듯이 디지털도시에서 역시 정보와 통신체계는 도시의 계층질서 속에서 작동될 것이며 그 차이는 더 크게 확대될 것이라 주장한다.

1.3.2 디지털도시 이론

성공적인 기술의 혁신은 현재 행해지고 있는 활동의 수행방식을 변화시키고, 활동을 확대, 강화시키며 궁극적으로는 공간을 포함해서 원래의 활동자체를 다른 모습으로 변화시킨다. 디지털도시는 여러 모습을 보일 수 있다. 기존의 전통적인, 그러나 비효율적으로 행해지는 일의 수행방식을 대체할 것이며, 필요한 행정허가를 받는 과정이 수차례의 기관방문대신 몇 차례의 클릭으로 대체되면서 행정절차는 더 쉽고, 정확하고, 간편해지며, 동시에 더 많은 여유 시간을 가질 수 있게 될 것이다. 다른 한편으로 디지털도시에서는 시민들간의 네트워크가 더 발전하면서 기존의 기능이 더 강화되거나 확산되기도 한다. 또 어떤 도시활동은 완전히 다른 모습으로 바뀌면서 도시의 물리적 형태자체를 변화시킬 수도 있을 것이다.

디지털도시는 일정한 지역을 차지하는 물리적 공간, 시민 그리고 기술적, 사회경제적, 문화적 활동들이 모두 교차하는 곳으로 이해할 수 있다. 도시지역과 이 지역에 거주하는 도시민들은 수많은 이웃들과 지역별이익집단들을 만들어 내고 이러한 집단들이 모두 도시를 구성하게 된다. 정보통신기술의 변화로 촉진되고 있는 광범위한 사회경제적 변화에 속에서 도시민들은 다양한 직업, 생활스타일, 문화들을 만들어내면서 독자적이면서도 상호 밀접한 연관관계를 가진 네트워크사회를 만들어내게 된다. 한편, 도시의 물리적 공간과 네트워크사회의 교차부분에서는 지능형 도시를 만들어내는데 이미 도시에서 많이 적용되고 있는 교통관리, 환경상태의 모니터링과 관리, 개인, 집단, 지방정부, 기업들에 대한 위치기반서비스의 제공 등의 모습이 이에 해당된다. 이 교차영역들은 각자 독특한 성향을 지니며 어떤 부분이 더 많이 추구되고 실현되는지에 따라 서로 다른 디지털 도시의 모습으로 발전해 갈 것이다.

교차지역에서의 특징적인 경향들은 다음과 같다. 첫째 경향은 네트워킹, 공동체의 형성, 민주화 역할의 강화로 시민이나 시민단체들의 공공의사결정에 대한 참여가 확대되어 나간다. 이미 웹기반의 GIS와 가상도시 프로젝트에서는 계획과정에도 시민의 참여를 촉진하는 방법들을 구상하고 있다. 둘째, 디지털도시가 매우 다양한 기능, 서비스, 활동, 실천, 제도적인 장치들을 네트워킹된 웹상에서 구현하게 될 것이라는 점이다. 디지털도시의 기능으로 분류된 대부분의 기능들 -허가, 쇼핑, 상호작용 및 협동적인 활동, 교육, 가상박물관, 콘서트홀, 가상 도시관광 등- 이 여기에 해당된다. 셋째, 가장 기술 지향적인 경향으로 도시 곳곳의 센서와 이들 센서로부터의 정보가 무선 네트워킹을 통하여 도시의 모든 상황들이 실시간으로 업데이트되고 이들이 GIS 기반의 도시모델로 통합되고 도시관리가 진행된다는 점이다. 이 부문은 유비쿼터스 컴퓨팅 네트워크에 기반하는 유비쿼터스 도시의 특징을 가지며 이런 점에서 유비쿼터스도시는 기존의 디지털도시에서 더 한층 진화된 물리공간과 전자공간의 융합이 일어나는 도시라 할수 있다. 그러나 디지털도시의 강점은 개별적인 서비스의 향상에 있는 것이 아니라 이 모든 특징들이 통합적으로 제공되는 데에 있다. 여기서 이론적인 질문은, 실제도시의 여러 측면 중 어떤 부분이 디지털도시에 의하여 개선될 수 있는가? 디지털 도시의 사명은 무엇인가 등이다.

1.3.3 디지털도시 기능

유럽에서 성공적인 디지털 도시로 평가되고 있는 실례는 암스테르담의 DDS(De Digitale Stad)와 프랑스의 파트네이의 ITN(In-Town-Net)이다. 원래 암스테르담의 DDS는 암스테르담 주민에게 정치인과 주민들을 연결시켜주는 전자민주주의 포럼을 제공하기 위하여 구축되었다. 디지털도시를 사이버공간에 마련된 공공의 장으로 사회, 정치적 토론, 자유로운 의사의 표현, 사회적 실험을 수행할 수 있도록 운영하고 있다. 이와 더불어 새로운 미디어의 제공, 지역경제의 개발, 중소기업에 대한 조언과 서비스의 제공, 정치, 사회적 이슈에 대한 정보를 제공하고 있다. 프랑스의 파리근교의 파트네이의 ITN은 시민들을 보다 적극적으로 도시에 참여시키고, 낙후된 지역경제를 활성화하기 위한 것이 기본적인 목적이었다.

이들 디지털 도시의 기능은 크게 정보제공, 온라인 서비스, 사회적 네트워크와 의사소통, 참여형 의사결정 지원체제로서의 기능으로 나누어진다.

1.3.4 디지털도시의 과제와 희망

디지털도시는 수많은 정보를 실시간으로 계속 업데이트해야 하는 문제, 매력적인 디자인과 실용성간의 균형을 유지하는 문제 등 많은 문제에 직면한다. 또, 디지털도시는 대개 기술의 발전을 촉진하는 경향이 있어 컴퓨터 과학자나 관료들이 익숙한 패러다임에 따라 만들어지는 경우가 많다. 그 결과 디지털도시들은 기존의 성공적인 전략, 지역개발, 의사결정 등의 방법과 잘 통합되지 못한다. 따라서 디지털도시에 참여하는 양질의 시민들을 충분히 확보하는 것이 디지털도시의 성공을 위해 필수적이다. 디지털도시가 건전한 지역공동체를 만들 수 있을 것이라는데 회의적인 사람들이 많다. 이를 고도의 상업자본주의의 또 다른 표현이라고 보는 사람도 많기 때문이다. 즉, 상업자본주의의 전당이 쇼윈도의 유리속이나 건물을 지탱하는 철제빔 속에서만 있는 것이 아니라 이제 사이버공간에도 자리잡기 시작한 것이라 보는 것이다.

그러나 이러한 비판에도 불구하고 지금까지 실현되고 있는 디지털도시의 발전과 기능들을 보면 디지털도시는 정보통신의 기반구조, 통신시설, 지방민주주의와 참여의 수단, 표현과 경험의 가상공간, 일상생활의 정보제공, 문제해결의 장소로 활용되어 왔다. 디지털도시는 인터넷과 정보통신기술의 발전이 가져오는 인간적인 측면의 효과로 만남과 의사소통의 촉진되는 도시이며, 매스미디어와는 대조적인 개별화된 통신과 정보가 제공되는 도시이며, 궁극적으로는 센서 네트워크에 의해 웹과 도시관리가 통합되는 도시이다. 그러나 지속적으로 제기되고 있는 디지털도시에서의 정보 빈부격차 문제는 지속적인 주의를 기울이며 대책을 마련해야 할 과제로 보인다. 디지털도시에서 기존 사용자들의 연대는 처음 사용자들에 대한 배타성을 나타내고 있는 것으로 조사되고 있다. 이러한 현상은 디지털도시를 통한 상호작용의 증가가 디지털도시가 더 민주적이고 참여적이며 모두를 포용할 수 있는 사회를 만들 것이라는 기대와는 전혀 다른 방향으로 전개될 수 있음을 말해주고 있기 때문이다.

1.4 유비쿼터스 도시의 비전과 기본구상

유비쿼터스 컴퓨팅과 네트워크 기술의 특성이 도시에 적용되는 경우 물리적 도시공간이나 디지털도시와는 또 다른 차원에서 진화된 유비쿼터스 도시공간이 출현하며 유비쿼터스 도시혁명을 가능하게 한다. 전자공간은 물리공간이 갖지 못하는 공간과 시간상의 한계를 극복할 수 있다는 점에서 가장 큰 장점과 매력을 지닌다. 전자공간에 있어서 제약은 상상력뿐일 정도로 상상할 수 있는 모든 것이 실현가능한 전자공간이다. 그러나 전자공간은 실체가 존재하지 않으므로 만질 수도 없고 불안정하며 무형의 허구라는 불완전성이 있다. 반면 물리공간은 공간과 시간상의 한계를 지니고 있으나 실체적이다. 즉, 실체가 거래되고 교환되는 공간이므로 만질 수 있는 형상이 있는 공간이며 따라서 안정적이다. 이렇게 양 공간은 그 나름대로의 장점을 지닌다. 그러나 이 두 개의 공간은 서로 독립적이라기보다는 상호 의존적이다. 전자공간은 물리공간의 발전 여부에 밀접한 영향을 받는다. 물리공간이 전자공간의 발전을 지탱해주지 못하면 전자공간은 발전하지 못한다. 예를 들어 전자상거래가 발전하기 위해서는 전자공간에서의 주문이 물리공간에서의 원활한 택배 및 물류업체와 연계되어야 한다. 만약 전자공간상에서의 주문이 택배나 물류업체에서의 지체로 소비자에게 물건의 배달이 지연된다면 전자상거래가 활발히 성장하지 못하게 될 것이다. 전자공간은 물리공간의 한계를 극복하면서 물리공간에 기반하고 있는 도시관리를 획기적으로 변화시킬 수 있다. 그러나 전자공간은 실체가 없는 무명의 허구라는 불안정성을 동시에 지니고 있다. 반면 물리공간은 시간 및 공간상의 제약이 있기는 하지만 실체가 거래되고 교환되는 공간이므로 안정적이고 만질 수 있는 형상이 있는 공간이다.

이러한 점에서 기존의 물리공간과 전자공간 두 공간은 상호발전을 위하여 융합될 필요가 있으며 이러한 융합에 의하여 생겨나는 새로운 인공적 공간을 유비쿼터스 공간이라 한다. 유비쿼터스 공간이 전자공간과 다른 점은 우선 전자공간에서는 사물과 인간, 인간과 인간이 인터넷을 통하여 연결되는 가상의 공간이었으나 유비쿼터스 공간은 사물과 인간, 인간과 인간 간의 연결에 추가하여 사물과 사물이 인터넷을 통하여 정보를 상호교류하면서 엄청난 정보교류의 장을 마련하고 있는 공간을 말한다. ICT의 발전으로 도시의 공간이 물리적 공간, 전자공간, 유비쿼터스 공간으로 진화해 간다고 할 때 이 세공간의 특징들은 다음과 같다. 물리공간은 분자를 원소로 하는 만질 수 있는 공간이다. 토지와 사물 등으로 구성되는 물리공간은 공간의 위치를 인식하는데 있어 사용자와는 상관없이 투지에 부여된 번지와 주소를 사용한다. 물리공간의 기능은, 놀이공간에 있는 각종 오락시설물처럼, 기능을 갖는 사물이 공간에 심어지면서 형성된다. 공간에 대한 접근은 오로지 자기 자신이 그곳에 존재할 때에만 가능하다. 물리공간의 네트워크는 도로망이나 철도망과 같은 네트워크형 사회간접자본들이며 공간개발의 핵심기술은 토목/건축기술이다. 물리공간에서의 개발과 발전에는 기간산업의 육성과 지역격차해소가 주요과제였다. 전자공간은 비트로 구성된 공간이므로 만질 수 없는 공간이며 논리적이고 가상적인 공간이다. 전자공간은 인터넷과 웹서비스 같은 가상적 요소로 구성된다. 전자공간에서 사용하는 주소체계는 실제의 공간적 위치와 상관없이 네트워크에 고정된 IPv4 같은 프로토콜을 사용한다. 그리고 전자공간의 기능은 전자 박물관처럼 컴퓨터에 디지털화된 사물과 각종 정보가 심어짐으로써 형성된다. 전자공간에 대한 접근은 자기 자신이 물리적으로 어디에 위치하든지 문제가 되지 않으며 단지 컴퓨터를 통하여 네트워크에 접속하면 가능해진다. 전자공간의 네트워크는 인터넷을 비롯한 각종 정보통신망형 사회간접자본들이며 공간개발의 핵심기술은 컴퓨터, 통신, 방송의 융합을 실현하는 정보통신기술이다. 전자공간의 개발과 발전에서는 네트워크의 기반과 이용자 확산, 그리고 디지털격차의 해소가 중요한 과제였다.

제3공간은 전자공간에서 한 걸음 더 나아간 공간이다. 제3공간은 특정 기능이 내재된 컴퓨터가 환경과 사물에 심어짐으로써 환경이나 사물 그 자체가 지능화되는 것에서부터 시작한다. 산업시설, 오피스빌딩, 학교, 주택, 도로, 자동차, 기계부품, 가전제품, 애완동물과 같은 물리공간에 배지, 태그, 칩, 센서, 마이크로기계, 로봇, 에이전트시스템 등과 같은 전자공간의 인자가 심어짐으로써 제3공간이 탄생하는 것이다. 사물의 일부로서 사물속에 심어지는 컴퓨터들은 주변 공간의 형상을 인식할 수 있고, 공간속에서 그 자체 또는 주변환경과 사물들의 변화를 어느 정도 떨어진 거리에서까지 자각, 감시, 추적할 수도 있다. 뿐만 아니라 사물속에 내재된 컴퓨터들끼리 무선 네트워크로 연결돼 사람이 인식하지 못하는 상황에서도 정보를 주고받는다. 이같은 역할을 통해 제3공간은 물리공간과 전자공간을 최적으로 연계, 통합시킨 새로운 기능을 제공할 수 있게 되는 것이다. 제3공간의 특성은 무엇보다도 사물과 환경에 컴퓨터를 심음으로써 그 기능을 지능화시키고 나아가 환경의 특성까지도 개인에게 맞도록 전환, 지능화시킬 수 있다는데 있다. 제3공간에서는 사물 스스로 주위에 존재하는 사물의 정체성을 식별할 수 있으며 여타 사물과 환경으로 만들어지는 공간의 형상도 지각할 수 있다. 뿐만 아니라 제3공간에서는 환경, 사물의 변화특성, 공간이동 등을 연속적으로 감식, 진단, 추적할 수 있으며 그 정보를 실시간으로 공유할 수 있다. 그리고 사람이 애써 의식하거나 조작하지 않아도 사물들간의 의사소통과 정보의 수발신이 자발적으로 이루어진다. 이러한 제3공간에서는 물리공간이나 전자공간과는 다른 새로운 비즈니스와 정보산업이 전개될 수 있다. 당장 유비쿼터스 시대에는 위치나 속성정보를 수발신하는 칩을 설계하고 이를 식재함으로써 모든 사물과 상품을 지능화하는 스마트칩 산업이 기존의 주문형 반도체 수준을 넘어 도소매업이나 위험물질관리업으로 확대될 것이다. 사물과 환경의 변화를 실시간으로 감지 추적하는 특정 용도의 센서산업과 특정사물을 연결하는 센서네트워크산업도 방범 및 안전관리, 의료, 국방, 경찰 등의 분야에서 수많은 비즈니스 기회를 만들어 낼 것이다. 모든 환경과 사물의 창조, 이동 등을 식별 감식 추적 최적화하는 전방위 공간 비즈니스와 산업이 독립적으로 또는 다른 산업과 연계되어 부상하게 될 것이다. 통신과 방송은 물론이고 전자정부, 교육, 의료, 보건, 상거래 등 각종 공간기능들도 강화되거나 재편될 것이다.

이렇게 보면, 유비쿼터스 도시는 앞서 논의한 ICT 기술의 발전이 도시에 미칠 긍정적인 영향과 지금까지 실현되고 있는 디지털도시가 제공하고 있는 밝은 측면의 기능들이 발전적으로 통합된 도시로 생각할 수 있다. 물론 U-도시는 ICT 기술의 발전이 가져올 부정적 영향과 기존 디지털도시에서 보여지는 문제점들이 극복되는 도시가 되어야 할 것이다. 이러한 U-도시의 비전을 정리하면 다음 그림과 같다.

즉 도시는 ICT의 발전을 기반으로 하여 지역내는 물로 지역간의 경제격차가 최소화되는 자족적 경제도시, 네트워크 공동체의 형성을 통한 문화 공동체 도시, 그리고 SOC와 각종 시설물에 대한 관리를 통한 쾌적한 지능형도시이다. 물론 어떤 기능을 더 추구하는가에 따라 쾌적한 지능형도시, 다핵의 자족적 경제도시, 이웃과 함께하는 공동체 도시 등 각 부문별 비전이 고도로 특화된 유비쿼터스 도시를 생각할 수 있다.

이것은 앞서 살펴본 디지털도시가 기술도시, 공동체도시, 사회경제활동의 도시가 통합된 도시이지만 어느 기능이 중점적으로 추구되는가에 따라 디지털도시의 성격이 달라질 수 있다는 점과 같은 이유에서이다. 그러나 유비쿼터스 도시가 고도로 지능화되어 쾌적한 도시의 모습을 가지거나, 상호 긴밀한 네트워킹을 기반으로 하는 문화공동체적인 도시로 발전하거나, 유비쿼터스 네트워킹에 기반하는 새로운 생산양식의 대두와 서비스의 제공으로 자족적인 경제도시로 성장하건, 모두 고도로 지능화된 도시공간을 전제로 한다. 유비쿼터스 컴퓨팅 네트워크 환경을 기반으로 한 도시공간을 기반으로 다양한 형태의 도시모습이 전개되어갈 수 있다는 것이다.

유비쿼터스 도시로의 발전은 고도로 발전된 ICT에 기반한 행정서비스와 도시관리, 센서네트워킹에 기반한 물질 SOC와 사이버 SOC간의 통합, 그리고 도시정책 및 도시계획에 대한 시민들의 광범위한 참여를 통하여 달성된다. 이를 위해 유비쿼터스 도시공간은 언제나, 어디서나, 누구나, 무엇과도 네트워킹되는 정보통신기반, 그리고 실시간 연계, 신선한 정보의 제공, 조용하고 보이지 않는 정보기반, 리얼한 정보기반의 구축이 필요하다. 유비쿼터스 네트워킹 기반의 구축은 도시관리와 서비스의 어떤 분야를 어떻게 개선할 것인가에 따라 달리 전개될 것이다. 유비쿼터스 도시는 기존 도시계획과 도시관리의 한계를 효율적으로 극복하면서 도시를 인간다운 삶을 구현할 수 있는 새로운 차원의 기회의 공간으로 재창출할 것이다.

1.5 주요 국가 추진 사례

1.5.1 미국의 유비쿼터스 정책 및 프로젝트 사례

미국은 자국의 정보산업 경쟁력 유지를 위해서 1991년부터 유비쿼터스 컴퓨팅 실현을 위한 연구개발을 추진해 왔으며 그러한 계획의 일환으로 정부기관인 DARPA와 NIST의 정보기술응용국(ITAO)이 연구자금을 지원하고 있다. 정부기관과 대기업의 자금지원으로 MIT, CMU 등 주요 대학과 HP, MS, IBM 등 민간기업연구소에서 다양한 프로젝트를 수행하고 있다. 미국은 주로 유비쿼터스 컴퓨팅 기술과 부분적인 조기 응용개발에 중점을 두고 있으며, 특히 일상생활공간과 컴퓨터간의 자연스러운 통합이 가능한 HCI 기술과 표준개발을 핵심요소로 인식하고 있다. 미국은 IT기술 선진국으로서 유비쿼터스 컴퓨팅에 대한 거의 모든 분야의 기술을 주도하고 있으며, 특히 유비쿼터스 컴퓨팅화에 대한 프로젝트 추진은 정보통신업체와 대학교 연구실에서 주도를 하고 있다. 추진방향은 민간기업체의 주도로 주요 하드웨어, 네트워크, 소프트웨어 기술을 개발할 뿐만 아니라 이를 기반으로 국방, 의료, 산업, 가정 그리고 사무실 전반에 적용할 프로젝트를 진행하고 있다.

미국 연방정부는 인터넷의 폭발적인 확산으로 네트워킹에 대한 관심이 높아짐에 따라 1997년에서 2000년까지 차세대 인터넷 등의 네트워킹 연구 분야를 중시하였으나, 2001년부터 고성능 컴퓨팅에 관한 연구개발 투자비중을 다시 늘리고 있다. 최근의 미국 연방정부 IT 연구개발 프로그램을 보면 2002년도 연구개발투자비 18억 3,000만 달러중 고성능 컴퓨팅 기술에 7억 8,900만 달러를 투자해 전체 예산의 43%를 차지했다. 그리고 2003년에는 다시 증액시켜 8억 4700만 달러로 전체 예산 18억 9,000만 달러의 44.8%에 이를 전망이다. 이에 비해 네트워킹 분야는 2002년 3억 3,300만 달러, 2003년 3억 1,700만 달러로 전체 예산의 16.8% 정도로 높은 비중을 차지하고 있으나 컴퓨팅 기술에 비해 비중이 축소되고 있다. 한편, 소프트웨어의 경우도 2001년 5억 8,700만 달러, 2002년 6억 2,200만 달러, 2003년 6억 3,400만 달러로 연구개발 투자비중이 점점 높아지고 있다. 미국 연방정부의 정보통신기술 연구개발 방향은 장기적으로 페타급의 고성능 컴퓨팅 기술 개발을 목표로 하고 있다. 이를 위해 2003년부터 나노기술, 바이오 기술과 컴퓨팅 기술을 결합한 복합화된 신기술을 창출함으로써 최첨단 컴퓨팅에 필요한 요소기술 및 시스템 디자인기술을 획기적으로 발전시키는 한편, 최첨단 컴퓨팅기술을 응용하기 위한 툴과 애플리케이션 등의 개발을 추진하고 있다. 대규모 네트워킹 기술도 장기적으로 페타급 통신기술 확보를 통해 최첨단 컴퓨팅과 초고속 네트워크간 컨버전스 기술 분야에서 세계적 리더십 확보를 지향하고 있다. 그리고 전 광통신기술을 기반으로 무선, 이동망 등을 언제, 어디서나 연결할 수 있는 하이브리드 통신기술, 수십억 개의 임베디드화된 센서를 연결하기 위한 센서네트워크 그리고 신뢰성과 안정성을 제고하기 위한 기술개발 등을 추진하고 있다. 소프트웨어기술은 3개 프로그램에 의해 추진되는데, 주요내용은 사용자 인터페이스기술, 컴포넌트 소프트웨어, 임베디드 응용소프트웨어 그리고 소프트웨어 디자인 및 생산성 향상 기술, 고 신뢰성 소프트웨어 및 시스템기술 등이 포함된다. 특히, 소프트웨어는 인간과 유사한 수준의 기능을 수행하는 소프트웨어기술을 확보하기 위해 혁신적인 소프트웨어 개발방법과 디자인에 대한 연구를 강조한다. 다시 말해 자가진단, 자가수정, 자가치유 그리고 사용자의 실수나 외부의 무단침입에 대한 방어기능 등을 갖춘 소프트웨어를 개발함으로써 인간의 심장이나 폐와 같이 어떠한 상황에서도 자동적, 지속적으로 작동하고, 신체의 간과 같이 일부가 파괴되거나 이물질이 유입돼도 전체 시스템은 지속적으로 정상적 기능을 수행하는 고도의 소프트웨어 기술을 개발하는 것을 장기적인 연구개발 방향으로 제시하고 있다. 한편, 1997년 이후부터 정보통신기술의 사회/경제적 파급효과에 대한 연구도 점차 확대하고 있다. 이는 IT 수요를 촉진하는 동시에 인간과 사회가 필요로 하는 요소들을 체계적으로 연구함으로써 정보통신기술의 파급효과를 극대화하고 장기적으로는 바람직한 유비쿼터스 컴퓨팅 구현 방향을 모색하기 위한 것으로 보인다.

1) 마이크로소프트

빌 게이츠는 SPOT(Smart Personal Object Technology)를 새로운 화두로 제시했는데, SPOT 의 스마트 오브젝트는 인터넷 기능을 구현해 언제, 어디서나 온라인에 손쉽게 접속할 수 있도록 해주는 알람시계, 부엌용 전자기기, 스테레오 장비 등과 같은 소형 전자기기, 즉 유비쿼터스를 다르게 표현한 것으로 이는 곧 전 세계 IT산업에 가장 큰 영향력을 행사하는 인물 중 한 명인 게이츠가 유비쿼터스 시대의 본격적인 개막을 선언하였음을 의미하는 것이다. 마이크로 소프트는 스마트무브X와 이지리빙 프로젝트를 중심으로 무선 유비쿼터스 네트워킹을 추진하 고 있는데 스마트무브X는 빌딩 내에 있는 사람과 사물의 위치를 측정하고 이를 하드웨어와 소프트웨어적으로 나타내는 것을 실현해 주는 액티브 뱃지 시스템의 일종이다. 한편 이지리빙 프로젝트는 물리적 공간 세계와 독자적인 센싱과 세계 모델링 공간, 그리고 분산 컴퓨팅 시스템 의 결합을 통해 쉬운 인터네트워킹 공간을 만들어낸다. 또한, 마이크로소프트는 기존의 소프트 웨어 판매의 비즈니스모델에서 인터넷을 전제로 한 자사의 기술 및 제품을 개발하여 웹으로 제공하는 방향으로 비즈니스모델을 전환하기 위해 노력하고 있으며 인터넷을 기반으로 복수의 운영체제, 응용 등을 플랫폼에 관계없이 상호연동하여 모든 장치가 접근할 수 있는 분산 환경구 축 전략으로 .NET전략을 2000년 6월에 발표하였다. 이 .NET구상을 기반으로 하여 사용자가 장치나 응용에 무관하게 인터넷상에서 자신의 데이터에 접근하거나 응용이나 서비스를 이용할 수 있는 웹서비스를 실현하는 플랫폼의 코드명은 HailStorm으로 PC나 휴대전화, PDA 등의 정보단말을 통하여 전자우편이나 주소관리서비스를 받을 수 있으며 주요한 최초의 12가지의 서비스를 제공할 예정으로 있다. 한편, 마이크로소프트의 홈네트워킹인 접속하면 바로 사용한 다는 UPnP는 인터넷 프로토콜을 사용하여 PC나 여러 가지 전자기기들을 네트워크상에서 서로 통신하게 하는 기술로서 윈도즈 XP을 탑재한 PC를 사용하여 컴퓨터상의 어떠한 설정도 없이 가정내에 있는 모든 기기가 자동으로 서로 인식하여 통신하게 할 수 있다.

2) 선 마이크로시스템

최근 10년 내에 컴퓨터 그 자체보다 컴퓨터가 연결된 네트워크가 진짜 컴퓨터라는 선 마이크 로시스템의 개념은 유비쿼터스 컴퓨팅과 매우 밀접하다. 현재 선은 한번 프로그래밍하면 모든 환경에서 동작한다는 개념으로 개발된 선의 자바는 차세대 휴대전화에 탑재하기 위해 차세대 휴대전화용의 규격인 MIDP NG의 규격화를 검토하고 있다. 또한 내장형 리눅스용 자바 환경의 제공을 2001년 1월에 발표함으로써 PC나 휴대전화 이외의 전자기기상의 자바 내장에도 민감하게 대응하고 있으며 전자기기들을 서로 연동하여 분산 동작케 하는 시스템인 지니는 지니 환경에서 칩만 내장하면 네트워크에 접속된 대형컴퓨터에서부터 TV, 전자렌지, 디지털 카메라, 스마트카드 등의 모든 정보기기에 서비스를 제공할 수 있다.

3) IBM

IBM의 Pervasive Computing은 네트워크 상에 연결된 무수한 기기들을 어디서나 언제라도 네트워크에 접근하여 e-비즈니스까지 행할 수 있는 환경을 의미하며 Pervasive의 사전적 의미는 넓힌다, 보급한다는 의미이며 Pervasive Computing이란 항상 온라인 상태로 정보를 푸시하는 네트워크 컴퓨팅 환경을 기반으로 하는 정보 융합 기술을 의미하는 것으로 이 개념은 유비쿼터스 컴퓨팅과 매우 유사한 개념으로 상당히 오래 전부터 추진되어 왔다. IBM은 퍼베이시브 컴퓨팅을 실현하기 위해 서버시스템, 미들웨어 등의 기반제품의 제공과 장치 소프트웨어, 반도체 등의 내장형 요소 기술의 개발 및 시스템구축 등의 통합 솔루션 제공에 몰입하고 있다. 한편 P2P 기술을 기반으로 연구되고 있는 그리드 기술은 정보자원들의 집합 및 활용, 데이터베이스 공유, 협력에 대한 3가지 주요 프로토콜을 기반으로 지능화된 네트워크, 고성능 컴퓨터와 최첨단 장비, 차세대 응용 과제(Advanced Application), 그리드 이용기술로 기술적 특성을 요약할 수 있다. 이에 따라 IBM사는 5년 안에 그리드의 신 시장 창출을 확신하면서 세계 여러 곳에 위치하는 자사의 데이터센터를 그리드 개념으로 연결하여 e-비즈니스 소프트웨어들을 공급하는 블루그리드 프로젝트를 2001년 8월부터 추진하고 있다.

4) 인텔

세계 마이크로프로세서 시장을 선도하고 있는 인텔도 PXA 255와 같은 고도의 통합기능을 갖는 차세대 프로세서의 개발과 동시에 센서 네트워크의 핵심인 시스템 온칩(SoC)과 초소형기계장치를 중심으로 한 지속적인 다기능 칩 개발에 주력하고 있다. 특히 사물과 기계, 로봇속에 내장되어 기기간의 무선 유비쿼터스 통신을 가능하게 하는 신개념의 차세대 마이크로프로세서를 개발 중이다. 인텔은 소형의 저소비 전력으로 인터넷 대응의 XScal 구조를 탑재한 프로세서를 차세대 휴대전화 서비스가 시작된 2001년 시장에 투입하기 시작하여 최대 1GHz로 동작하며 최대 1개월의 전지수명을 가진 Wireless Internet On Chip 기술을 개발 중에 있다. 한편, 인텔의 Wireless communication & computing 사업본부장인 론 스미스는 지금부터 5년 내지 10년 이내에 실용적이고 다양한 입는 컴퓨터나 손목시계, TV 전화가 일반 시장에 등장할 것이라고 단언한 바 있다.

5) 버클리 대학

버클리 무선연구센터 등의 미국대학 연구소에서는 무선 센서, 모니터 등을 이용한 초 저전력 근거리 무선 통신용 노드에 대한 연구가 진행 중이며, 이와 동시에 배터리와 솔라셀 및 파워생성 기술 등에 대한 연구가 진행 중에 있다.

6) 필립스

근거리 통신용으로 블루투스 혹은 무선랜을 대체할 저전력, 저가의 무선 유비쿼터스 통신 기술에 대한 표준화 작업 및 시스템 개발을 진행 중이며 모토롤라사 등에서는 응용용으로 8bit 프로세서를 옵션으로 사용할 수 있는 사양을 연구 중이다.

7) HP

HP는 쿨타운이라는 프로젝트로 유비쿼터스 연구를 진행하고 있다. 쿨타운 프로젝트는 모바일 컴퓨팅의 미래에 대한 HP의 비전을 제시하기 위해 처음 시작되었고 HP 연구소의 인터넷-모바일 시스템 연구실에서 추진되었다. HP의 새로운 시도는 근거리 무선통신으로 자신의 ID 혹은 URL을 발신하는 전자태그, 내장형 웹서버, 근거리 무선통신을 통하여 전자태그의 신호를 수신하는 PDA 그리고 기존의 웹 인프라를 기반으로 개인이 이동하는 전자장소에 위치한 장치들이 제공하는 웹서비스를 개개인 PDA에게 연결시키는 컴퓨팅의 모델과 시나리오들로 구상되었다. 쿨타운 프로젝트의 가장 핵심적인 개념은 현실의 사람, 사물, 공간이 동시에 웹상에도 존재하는 현실같은 웹을 구축하는데 있다. 이러한 웹과 상호작용 하는 디지털 커뮤니케이션 수단을 이용해 이동 사용자들이 언제 어디서나 커뮤니케이션이 가능한 환경을 실현하고자 하는 것이다. HP는 그 동안의 연구결과를 바탕으로 세계 여러 지역에 쿨타운 센터를 설치하였다. 북미지역에는 미국 뉴저지 파라머스, 메릴랜드 록빌, 캐나다 토론토, 유럽지역에는 스위스 제네바, 영국 런던, 아시아에는 싱가포르에 설치되었다. HP 쿨타운 센터는 근거리 무선통신과 웹서비스 기술들의 결합이 일상적인 비즈니스 업무를 어떻게 변화시킬 수 있는지를 생생하게 보여주는 것이 목적이다. 또한 쿨타운은 e-서비스의 실현에 의한 이익을 일상생활에 도입하는 것이 핵심 요소이다. 현재 미국, 유럽, 그리고 아시아에 여러 곳의 쿨타운 체험센터를 설치하여 사용자들이 e-서비스가 자신들의 비즈니스 모델을 어떻게 유익하게 변화시킬 수 있는 지와 비전을 상업적 현실로 전환하는 새로운 방법들을 스스로 체험할 수 있도록 하고 있다. 쿨타운의 목표는 기업들이 자신들의 비즈니스를 전환하기 위해 근거리 무선통신과 웹서비스 기술들을 어떻게 사용할 수 있는지에 관해 기업들에게 제시하였다. 그래서 웹 세상과 실제 세상에 실제적인 기여를 유도하기 위한 것이며, 그러한 것의 실현이 가능하도록 아이디어와 기술개발을 공개적으로 공유하기 위한 것이다.

8) 액센츄어

세계적인 컨설팅 기업인 액센츄어는 세계 최초로 유비쿼터스 정부와 유비쿼터스 상거래 구상을 발표하고 새로운 유비쿼터스형 비즈니스 모델 기술 개발에 총력을 기울이고 있다.

1.5.2 유럽의 유비쿼터스 정책 및 프로젝트 사례

유럽은 유럽연합이 중심이 되어 2001년에 시작된 정보화사회기술계획의 일환으로 미래기술계획이 자금을 지원하는 사라지는 컴퓨팅 계획을 중심으로 16개의 프로젝트 수행을 통하여 유비쿼터스 컴퓨팅 혁명에 대한 대응전략을 모색하고 있다. 이름이 의미하는 바와 같이 사람의 눈에 보이지 않는 수많은 소형 컴퓨터들을 사람들의 생활공간 곳곳에 내장시켜 인간에게 편리함을 제공하려는 것이다. 이 사업을 통하여 미래의 컴퓨터 응용에 대한 개념과 기술을 도출하려는데 목적이 있으며, 연구대상은 다음과 같다.

- 일상 사물에 스마트한 기능을 내장하는 도구나 방법 개발
- 일상 사물들간의 상호작용에 대한 새로운 기능과 용도 연구
- 인간 생활이 스마트 사물 환경에 밀착되고 조화롭게 생활할 수 있는지 연구

사라지는 컴퓨팅 계획을 중심으로 유비쿼터스 컴퓨팅 혁명에 대한 대응전략을 모색하고 있는 유럽은 우리가 흔히 사용하는 일상 사물에 센서·구동기·프로세서 등을 탑재해 사물 고유의 기능에 정보처리 및 정보교환기능이 증진된 정보 인공물을 개발하려고 한다. 이들 정보 인공물 상호간의 지능적이고 자율적인 감지와 무선통신을 통해 새로운 가능성과 가치를 창출하고, 궁극적으로는 인간의 일상 활동을 지원하고 향상시킬 수 있는 환경을 구축하는 것을 최종 목표로 프로젝트를 추진하고 있다. 유럽에서 추진하고 있는 거의 대부분의 프로젝트는 다국적, 전문연구 기관의 공동형태로 추진되고 있다.

1) 유비캠퍼스 프로젝트

유럽의 하노버대학과 VTT대학은 유비쿼터스 컴퓨팅 환경에 필요한 기반기술, 대학교 환경에서의 유비쿼터스 컴퓨팅 응용 시나리오에 대한 비전적용, 유비쿼터스 컴퓨팅이나 기술에 대해 잘못 예측된 부분의 파악과 더불어 유비쿼터스 컴퓨팅 영역의 새로운 기술 통합에 대한 실제적인 경험을 얻기 위하여 유비캠퍼스 프로젝트를 시작하였다. 유비캠퍼스는 두 개의 메인 프로젝트 파트너를 중심으로 수많은 개발 업무를 통합하였다. 이 프로젝트는 참여한 파트너들의 자금으로 시작하였으며 다른 자금지원은 요청하지 않았다. 동시에 대학 환경을 기반으로 이

서비스를 박사과정 프로젝트를 위한 시험 환경으로 활용하였다. 유비캠퍼스의 전형적인 서비스는 상호교환적인 교육으로 정보 배포 및 상호 작용의 두 가지 정보처리 형태를 지원한다. 우선 정보 배포를 위해서 헬프데스크는 필요한 정보와 서비스를 찾아주는 포털 서비스 센터로서 검색, 요약, 네비게이션 등 여러 기능을 제공한다. 이 밖에도 강의에 대한 정보를 제공하고 정보를 활용하게 하는 강의노트 관리자, 과제할당 관리자 및 발표준비 관리자가 있다. 상호작용 모델은 강의 동안에 각 개인적인 채널을 형성해서 개인별로 평가 및 요약을 제공하며 응용접속관리자, 절차평가관리자, 시험관리자, 학교안내자 등이 포함된다.

하노버의 대학과 VTT의 무선 인터넷 연구소에서 수행된 유비캠퍼스 프로젝트는 마크 와이저의 유비쿼터스 컴퓨팅 개념을 제한된 캠퍼스내에서 응용을 중심으로 하는 프로젝트로 계획하였다. 유비캠퍼스의 목표는 대학 환경을 위한 일반적인 서비스를 제공할 수 있는 유용한 시스템 구조로 이용 가능한 단일 상용기술들을 통합하는 것이었다. 특히 커뮤니케이션 영역에서 필요한 기반 기술의 성급한 개발 유혹을 회피하기 위하여 표준 의존적으로 접근하였다.

2) 사라지는 컴퓨팅 프로젝트

유럽연합(EU) 정보화사회기술계획(IST)의 일환으로 미래기술계획(FET)이 지원하는 자금으로, 2001년 1월 1일에 시작하여 2년 내지 3년 동안 추진될 16개의 프로젝트에 사라지는 컴퓨팅 계획투자를 하였다.

- 2WEAR : 활동중 적응하고 확장할 수 있는 입거나 소지하는 무선 컴퓨터
- GROCER : 위치 기반 전자 태그가 부착된 상품을 판매하는 식료 잡화점
- e-Gadgets : 컴퍼넌트 기반 자율형 정보 인공물에 의한 가제트월드 생성
- Smart-Its : 상호 연결 가능한 집단적 인식을 가진 자율형 정보 인공물
- Oresteia : 사람과의 상호작용에 대한 적응력을 가진 다용도 정보 인공물 모듈
- Ambient Agoras : 동적 정보 클러스터 환경 제공을 통한 사회적 정보시장 구현
- Paper++ : 센서와 위치기반장치가 내장된 전자학습자료로서 종이보다 유용한 전자교재
- Accord : 가시적 인터페이스를 중심으로 하는 가정환경 구축·운영·관리도구
- Gloss : 컴퓨터가 사라져 지능형 환경이 된 글로벌 자율 전자공간
- Workspace : 컴포넌트를 통한 분산작업을 지원하는 컴퓨팅 공간 환경
- SOB : 사람과 상호작용이 가능한 사물에 대한 음향·몸짓 기반 인터페이스 구현
- Ficom : 섬유에 센싱 및 컴퓨팅 기능을 부여, 일상 생활속의 정보 인공물로 구현
- Mime : 다중 정보 매체를 통한 인공물로 개인중심의 친화 환경 구현
- Feel : 모바일기술 기반 장소중심의 서비스 환경 제공
- Interliving : 가족의 공동생활을 위한 대화식의 세대 융합 인터페이스 구현

3) Amble Time 프로젝트

Amble Time 프로젝트는 보행자가 도시를 보다 안전하고 쾌적하게 걸어 다니며 생활할 수 있는 환경을 구축하기 위하여 2003년도에 시작된 프로젝트로 아일랜드 정보의 재정지원을 받아 MIT 미디어랩과 합동하여 더블린 미디어랩에서 추진하고 있다. 기존의 시간 개념을 반영할 수 없었던 일반적인 지도의 한계를 극복할 수 있는 새로운 디지털 지도를 만드는 것이 가장 핵심이 되는 연구 분야이다. 즉, Amble Time은 PDA를 기반으로 하는 여행 지도에 시간적 요소를 첨가한 것이라 할 수 있다. GPS 시스템과 평균도보속도를 사용하여 한 시간 내에 걸어갈 수 있는 모든 곳을 제시해 주거나, 최종 목적지만 주어지면 정확하게 시간을 계산하여 도착할 수 있는 선택 가능 한 도보길을 보여주기도 한다. 사용자의 위치가 변화하고 시간이 흐름에 따라 결국 목적지에 도달할 수 있는 최단거리를 알려주게 되는 것이다.

4) Urban Tapestries 프로젝트

2002년 6월에 시작된 이 프로젝트는 HP랩의 City & Building Research Center의 지원하에 개발되어 왔으며 LSE, Orange 등이 파트너로 참여하였다. Urban Tapestries는 사용자가 무선으로 특정장소에 대한 다양한 멀티미디어 정보컨텐츠(지역이 역사적 정보, 개인의 기록, 그림, 음성 등)에 접근하는 동시에 개인이 각자 자신의 그러한 컨텐츠를 새로 기록할 수도 있고 음성이나 다른 이미지 등으로 새로 업로드 할 수 있게 하는 서비스를 제공하는 것을 주된 내용으로 한다. 이를 통하여 도시 공간상에서 개인이 지리 정보에 쉽게 접근할 수 있는 동시에 개인의 경험을 기록하고 이를 다른 사람들과 실시간으로 공유할 수 있게 됨에 따라 지역사회를 기반으로 한 사회적 지식을 상호 교류할 수 있는 장소에 기반하는 무선 어플리케이션을 만드는 것이 가능해질 것이다.

1.5.3 일본의 유비쿼터스 정책 및 프로젝트 사례

일본은 정부주도로 2001년도부터 전문가들로 구성된 조사연구회를 발족하여 종합적인 추진 계획을 이미 수립하였다. 국가 정책적 차원에서 e-Japan 전략의 목표인 세계 최첨단 IT 국가의 구체적인 모습으로 유비쿼터스 네트워크 사회를 설정해 중요성을 부여하고 있다. 이러한 계획은 자국이 국제 경쟁력을 확보하고 있는 광, 모바일, 센서, 초소형 기계장치, 가전, 부품, 재료, 정밀가공 기술 등을 연계시켜 조기에 유비쿼터스 네트워크 구현, 세계 최첨단 IT 국가를 실현하고, 자국의 국가경쟁력을 강화하기 위한 것이다.

일본의 전략은 미국의 강점 분야인 컴퓨터, 소프트웨어 등 핵심기술도 중요하지만 마이크로 센서 기술을 이용하여 사람과 사물간의 통신 그리고 사물과 사물간의 통신을 지원하는 주변 기술이 중요하다는 인식하에 추진하고 있는 것으로 보인다. 일본은 총무성 정보통신정책국

주도로 2001년 11월에 학계, 산업계, 공공기관의 전문가들로 구성된 유비쿼터스 네트워크 기술의 미래 전망에 관한 조사 연구회를 구성하여 유비쿼터스 네트워크 사회 실현을 위해 종합적인 연구개발 추진계획을 추진하고 있다. 이 연구회를 통하여 일본정부는 종합적인 추진 계획을 수립하고, 유비쿼터스 네트워크 사회를 e-Japan 전략의 목표인 세계 최첨단 IT국가의 구체적인 모습으로 정하고 그 중요성을 부여하였다. 2002년 6월에는 산·학·관의 연대 하에 인터넷과 디지털 방송을 어디서나 동시에 이용할 수 있는 유비쿼터스 네트워크 개발에 본격 착수하였다. 한편, 유비쿼터스 네트워크 기술의 미래 전망에 관한 조사 연구회의 연구내용은 유비쿼터스 네트워크기술의 현황, 일본과 국외의 네트워크기술의 연구개발 동향, 유비쿼터스 네트워크 기술의 미래 모습, 대응해야 할 연구개발 과제와 표준화 문제 그리고 실현에 의한 사회·경제적 효과를 검토하였다. 그리고 유비쿼터스 네트워크 실현을 위한 연구개발 추진방 향을 설정하고 다음과 같은 구체적이고 야심 찬 3가지 중점 프로젝트를 제안하였다.

- **초소형 칩 네트워크 프로젝트** : 의복, 서류, 유가증권, 브랜드 제품에 마이크로 칩을 내장시켜 100억 개의 단말간 협조·제어가 가능한 네트워크 기술을 개발한다.
- **무엇이든 My 단말 프로젝트** : 비접촉카드를 통하여 순식간에 어떠한 단말이라도 마치 자신의 단말처럼 사용하게 하는 기술 개발을 목표로 하며, 개발 목표 중에는 현재 속도의 1만분의 1이하 속도의 실시간 응답과 사용자 인증을 포함한다.
- **어디서든 네트워크 프로젝트** : 언제 어디라도 네트워크에 연결되어 사무실과 동일한 통신서 비스를 실현하게 해 주는 환경을 구현한다.

2002년 총무성 주관으로 NTT·NHK·소니·샤프·도시바·마쓰시다 전기·미쓰비시 전 기 등 일본의 대표적인 30여개 민간기업과 도쿄대학 등이 참여하는 유비쿼터스 네트워크 포럼 을 출범시켜 산·학·관의 연대하에 직장이나 가정은 물론 이동 중에도 휴대폰이나 PDA 등으 로 인터넷 검색과 디지털 방송을 접속할 수 있는 유비쿼터스 네트워크 개발에 본격 착수하여 일본이 세계 최고 수준을 자랑하는 이동통신에 네트워크 기술을 접목시키려고 하고 있다. 일본은 유비쿼터스 네트워크 사회로의 단계적 발전을 계획하고 있으며 최우선 과제로 2005년 까지 휴대폰과 PDA 등 손안에 들고 다니는 휴대단말기로 하루 24시간 언제라도 인터넷에 접속해 각종 멀티미디어 정보를 검색하는 것은 물론 비디오, 컴퓨터 소프트웨어 전송, 지상파 위성방송까지 청취할 수 있는 단말기와 네트워크 시스템 개발을 추진하고 있다. 또한 이동중에 도 멀티미디어 통신을 주고받을 수 있도록 하기 위해서는 기존 시스템 보다 약 1,000배 빠른 네트워크 기술 개발이 필수 요소라고 인식하고 이에 주력할 계획이다. 일본은 자국이 국제 경쟁력을 확보하고 있는 모바일, 광섬유망, 가전, IPv6 그리고 부품·재료·정밀가공기술 등과 연계시켜 5년 이내에 세계 최첨단의 IT국가가 될 것을 목표로 하고 있으며, 기업 및 연구소를 통해 네트워크, 디바이스, 보안 및 인증기술, 소프트웨어 및 응용기술 등에 투자를 아끼지 않고 있다. 특히 일본 총무성은 유비쿼터스 네트워크기술의 장래 전망에 관한 조사연구회의 제안을 토대로 2003년에 유비쿼터스 네트워크 기술개발에만 무려 25억엔을 투자할 예정이다. IPv6, 네트워크 초고속화 기술개발, 차세대 무선 액세스 기술개발, P2P형 공공분야 고도 정보유통기술에 관한 연구개발, 네트워크정보보호 기술개발, 소방 및 방재분야의 IT화 추진, 고속·고신뢰 정보시스템 기술개발, 차세대 정보통신 기술개발, 소프트웨어 기술개발 등 관련 예산도 대폭 증액했다. 그리고 인간이 사용하기 쉬운 IT개발, 정보통신시스템 고도화, 차세대 디스플레이, 바이오 기술과 IT 융합 등에 대한 연구개발 예산도 신규로 책정했다. 이밖에 양자정보통신 기술, 포토닉스 네트워크 기술, 고도 위치추적기술, 인터페이스기술, 감각 신체미디어통신, 언어해석기술, 고도 영상처리기술, 지적 휴먼 인터페이스기술 등은 지난 2000년부터 85개 국가주도사업에 포함되어 관련 기술개발이 진행 중이다.

일본 총무성은 2002년 6월 민간과 대학, 정부 관련부처 전문가 등으로 구성된 유비쿼터스 네트워크 포럼을 발족시킨 데 이어 11월에는 예산에 유비쿼터스 기반기술 확보를 위한 예산을 포함시켰다. 총무성이 예산을 요청한 분야는 100억개의 단말기를 연결할 수 있는 초소형 칩 네트워킹 프로젝트, 비접촉식 IC카드에 부착하면 어떤 PC나 단말기도 자신 개인용으로 사용할 수 있도록 해주는 무엇이든, 어디에서든, 언제든 프로젝트 등 3가지로 일본정부는 오는 2005년 까지 관련 요소기술을 확보한다는 목표로 하고 있다. 일본의 트론 프로젝트를 주도해 세계의 주목을 받은 바 있는 도쿄대 사카무라겐 교수는 저서 유비쿼터스 컴퓨팅 혁명을 통해 선진국의 경우 저성장 사회로의 이행이 가속화되고 있는데 유비쿼터스 컴퓨팅은 지속적 성장이 가능한 순환형 시스템의 정착을 가능하게 해줄 것이라고 전망하고 있다. 한편, 마쓰시타는 홈네트워크의 구성을 통한 가정내 유비쿼터스 구축에 주력하고 있으며 히타지는 유비쿼터스의 관건이 정보보호라고 보고 시큐리티 기술 분야에 집중하고 있으며 소니는 Ubiquitous Value Network를 새로운 기업경영 슬로건으로 선언하여 전자기기라는 단순 하드웨어 제조회사에서 하드웨어의 상시 브로드밴드 네트워크 접속, 모바일 네트워크 접속과 모바일 게임기 등의 육성, 하드웨어와 서비스와 콘텐츠를 동시에 연결해 주는 사업 그리고 반도체 및 디스플레이 사업 등을 진행하며 IBM, SCE, 도시바 등과 '칩제조 공정기술' 개발을 위한 전략적 제휴를 맺고 SOC 설계 분야에도 전략적 투자를 진행하고 있다. 일본 샤프도 이와 관련해 개인휴대단말기나 모바일 단말, 휴대전화 단말의 진화와 표시 디바이스, 유저 인터페이스, 저소비 전력화 등의 분야에 주력하고 있으며, 도시바는 모바일 커뮤니케이션, 광대역 네트워크, 홈네트워킹, 디지털방송을 유기적으로 결합하여 무선 유비쿼터스 통신이 가능한 비즈니스 플랫폼사업을 추진 중에 있다. NEC는 유비쿼터스 네트워크 실현을 위한 광 인프라기술, IPv6 모빌리티기술, 트래픽 엔지니어링기술, 에이전트기술, 센서기술, 정보보호기술 등의 분야에 연구개발 역량을 집중하고 있음. 또한 히타치는 IPv6망 구축 솔루션기술, 기가비트 라우터, 액세스게이트웨이 및 칩의 연구개발에 중점을 두고 있으며, 후지츠는 사용자의 요구에 적합한 서비스를 다양한 통신환경에 적응시켜 실행하는 기술과 다양한 모바일 환경에서 이동성을 제어·관리하는 기술, 트래픽 상황에 부응한 동적인 네트워크 부하 분산기술 등의 네트워크 제어기술의 연구개발에 역점을 두고 있다. 일본의 최대 통신사업자인 NTT는 유비쿼터스 네트워크 창조에 초점을 맞춰 가상 세계의 정보가 현실세계의 환경에서 실현될 수 있도록 하는 포토닉 네트워크와 초고속광처리, 고속무선접속(광·무선하이브리드), 정보유통플랫폼의 고도화 작업 등과 함께 네트워크 어플라이언스와 네트워크간 협력을 통해 새로운 서비스를 가시화하는 네트워크 어플라이언스 기술개발에 집중하고 있는 한편, NTT 도코모 역시 새로운 이동단말 및 네트워크 관리방식과 이동서비스를 이음새없는 방식으로 제공하는 기술, 다양한 액세스나 단말에 대해 보편적 서비스를 제공하는 기술 등을 개발하고 있다.

제 **02** 장

RFID 기술

2.1 RFID 개요

최근 정보통신 분야의 최대 화두는 유비쿼터스 컴퓨팅이다. 유비쿼터스 컴퓨팅의 가장 근본이 되는 기술은 모든 사물을 유일하게 식별할 수 있는 객체인식 기술이라 할 수 있다. RFID (Radio Frequency IDentification)는 리더의 안테나를 통해 접촉하지 않고 태그의 정보를 판독하거나 인식하는 객체인식기술 중의 하나이다. 또한 RFID는 차세대 유비쿼터스 사회의 핵심기술이며 가장 가시적인 성과를 낼 수 있는 기술이다. 네트워크의 발달에 의해 정보를 온라인으로 교환하는 시대가 일반화되어 가고 있고 이러한 정보전달의 고속화를 위해서는 컴퓨터에 입력되어야 할 정보에 대한 입력방법의 자동화가 필수적이다. 이를 실현하는 기술을 일반적으로 자동인식 및 데이터 획득(AIDC : Automatic Identification and Data Capture) 기술이라 하며 AIDC의 최신 신기술이라 할 수 있는 RFID는 사람의 작업이나 판단을 궁극적으로 배제하고 상품이 갖는 정보를 자동적으로 취득해서 온라인으로 관련 정보를 처리하는 자동처리 시스템 구현의 핵심요소 기술이다. 그러나 RFID의 기술사양은 수십 종으로 구현될 가능성이 있어 조기에 국제적으로 검증된 공통의 사양을 만들지 않으면, 시장에서 적용상 혼란을 야기하게 되므로 RFID 기술의 핵심은 결국 표준화라 할 수 있다. 또한 하나의 객체를 세계 언제 어디서나 자동으로 인식하여 활용하기 위해서는 국제표준화가 반드시 이루어져야 한다.

그림 2.1에서 보듯이 RFID 시스템은 태그, 리더, 서버(미들웨어 및 응용서비스 플랫폼)로 구성되고 유무선 통신망과 연동되어 사용된다. 태그는 객체를 인식할 수 있는 정보를 가지고 객체상에 위치한다. 리더는 객체의 정보를 수집 처리를 수행하며, 송신 및 수신기능을 가진다. 서버는 객체의 정보를 활용하여 응용 처리를 수행한다. 기본적인 동작 원리는 RFID의 안테나와 리더의 안테나가 전파를 이용하여 통신을 하여 데이터를 주고받는 행위를 수행한다. RFID 태그 안에 내장된 안테나가 리더로부터 전파를 수신한다.

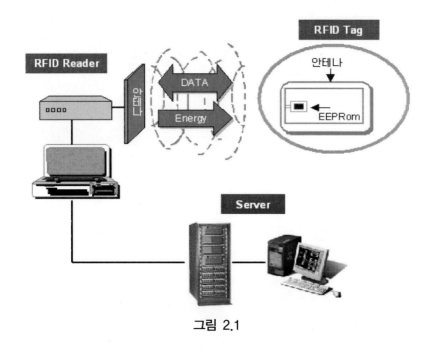

그림 2.1

RFID 태그안에 내장된 IC 칩이 기동하여 칩 안의 정보를 신호화하여 태그의 안테나로부터 신호를 발신한다. 리더는 발송된 신호를 안테나를 통하여 정보를 수신하여, 수신된 정보는 유무선 통신방식에 의해 서버로 전달된다.

2.1.1 RFID 태그

리더는 주어진 주파수 대역에 맞게 RF 캐리어 신호와 에너지를 태그에 송신하고 태그는 RF 신호가 들어오면 위상이나 진폭 등을 변조하여 태그에 저장된 데이터를 리더로 되돌려 준다. 되돌려 받은 변조 신호는 리더에서 복조하여 태그 정보가 해독하는 것으로 동작하게 된다. RFID 태그는 칩, 안테나 및 패키징으로 구성되고, 칩에는 사물의 식별코드나 정보를 저장하며 리더의 요청에 의해 또는 상황에 따라 스스로 외부에 자신의 정보를 전송 및 수신하기 위한 안테나를 보유한다. 패키징은 적용 분야에 따라 다양한 형태 및 재질로 만들어진다. 현재 칩의 가격이 태그 가격의 약 40%를 차지하고 있으며 5센트 이하 태그 실현을 위해서 칩을 소형화하고 패키징 가격을 줄이는 새로운 기술개발이 필요하다. 현재는 Flip chip 기술이 사용되고 있으나 칩 크기가 1mm보다 작아짐에 따라 칩의 소형화와 동시에 적합한 패키징 기술이 개발되어야 한다. 태그 가격을 50센트에서 5센트로 줄이는 단계에서는 칩과 패키지 가격을 1/10 이하로 줄이기 위한 기술과 안테나 및 칩과 안테나 접합 비용을 최소화할 수 있는 새로운 기술이 필요하다.

초저가형 태그 구현을 위해서 1센트 이하의 단순 기능 칩, 초저가 Chipless 기술로 발전될 전망이다. 칩의 소형화는 반도체 기술의 지속적인 발전에 따라 실현되고 있으며, Hitachi는 $0.3 \times 0.3mm^2$ 크기의 뮤칩, Alien은 $0.35 \times 0.35mm^2$ 크기의 나노블럭 칩을 개발하였다. 센서 융합형 태그 기술은 능동형 태그의 저가화와 함께 급속한 발전이 예상되는 분야로 Pittsburgh 대학은 센서와 통합이 가능하고 안테나를 칩에 내장한 초소형($2.2mm \times 2.2mm$) PENI 태그를 개발하였다. 궁극적으로 초소형 태그를 실현하기 위해서는 안테나를 웨이퍼 상에 직접 구현하는 Antenna on chip 기술이 요구되며 Hitachi는 칩 내에 안테나를 내장시키는 기술을 개발했으나 인식 거리가 3mm 이내에 불과하다. Alien은 초소형 칩과 실버 잉크 및 에칭형 안테나를 결합할 수 있는 Polymer Thick film으로 도체 접착의 Chip strap 기술과 FSA(Fluidic Self Assembly) 기술을 개발하였으며 900MHz와 2.45GHz 대역에서 사용이 가능하다. Philips는 기존의 Flip chip 기술을 사용한 I-connect 패키지를 개발했으며 현재 Alien의 FSA와 유사한 Vibratory assembly 기술을 개발 중이며 Matrics사는 PICA(Parallel Integrated Chip Assembly) 기술을 개발하였다. RFID 태그용 안테나는 전기적 요구 성능뿐만 아니라 칩 및 패키징과 결합이 용이하고 태그가 부착되는 물질 및 사용되는 환경에 영향을 받지 않아야 한다. 태그의 글로벌 사용을 위해 860~960MHz 대역에서 동작하는 소형의 광대역 안테나가 요구되며 제작 비용을 줄이기 위한 단일층 구조와 소형으로 100MHz 대역폭을 만족시키는 새로운 안테나 기술 개발이 필요하다.

2.1.2 RFID 리더

RFID 리더는 태그의 정보를 읽어 내기 위해 태그와 송/수신하는 기기이며 태그에서 수집된 정보를 미들웨어로 전송하는 기능을 하며, RFID 리더는 고정형, 이동형, PC 카드형 등 다양한 형태로 되어있으며 안테나 및 RF회로, 변복조기, 실시간 신호처리 모듈 및 프로토콜 프로세서 등으로 구성된다. 현재 RFID 리더는 안테나 성능 및 주변 환경에 의해 인식거리, 검출 정확도가 영향을 받아 적용 범위가 제한되는 특성이 있으며 인식 성능을 높일 수 있도록 2~4개의 안테나를 사용하고 있다. 향후 주변 환경에 적응하여 빔을 제어할 수 있는 빔형성 안테나 기술이 개발될 전망이며, 현재는 안테나와 RF 모듈이 분리되어 있으나 정보기기와 RFID 리더가 통합되는 방향으로 발전할 것이다. 안테나의 소형화를 위해 태그에서와 같이 Fractal 및 Meander Line 안테나 기술이 필요할 것으로 전망된다. 향후 RFID 프로토콜에 대한 표준이 EPC Gen2로 통일되지만 당분간은 EPCglobal의 Class 0, 1, ISO/IEC 18000 A, B 시리즈 프로토콜이 동시에 사용될 전망이므로 멀티 프로토콜 리더가 요구되며, 이러한 기능의 리더를 구현하기 위해 디지털 RF 및 SDR(Software Defined Radio) 기술이 적용되어 지능형 리더가 출현될 것이다. 동시에 수백 개 이상의 태그를 인식할 수 있는 여러 가지 방식의 신호 충돌방지 알고리즘이 개발될 전망이다.

2.1.3 RFID 미들웨어

RFID 미들웨어는 리더에서 계속적으로 발생하는 식별코드 데이터를 수집, 제어, 관리하는 기능을 하며 모든 구성요소와 연결되어 계층적으로 조직화되고 분산된 구조의 미들웨어 네트워크를 구성하여 서로 통신한다. 미들웨어는 다양한 형태의 리더 인터페이스, 다양한 코드 및 망 연동, 여러 가지 응용 플랫폼에 대해서도 상호운용성을 보장할 수 있어야 한다. 데이터 포워딩 기능은 어떠한 정보를 비즈니스 도메인 영역 내에서 공유할지 결정한다. 태스크 관리는 점포에서 재고품이 어느 수준 이하일 경우 매니저에게 알리도록 프로그램 할 수 있는 기능을 수행한다. ONS는 인터넷상의 EPC에 대응되는 사물의 정보 파일이 어디에 있는지 등의 관련된 정보를 연결시키는 기능으로, 현재 인터넷상의 DNS에 해당한다. PML은 사물을 설명하는 표준 언어로서 약의 용량, 유효기간, 리사이클 정보 등을 번역하고, 마이크로 오븐, 세탁기 등의 기계에 처리 명령을 주고, 온도, 습도, 압력 등의 변화 등에 대하여 통신할 수 있도록 하는 언어이다.

2.1.4 RFID 주파수

RFID 관련 주파수는 그림과 같이 5개의 주파수 대역(135kHz, 13.56MHz, 433MHz, 900MHz, 2.45GHz)의 이용이 가능하다. RFID 시스템은 저주파(125kHz, 134kHz), 고주파(13.56MHz), 극초단파(433.92MHz, 860~960MHz) 및 마이크로파(2.45GHz) 등 여러 무선 주파수 대역을 이용하며, 주파수 대역별로 응용 분야가 다르다. 저주파대 제품은 사용거리가 짧고 데이터 전송속도가 낮지만 출입 통제 보안, 동물의 인식 및 추적, 작업의 자동화, 재고관리, 재고자산

추적과 같은 분야에서는 효과적으로 사용된다. 고주파대 제품은 주로 13.56MHz를 사용하여 출입 통제 보안, 스마트 카드, 버스카드 등에 사용되며 최근에는 물류시스템 관리에도 사용되기 시작하였다. 433.92MHz 대역은 미국 등에서 일부 컨테이너 관리용으로 사용하고 있으며, 앞으로 테러방지를 위해 수출입 컨테이너에 사용하는 방안을 검토 중이다. 860~960MHz 대역은 전 세계적인 유통, 물류 등의 용도에 가장 적합한 대역으로 전망되고 있으며, 미국은 902~928MHz 대역이 ISM 대역으로 분배되어 있으며 비허가 무선기기를 사용하도록 규정하고 있다. 유럽은 865~868MHz 대역에서 새로운 규격과 표준을 정하였다. 일본은 950~956MHz 대역을 RFID 용으로 정하고, 전송방식과 출력 등을 연구 중이며 우리나라는 CT-2 반납대역인 910~914MHz를 이용하여 2004년에 908.5~914MHz 대역 주파수를 분배하였다. 2.45GHz 대역은 전 세계적으로 ISM 대역으로 분배되어 활용 중이다.

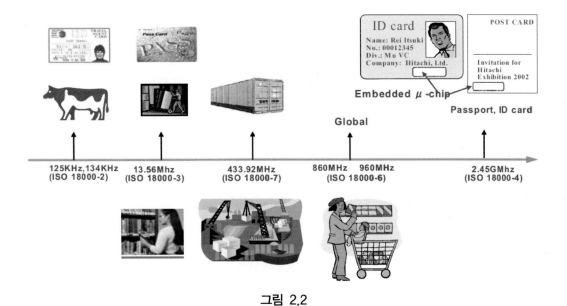

그림 2.2

2.1.5 RFID 표준화

오늘날 정보통신기술의 발전과 함께 정보통신기기 및 서비스간의 다양한 통신방식과 고도의 정보기술 응용으로 인하여 복잡해진 이들 간의 상호운용성 확보와 서비스 향상에 대한 표준화가 중요하게 부각되고 있다. 그러나 최근에는 신기술의 급격한 발전에 따라 선진기업이 국제표준을 원천기술로 독점, 확산시키려는 수단으로 이용되었으며 국제표준에 자사기술 즉 특허를 최대한 반영하려는 시장전략을 유지하고 있어 표준화가 더욱 중요하게 요구되고 있다. RFID

기술에 있어서도 누가 먼저 기술력을 확보하고 시장을 선점하느냐 하는 관점에서 RFID 표준화는 매우 중요하다고 할 수 있다. RFID는 70년대부터 실용화를 위한 기초기술의 연구개발이 시작되어, 80년대에 들어와 제조현장에서 물류관리 자동화 등에 응용되기 시작하였다. 90년대 중반부터 각 응용분야에 대해 국제표준화가 논의되어 본격적인 실용화의 기반이 갖추어지기 시작했다. 그 대표적인 것이 ISO/IEC JTC1/SC17에서의 비접촉형 IC 카드의 표준화이며 이에 기반으로 우리나라에서도 교통카드 및 출입자카드 등이 일반에 널리 사용되게 되었다. 2000년 대부터는 태그의 저가화가 보다 가속화되어 이제 유통물류, 교통, 우정, 문화, 동물 등 많은 산업분야에서 활용이 추진되고 있는 실정이다. 특히, ISO/IEC JTC1/SC31 분과의 표준화위원회에서 UHF 대역 등 주파수별 무선 인터페이스에 대한 국제표준화를 거의 마무리되었다. 그 결과로 IC 칩 및 태그의 저가격화, 유통물류 분야의 글로벌 서비스 확산, RFID 응용 유비쿼터스 시스템 기술개발 등 수많은 분야에서 RFID 시장은 새로운 전환기를 맞을 것으로 예상된다. 현재 RFID 관련 국제표준화기구는 ISO/IEC JTC1이고 국제표준화기구로는 EPCglobal 및 uID 센터 등이 있다.

2.1.6 RFID 응용

향후 RFID의 이용은 칩의 가격, 크기, 성능 등 센서 기술의 발전에 따라 시장에서 적용이 확산되면서 단계적으로 발전할 것으로 예상된다. 미국, 유럽, 일본 등 선진국에서는 물류/유통 분야, 환경, 재해예방, 의료관리 및 식품 관리 등 실생활의 활용이 확대될 것으로 전망된다. 응용분야는 판매, 유통, 교통, 식품관리, 위조방지, 의약품관리, 환경보호, 안전진단 등 사회 모든 분야에 적용된다.

국내에서는 산업자원부, 조달청, 국립수의과학검역원, 공항공사, 국방부 등 RFID 선도 시범 사업자로 선정되어 2004년부터 시스템 구축을 시작하여 2005년부터는 본격 서비스에 나설 계획이다. 조달청은 최근 RFID 기술의 급격한 발달로 기존 바코드 중심의 물품관리시스템을 단시일 내에 효과적으로 전자화할 수 있을 것으로 전망하고 있다. 조달청은 RFID 물품관리 시스템을 통해 비효율을 해소하고 물품의 공급자가 계약 물품에 각종 정보를 전자적으로 기록, 국가기관에 공급할 경우 수요 기관에서는 물품 인수 시점에서부터 검사, 검수, 대금지급 및 자산관리가 전자적으로 구현하는 것이 가능하다. 조달청은 우선 물품등록시스템을 구축, 이미 취득된 물품에 대한 전자카탈로그의 등록과 물품목록번호, G2B 분류번호, EPC Code 등을 부여하고 이를 관리 할 수 있는 시스템을 구축할 계획이다. 조달청은 시범 시스템을 구축, 3만7천500여개 조달청 보유 품목에 대해 수동형 전자태그를 부착할 계획이며 전자태그의 가격은 2천원 미만의 제품을 사용할 계획이다. 2005년부터 2009년까지 2단계로 진행되는 본 사업에서는 조달청이 구매하는 모든 물품에 전자태그를 부착하고 2009년 본 사업이 마무리되는 시점에는 전자태그 가격을 개당 3천원이 넘지 않도록 한다는 계획이다. 본 사업이 마무리된 이후에는 조달청에 물품이 납품될 때 RFID 태그를 부착하고 RFID 리더를 이용해 물품의 정보를 획득하고 전자적으로 관리함으로서 물품 조사 시 스티커 부착 등의 추가적인 작업을 배제한다는 것이 조달청의 계획이다. 한국공항공사는 김포국제공항에서 제주국제공항 구간의 국내노선을 중심으로 승객의 수하물을 추적, 통제하는 RFID 시스템을 구축하고 있다. 이 시스템이 구축되면 수하물의 분실과 배달 오류, 위험 수하물에 대한 승객정보 확인 등이 실시간으로 이뤄질 것으로 공항공사는 예상하고 있다. 공항공사는 오는 2005년부터 2006년까지 RFID 수하물 추적 시스템을 국내 다른 공항으로 확대하고 제휴 항공사간 수하물 연계시스템을 구축하는 것은 물론 미국, 영국, 일본 등 이미 RFID를 적용하고 있는 공항과의 시스템 연동에 나설 계획이다. 2007년 이후부터는 해외 공항에 대한 제휴를 확대하고 공항출입관리 시스템에 적용을 확산하고 항공의 기내식 분야에도 RFID를 이용할 계획이다. 산업자원부의 수출입 국가물류 인프라 지원 시범사업은 첨단 IT를 활용한 동북아 물류 중심지화를 표방하는 국정목표를 지원하고 고객중심의 수출입 국가물류서비스를 향상시킨다는 목표를 두고 있다. 시범사업은 RFID를 이용한 자동차 부품의 수출물류에 대해 표준화된 물류단위(파렛트/용기)별로 UHF 주파대역의 RFID 태그를 부착, CKD 출하 업무를 수행하도록 할 계획이다. 또 컨테이너 반출입 업무의 RFID 자동화 및 산업자원부 수출입 무역망 정보 연계하고 기업 SCM의 실물과 물류 정보의 동기화 및 물류 통계·리포팅 지원 서비스를 제공할 계획이다. 국립수의과학검역원의 수입 쇠고기 추적 서비스는 RFID를 이용해 수입 쇠고기의 수입통관 시점부터 가공·유통 및 판매에 이르는 일련의 과정에서 RFID 태그를 통해 검역·소재지·유통과정을 추적관리하고 관련 행정기관 및 소비자에게 원산지 및 검역 정보를 제공하는 서비스를 제공할 계획이다. 또 시범사업 확산 및 이용 활성화를 위한 기술·제도적 고려사항 도출과 법제도 정비 기반을 조성키로 했다. 내년 말까지 1차 사업을 통해 쇠고기 수입업체 1곳과 유통업체 1곳, 판매업체 2곳에 시범적으로 서비스를 적용하고 2006년 2차 사업에는 선도업체 20개를 지정, 수입 쇠고기 수입업체와 가공업체 및 대형 유통업체로 서비스 대상을 확대할 계획이다. 2008년부터는 수입 쇠고기 유통관리를 법제화, 전국 모든 쇠고기 유통 판매점에 RFID를 적용토록 할 계획이다. 이를 통해 농장에서 식탁까지 전 과정에 대한 체계적인 안전성 관리를 제도화 하고 브루셀라 등 사람과 가축이 공동으로 전염될 수 있는 질병이나 중금속, 농약 등에 오염된 비위생적인 축산물 유입을 차단할 수 있는 시스템도 마련할 계획이다. 이와 함께 검역원은 RFID 이용 수입 쇠고기 추적 서비스를 적용할 수 있도록 제3의 서비스 제공자가 서비스와 장비를 번들 형태로 제공하는 서비스와 장비의 통합적인 공급 체계를 유도하기로 했다. 국방부는 국방 자산 중 특별관리가 요구되는 탄약의 관리업무에 우선 RFID를 적용하기로 했다. 특히 미국 국방성이 2005년부터 도입물자에 대한 RFID 태그를 의무화하기로 결정, 미군과의 연계업무를 신속하고 일관성있게 추진한다는 계획이다. 주요 사업은 탄약을 관리하는 창고의 저장공간을 블럭 단위로 구성해 각각의 블록에 RFID 태그를 부착해 위치정보를 제공하고, 탄약을 저장하는 박스와 낱개 단위로도 RFID 태그를 부착할 계획이다. 국방부는 시범사업의 결과를 통해 탄약관리뿐 아니라 전체 군수물자 관리에도 RFID를 도입, 국방자산을 효율적으로 관리하고 국방통합군수체계와 연동 운영이 가능한 RFID 기반 국방자산 관리 시스템을 구축할 계획이다. 특히 F-15K 전투기 부품에 RFID를 부착해 체계적인 첨단무기 관리시스템을 가동키로 하는 한편 국방탄약관리시스템에도 이를 적용키로 했다. 북한 개성공단으로 반출입되는 전략물자와 인원, 차량에 RFID가 부착되는 등 개성공단 기반구축사업에 RFID가 본격 적용된다. 정통부는 올해 개성공단 기반 구축사업에 RFID를 적용하는 방안을 시범사업으로 집중 추진, 전략물자와 인력 등에 대한 관리를 대폭 강화할 방침이라고 밝혔다. 이에 따라 북한을 방문하는 기업체 직원들에 대한 방북증 관리와 출입정보, 차량운행 정보, 전략물자 반출정보 등에 대한 체계적이고 효과적 관리가 가능하게 됐다고 정통부는 설명했다. 통일부와 정통부는 개성공단의 RFID 구축사업에 모두 6억원의 예산을 책정, 집행할 방침이다. 또 통신네트워크와 첨단 IT서비스를 결합한 U-city 포럼을 곧 구성, 관련 법규 제정과 응용 서비스, 상호 운용성 확대 등을 중점 추진키로 했다. 이밖에 호주와 뉴질랜드산 등 수입 쇠고기에도 RFID를 적용, 소비자들이 유통 경로를 파악할 수 있도록 하고, 나아가 제주를 출발해 김포와 부산, 대구, 광주, 청주로 향하는 모든 항공편의 수하물 시스템에도 이를 채택, 추적통제를 강화하는 방안도 아울러 추진키로 했다. 물류의 흐름 등을 정확히 파악, 관리할 수 있는 RFID는 개당 공급가격이 500원대로 하락하면서 응용 서비스 수요가 급증, 현재 40개 기관이 채택하고 있으며 시장규모도 483억원에 달하는 것으로 추정되고 있다.

2.2 모바일 RFID

2.2.1 모바일 RFID 개요

휴대폰, PDA 및 태블릿 PC 등 모바일 단말기는 다양한 멀티미디어 정보 및 인터넷 서비스를 사용자에게 제공하는 현대 정보 사회의 필수품이라 할 수 있다. 모바일 RFID 기술은 모바일 단말기에 RFID 통신기능을 결합함으로써 관심있는 상품, 전시물, 건물 등에 대한 상세 정보 확인 및 관련 응용 서비스를 손쉽게 이용하는 기술이다. 보다 구체적으로는 RFID 통신, 이동통신 및 네트워크 인프라, 그리고 정보 처리기술이 서로 유기적으로 결합되는 대표적인 IT 융합기술이라 할 수 있다. 즉, 모바일 RFID 기술은 사용자가 언제, 어디서나, 필요한 정보 서비스를 제공받을 수 있는 유비쿼터스 컴퓨팅 사회의 기반 기술이며, RFID 기능을 제공하는 휴대폰, 즉 모바일 RFID 단말은 유비쿼터스 복합 정보 단말로 진화할 것으로 예상된다. 종래 RFID 기술이 주로 기업 간 비즈니스(B2B) 영역에서 유통 및 물류 개선을 위해 자동화된 사물 식별 및 데이터 수집 효율화에 기여하고 있는 반면, 모바일 RFID 기술은 모바일 단말의 RFID 기능을 활용하여 사용자의 복잡한 입력 및 선택 과정없이 관심있는 주변 사물 정보 및 응용 서비스를 손쉽게 제공하는 것을 가능케 한다. 이는 RFID 기술 관점에서 볼 때, RFID 통신 모듈의 소형화와 인식율 개선 등 기술 향상에 힘입어 RFID 기술이 일반 사용자를 대상으로 그 활용 영역이 확대된 것으로 이해된다. 다시 말해 모바일 RFID 기술은 새로운 서비스 및 시장 요구를 반영하는 진일보된 차세대 RFID 기술이라 할 수 있다. 다른 한편, 모바일 단말기의 발전 관점에서 살펴보면, 전세계 모바일 기기 대수가 2010년 13.6억대에서 2011년 15.1억대 규모로 성장하고 있으며, 2013년 이후 17.8억대의 PC 출하량을 뛰어넘을 것으로 전망되는 가운데, 모바일 단말을 활용한 새로운 응용 서비스 창출의 매개체로서 모바일 RFID 기술의 등장을 이해할 수 있다. 이처럼 모바일 RFID 기술이 적용되는 전체 시장은 2010년 5억불 수준에서 2019년까지 14억불 규모 이상 성장할 것으로 전망되고 있다. 우리나라는 세계 최고 수준의 통신 네트워크와 IT 기술력을 기반으로 모바일 RFID 기술에 대한 경쟁우위를 차지하고 있다. 2000년대 중반부터 관련 요소 기술에 대한 국내 표준안 제정을 비롯하여 국제 표준안 작업을 실질적으로 주도하고 있으며 다양한 시범 서비스 실시 및 기술 검증을 추진하고 있다.

한편 모바일 RFID 서비스의 추진 방향은 태그 기반 서비스와 리더 기반 서비스로 분류할 수 있다. 먼저, 태그 기반 서비스는 RFID 태그를 모바일 단말 또는 신용카드 등에 탑재함으로써 출입구 또는 계산대 등에 설치된 RFID 리더를 이용하여 사용자를 구별할 수 있는 비교적 단순한 서비스를 가능케 하며, 출입관리 또는 비용 결제 응용 등으로 구현된다. 반면, 리더 기반 서비스는 RFID 리더 모듈을 모바일 단말에 내장하는 것으로 사용자는 모바일 RFID 단말을 이용하여 관심있는 사물 또는 장소에 부착된 태그를 식별함으로써 상세 정보 콘텐츠 또는 추가적인 응용 서비스를 모바일 단말에서 제공받는 서비스 방식이다. 즉, 모바일 RFID 단말에서 지원하는 이동통신 네트워크 및 RFID 통신을 활용하여 특정 사물과 관련된 정보 컨텐츠 및 응용 서비스를 사용자의 모바일 단말기에서 바로 연결할 수 있는 진정한 융합 기술 분야라 할 수 있다. 한편 모바일 RFID 기술은 RFID 통신에서 이용하는 주파수 대역의 특성에 따라 서로 다른 활용 방식으로 구현될 수 있다. 예를 들어, 유럽 및 미국에서는 13.56MHz 대역의 근거리 RFID 통신(Near Field Communication, 이하 NFC)을 이용하여 모바일 RFID 단말 간 통신 및 모바일 지급 결제를 응용 영역으로 삼고 있다. 또한 일본에서는 315MHz와 2.45GHz 두 가지 주파수 대역을 활용하여 쇼핑몰 등의 일정 구역 안에서의 위치 파악 및 주변 상품 정보를 제공하는 모바일 RFID 응용을 구현한 바 있다. 우리나라는 모바일 RFID 단말의 다양한 활용 및 사업적 특성을 고려하여 데이터 전송속도 및 인식거리에서 장점을 갖는 900MHz

대역 RFID 통신을 활용한 모바일 RFID 기술 개발 및 서비스 모델을 채택하고 있다. 모바일 RFID 기술은 스마트 단말의 발전 또는 RFID 기술의 확산이라는 두 가지 관점에서 유비쿼터스 정보 사회의 기반이 되는 IT 융합 기술로 부각되고 있다. 이에 모바일 RFID 기술 영역에 대한 기술 주도권 확보를 위해서는 전략적인 표준화를 추진할 필요가 있다. 본 절에서는 모바일 RFID 기술의 주요 표준화 이슈들을 살펴보고 여러 영향 요인 분석을 통해 바람직한 표준화 전략을 제시한다.

2.2.2 모바일 RFID 표준화 현황

모바일 RFID 기술은 2005년 2월 국내 70여개 기관의 참여하에 모바일 RFID 포럼이 창립되면서 본격적인 표준화 작업이 시작했다. MRF는 단말분과, 네트워크분과, 응용서비스분과, 정보보호분과, 시험인증분과, 표준기획분과 등 6개 분과위원회로 구성되며, 2007년까지 80여건의 포럼 규격 및 기술 보고서를 제정하였다. 2006년에는 ETRI와 SKT, KT 등에서 휴대폰 동글 형태 및 단말 내장 형태의 모바일 RFID 리더 프로토타입 개발에 성공하였으며, 모바일 RFID 시범사업이 시작면서 자연스럽게 관련 기술에 대한 검증 단계를 거치게 된다. 또한 MRF에서 만들어진 규격들은 TTA RFID/USN프로젝트 그룹(PG311)에 상정되어 정보통신단체표준으로 제정되었고 관련 기술의 확산 보급을 도모하게 된다. TTA에서는 모바일 RFID 기술과 관련하여 현재까지 정보통신단체표준 35건, 정보통신기술보고서 26건을 제정하였다. 이러한 한국의 모바일 RFID 기술 개발 및 표준화 활동에 대해서는 RFID 기술에 대한 국제 표준화 그룹인 ISO/IEC JTC 1/SC 31(Sub-Committee 31, 이하 SC31), 시스템 통신 기술에 대한 표준화 그룹인 JTC 1/SC 6, 이동통신 네트워크 기술에 대한 표준화 그룹인 ITU-T 산하 SG(Study Group), 그리고 제10차 세계표준협력회의(Global Standards Collaboration, GSC-10) 등 다수의 국제회의에서 2005년 하반기 이후 지속적으로 소개되었으며 모바일 RFID 기술에 대한 새로운 표준화 작업이 필요하다는 공감대를 형성하는 촉매 역할을 하였다. 이후, 국내에서 제정된 국내 표준 규격을 바탕으로 국제 기술 주도 및 표준화 선도를 위해, 국제표준화 그룹 신설 작업이 2007년부터 적극적으로 진행되었다. 우리나라는 2007년 6월 제13차 SC31 총회의 승인을 거쳐, MIIM (모바일 아이템 식별 및 관리, Mobile Item Identification and Management) 애드혹 그룹 신설에 성공했다. 해당 그룹은 1년간의 작업을 거쳐 모바일 RFID 기술 국제 표준화의 영역 및 정당성을 정의하였으며 10여건의 표준화 추진 대상을 선정하게 된다. 2007년 12월에는 한국에서 모바일 RFID 리더 무선 규격(ISO/IEC 29143)에 대한 국제 표준화 작업을 신규 제안하여 SC31 회원국 투표 승인을 받았다. 2008년에는 SC31 산하에 모바일 RFID 기술에 대한 공식적인 표준화 그룹인 WG6(Working Group 6, 이하 WG6)신설을 승인받고 같은 해 4월

제1차 회의를 개최한 이래, 2011년 10월까지 5번의 회의를 진행해 오고 있다. WG6는 MIIM 기술 즉, RFID 및 ORM(Optical Readable Media) 기술과 모바일 단말 간의 융합 그리고 RFID와 센서 규격간의 융합에 대한 기술 표준화 작업을 관장한다. 2008년 8월에 한국에서 제안한 8건의 모바일 RFID 관련 신규 국제 표준화 작업(ISO/IEC 29172 - 29179)들은 같은 해 10월 8건 모두 회원국의 투표 승인을 받게 된다. 해당 8건의 표준안에 대해서는 5명의 한국 에디터가 공식 임명되어 2009년부터 WG6을 통해 국제 표준안 개발 작업을 진행하고 있다.

총 11건의 ISO 국제 표준안 작업이 모바일 RFID 기술과 관련되어 있으며 가장 먼저 표준화가 시작된 ISO/IEC 29143은 2011년 1월 국제 표준 제정 발간이 완료되었다. 한편, 모바일 RFID 기술은 이동통신 네트워크 기술과 접목되기 때문에 통신 및 네트워크 기술 분야의 국제 표준화 조직인 ITU-T에서의 RFID 네트워크 표준화 작업과 연계성을 가지고 있다. ITU-T에서는 2005년 네트워크 RFID라는 개념을 제시하면서 네트워크 관점에서의 RFID 기술표준화 작업을 조율하기 위한 그룹(CG-NID, Correspondence Group on Network aspects of Identification including RFID)을 신설하여 관련 서비스 요구사항 분석 및 용어 정의 작업을 수행했다. 2006년에는 JCA-NID(Joint Coordication Activity on Network aspects of identification)로 개편 조직화하여 ITU-T SG16에서의 식별 코드 및 해석 프로토콜 표준화와 ITU-T SG17에서의 RFID 보안 기술 표준화를 조율하였다. JCA-NID는 2011년 2월 JCA-IoT로 재개편되어 RFID 뿐만 아니라 센서 네트워크 기술을 수용하는 IoT 영역의 국제 표준화 작업을 조율하고 있다. 다른 한편, 13.56MHz 근거리 RFID 기술 표준화를 담당하는 NFC 포럼은 2004년 설립되었으며 미국, 유럽, 일본 등의 이동통신 서비스 업체를 비롯하여 주요 반도체 업체, 인터넷 업체 등 145개 기관이 참여하고 있다. NFC 포럼에서는 NFC 통신 프로토콜과 데이터 형식, 그리고 응용 서비스 참조 모델을 개발하고 있으며 현재까지 18건의 포럼 문서와 2개의 ISO 국제 표준을 제정하였다. 그동안 NFC 포럼 참여사 간의 이해관계 및 주도권 분쟁으로 기술 확산 및 표준화 진척이 저조했으나 최근 모바일 결제 시장에 대한 관심이 고조됨에 따라 근시일내 NFC 기능의 모바일 단말 탑재 상용화 및 통신 사업자들의 사업 추진이 가시화되고 있다.

상품 바코드 체계를 관리하고 있는 GS1의 MobileCom 그룹에서도 RFID 및 바코드 기술을 모바일 단말과 접목하여 상품 정보를 사용자에게 제공하는 방식에 대한 요구사항 및 사례를 백서로 발간하고 있다.

모바일 RFID 기술의 표준화 대상이 되는 영역은 RFID 통신, 네트워크 연동, 정보 보호 등의 기술 영역과, 응용 서비스 요구사항 분석 및 시험 인증 분야로 정리할 수 있다. 특히, 국제 표준화에 있어서는 모바일 단말에서의 RFID 통신을 가능케 하기 위한 무선 규격, 통신 인터페이스, 데이터 형식 그리고 네트워크 서비스 연동에 대한 표준화가 우선적으로 마련되고 있다. ISO/IEC 29143은 모바일 RFID 단말의 리더 모듈과 RFID 태그 간의 무선 규격을 규정하고 있으며, ISO/IEC 29176은 사용자의 프라이버시 보호를 위한 보안 방안을 규정한다. 또한,

ISO/IEC 29174와 29175는 모바일 RFID 서비스를 위해 RFID 태그 또는 바코드가 준수해야 할 코드 체계 및 응용 데이터 형식을 각각 정의하고 있다. 모바일 RFID 단말 내부에서의 응용 서비스 인터페이스와 RFID 리더 모듈을 제어하기 위한 인터페이스는 ISO/IEC 29179와 29173-1에서 각각 규정한다. 모바일 RFID 단말을 통해 네트워크 인프라에 저장된 정보 컨텐츠 위치를 제공하는 디렉터리 서비스 프로토콜은 ISO/IEC 29177에서 규정하며, ISO/IEC 29178은 네트워크 사업자를 통한 정보 컨텐츠 제공방식을 다루고 있다. 특히, 모바일 RFID 식별 체계와 디렉터리 서비스에 대해서는 SC31과 ITU-T SG16 간의 긴밀한 표준화 협력이 진행되고 있다. ISO/IEC 16480은 모바일 단말을 통한 바코드 식별 품질에 대한 규격화를 다루고 있다. 비록 바코드가 RFID 태그와는 다른 형태의 정보 저장 방식을 갖고 있으나 모바일 단말 사용자 입장에서는 모바일 RFID 서비스와 일관된 방식의 정보 서비스를 제공받을 수 있으므로 MIIM 기술 영역에서 긴밀한 표준화 연계가 이루어지고 있다.

모바일 RFID 기술에 대한 국내 표준화 작업은 산·학·연·관의 유기적인 표준화 협력을 바탕으로 2005년부터 MRF 및 TTA PG311에서 활발히 이루어졌다. 2006년 말에는 기술개발을 비롯한 표준화 제정 속도가 시장 형성 예상 시점보다 상당히 앞서 있었기 때문에 대규모 시장 창출 여건이 마련될 때까지 서비스 상용화 시기가 계속 지연되는 것이 중요한 이슈로 다루어졌다. 이후 국내 기술 표준을 기반으로 국제 표준화를 추진함에 있어 본격적인 표준화 이슈들이 다시금 주목받기 시작한다.

모바일 RFID 기술 자체가, 모바일, RFID, 네트워크 기술이 융합된 새로운 기술 영역에 놓여 있는 만큼 해당 기술을 표준화 추진할 수 있는 그룹을 찾기 위한 노력을 상당히 투자해야만 했다. 특히, ISO와 ITU 등 국제 표준화 조직의 경우 해당 표준화 그룹이 다루는 표준화 영역이 엄격하게 규정되어 있기 때문에 심지어 모바일 RFID 기술 요소(예를 들어, 무선규격, 보안, 식별체계 등) 별로 가장 밀접하게 관련된 표준화 그룹을 찾아서 분리 추진해야 하는 지에 대한 고민을 갖게 되었다. 결국, JTC 1/SC 6, SC31, ITU-T SG들, GS1 EPCglobal, ASTAP, CJK 등 여러 표준화 조직의 의견 검토를 수렴하고, 또한 표준안 제정시 산업적 파급 효과를 고려한 결과 2007년에야 비로소 SC31에서의 표준화 추진을 목표로 삼을 수 있게 된다. 이어 SC31에서의 신규 표준화 추진을 지지받기 위한 이슈가 등장하였고, 차세대 RFID 기술로서의 표준화 필요성 및 정당성을 논리적으로 설득하기 위한 일련의 작업과, SC31 내에서의 상호 신뢰감을 확보하기 위한 활동이 연속적으로 진행되었다. 이후 모바일 RFID 기술에 대한 전담 표준화 그룹(WG6) 신설 이슈, 표준안 제안 방식(일괄 또는 순차적 제안) 이슈, 에디터 선임 등의 이슈가 등장했다. 또한, 모바일 RFID 기술에 대한 표준안 범위가 종래의 표준과 충돌하거나 중복되지 않도록 조정하는 이슈, 그리고 새로운 기술 영역에 대한 국제 표준화 작업을 맡게 된 우리나라 기술 실무자들의 표준화 절차 습득 이슈, 국문으로 작성된 국내 표준안을 영문 규격화하는 데 따른 언어 이슈, 신뢰감이 충분하지 않은 회원국의 표준 추진에 대한 정치적인 견제 등 다수의 이슈들이 복합적으로 제기되어 왔지만 지금까지 적극적인 표준화 활동을 통해 해당 이슈들에 대해 충실히 대응하여 모바일 RFID 기술의 국제 표준화 입지를 굳건히 하고 있다. 앞으로 SC31 산하 WG6에서 진행되고 있는 표준안 작업들이 2012년 하반기까지 마무리될 것으로 예상되는 가운데, 국제 표준화 활동과 관련하여, (1) 국제 표준안과 종래 국내 표준안과의 표준 규격 동기화, (2) SC31 내부 WG들, JTC 1 산하의 SC들, ITU-T SG들, GS1 EPCglobal 및 MobileCom 등 제반 표준화 그룹과의 표준화 협력, (3) 국제 표준안을 바탕으로 한 기술 확산 및 서비스 활성화 (4) 국내 기술의 국제 표준화 반영을 통한 기술 주도권 확보 및 (5) 지속 적인 국제 표준화 선도 등의 이슈들에 대해서도 신중히 대응할 필요가 있다.

제 **03** 장

USN 기술

3.1 ▲ 무선 센서네트워크 표준화

현재 무선 센서네트워크관련 표준기술은 무선 근거리 개인 통신망(WPAN) 전송 규격을 위한 IEEE 802.15.4와 이를 기반으로 상위 계층 규격을 정하여 관련 산업에 적용하려는 ZigBee 규격이 있으며, IP기술을 센서네트워크에 접목하기 위해 IETF의 6LoWPAN WG, RoLL WG, CoRE WG 등에서 표준화가 진행중이다. 상기 표준 기술들은IEEE 802.15.4 PHY/MAC표준 규격을 기반으로 하거나 일부를 준용하여 상위 계층에 대한 규격을 구체화하고 있다. IEEE 802.15.4는 작은 패킷 사이즈를 갖는 온/습도, 미터링 데이터를 수집하기 위한 저전력의 단순 모니터링 서비스를 염두해 두어 표준화가 진행되었으며, ZigBee에서는 이러한 용도의 응용에 부합하여 네트워크 계층 규격과 여러 어플리케이션 프로파일을 정의하여 시장에 관련 제품 등을 선보이기도 했다. 최근 들어, 스마트 그리드 유틸리티 네트워크나 공장 자동화와 같이 취약한 무선 환경을 갖는 현장에 생산 품질 관리를 위한 저가의 무선 기반 네트워크를 구축하고 자 하는 요구가 커지고 있다. 현장 전기 설비 통신 규격을 담당하는 HART는 이에 대한 시장의 요구를 반영하여 2007년 WirelessHART 표준 규격을 제정하고 현재 이 규격을 따르는 센서 노드 디바이스가 출시되어 HART 회원사를 중심으로 현장에 적용되고 있다. 또한, 공장자동화 표준 단체인 ISA는 2009년 9월 산업 자동화를 위한 무선 시스템 표준인 ISA-100.11a 규격

작업을 완료하였다. IEEE 802.15에서도 기존 IEEE 802.15.4-2006 표준기술을 개선하기 위해 2007년 TG4e를 2008년에는 TG4g를 승인하여 각각 MAC계층과 PHY계층의 표준 기술 개정 작업을 진행 중이다.

3.1.1 IEEE 802.15.4 PHY 기술

IEEE 802.15 TG4g(이하 15.4g)는 유틸리티 업계의 요구를 반영하여 기존 15.4 PHY규격에 대한 개정작업을 진행하고 있다. 15.4g 기술은 15.4 PHY에 비해 증대된 전송거리와 다양한 전송률 그리고 다중경로 페이딩에 대한 강건성을 높이고자 FSK, OFDM, Multi-rate DSSS (MDSSS)를 기반으로 하는 PHY 기술로 구성되어 있다. 15.4g의 공통적인 특성은 기본적으로 실외 통신을 전제로 비인가 주파수를 사용하고, 기존의 127바이트 최대 패킷 길이와 달리 인터넷 프로토콜의 사용을 고려하여 최대 2047바이트 크기의 패킷길이를 지원한다는 점이다. 따라서 패킷의 길이가 포함되던 PHY 헤더의 길이도 기존의 1바이트뿐만 아니라 2바이트 또는 3바이트를 선택적으로 사용할 수 있도록 했다. 최대 패킷 길이가 증가함에 따라 FCS의 길이도 기존의 2바이트와 함께 선택적으로 4바이트도 사용할 수 있다. 하지만, IEEE 802.11 등 다른 표준 기술과의 영역 구분을 명확히 하기 위해 전송률은 1Mbps를 초과하지 않도록 제한하였다. 15.4가 전력소모에 민감했던 반면 15.4g는 전력소모에 관해서는 명확한 제한을 두지 않았다. 이는 제안된 기술의 대부분이 저전력보다는 성능과 무선 구간의 신뢰성 등을 우선적으로 고려하고 있기 때문이다. 한편, 옥외환경에서 저전력 성능 개선에 초점을 두어 PHY 규격을 개선하고자 TG4k에서 관련 표준화 작업을 진행하고 있다. FSK기반 기술은 변조기법으로 FSK와 GFSK중 하나를 선택할 수 있도록 하고 있으며, 선택사항으로 Constraint Length 4의 FEC 기술과 주파수 호핑 기법을 채택하고 있다. OFDM 기반 기술은 협대역 모드 등 필요에 따라 패킷단위의 호핑방법도 사용할 수 있는 특징을 갖고 있으며, MDSSS기반 기술은 15.4와의 호환 구현이 가장 용이한 구조로 동일한 chip rate로 다양한 확산률과 전송률간 변환이 가능하도록 하고 있다.

3.1.2 IEEE P802.15.4e MAC 기술

IEEE 802.15 TG4e(이하 15.4e)은 IEEE 802.15.4-2006(이하 15.4) MAC 표준 기술과의 호환성을 유지하는 한편 기능상의 한계를 극복하고 산업계의 기술적 요구사항과 보다 넓은 서비스 영역을 확보하여 WPAN 시장의 활성화에 기여하고자 개정 작업을 진행 중이다. 15.4e는 기존 15.4에서와 같이 하나의 MAC 기술 규격에 의해 PAN을 구성하기 보다는 서비스 영역에 따라 복수의 동작 모드를 두어 사용자가 목적에 따라 MAC 모드를 선택해 네트워크를 운용할 수 있도록 하고 있다. 구체적으로 DSME(Deterministic and Synchronous Multi-channel Extension) MAC 모드, TSCH(Time Slotted Channel Hopping) MAC 모드, LL(Low Latency) MAC 모드, RFID BLINK 프레임 지원 모드 등이 있다. 15.4 MAC기술과 비교하여 15.4e의 가장 큰 특징은 시분할 기반 채널 다이버시티 기술의 채택에 있다. 시분할 기반의 채널 접근 방식은 CSMA와 같은 임의 채널 접근 방식의 특성에서 기인하는 패킷 충돌에 의한 재전송을 줄여 유효 통신 전력을 최소화하는 한편, 시의성(時宜性)이 요구되는 경보 및 모니터링 정보 전달을 위해 확정적 지연 시간을 보장함으로써 전송 정보의 품질을 향상 시킬 수 있는 MAC 기술이다. 시분할 기반 채널 다이버시티 기술은 예약된 주파수 채널 시퀀스를 이용해 두 디바이스가 채널을 옮겨 다니며 프레임을 주고받는 채널 호핑 방식과, 채널 상태가 정해진 수신 조건보다 열악해질 때 새로운 채널로 변경하여 프레임을 주고받는 적응 채널 방식으로 나뉜다. 15.4e기반 PAN의 동작은 주기적으로 방송되는 비컨의 유무에 따라 비컨기반 PAN모드(beacon enabled PAN mode)와 비-비컨 PAN모드(non beacon enabled PAN mode)로 나뉜다. DSME는 PAN동작 모드 중 비컨 모드에서 운용되며 멀티슈퍼프레임이라 불리는 프레임 구조를 이용해 채널 호핑 방식과 적응 채널 방식 모두를 지원한다. 멀티 슈퍼 프레임은 노드 디바이스간 peer-to-peer 통신을 가능하게 하여 종전의 15.4 슈퍼 프레임 구조에서 발생하는 토폴로지 제한 및 종단간 데이터 전송경로의 중복 및 신뢰성 문제를 해결하였다. TSCH는 비-비컨 모드에서 운용되며, 시분할 기반 채널 호핑 방식만을 사용한다. 디바이스는 링크 형성을 위하여 solicitation을 통해 가용 자원을 방송하고 해당 디바이스와의 통신을 원하는 디바이스는 공용 타임슬롯(shared timeslot)을 통해 타임슬롯 자원을 요청하여 요청 슬롯에 대한 수락 여부와 통신 스케줄을 알려주도록 하고 있다. TSCH는 ISA 100.11a의 데이터링크계층의 규격을 기반으로 하고 있어 두 표준 기술간 많은 공통점을 내포하고 있다. LL는 종단간 지연 시간 최소를 목적으로 하는 공장 자동화 서비스에 특화된 모드로 다른 동작 모드와 비교해 구체화된 요구사항(반경 10m 동작범위당 20 노드 디바이스)을 갖는다. 또한, 네트워크 구성을 스타 토폴로지로 제한하고 있으며, 채널 다이버시티를 지원하지 않는다. 15.4e와 15.4g 표준 기술은 현재 Sponsor Ballot을 앞두고 있으며, 늦어도 2012년 3월에 RevComm승인을 거쳐 표준규격 개정 작업을 완료할 예정이다.

3.1.3 IETF와 ZigBee 표준화

전송계층 상위를 정의하는 표준 기술로는 IETF의 6LoWPAN, RoLL과 ZigBee 등이 있다. IETF는 15.4전송 규격을 기반으로 하는 네트워크에 IPv6를 적용하기 위한 기술의 표준화 작업을 진행하고 있다. 6LoWPAN WG은 encapsulation과 header compression 방식 등을 정의하고 있는 기본 규격 문서(RFC4944) 작업을 마친 상태이다. RoLL WG에서는 Low power and Lossy Network(LLN)에서의 라우팅 방식에 대한 표준화를 진행 중이다. ZigBee는 15.4 표준 규격을 기반으로 소형의 저전력 WPAN 구성을 위한 상위 통신 프로토콜 규격으로 네트워킹과 응용 서비스 표준으로 ZigBee-2007을 제정하여 임베디드 센싱, 의료 데이터 수집, TV 리모콘과 같은 가전기기, 홈오토매이션 서비스 제품을 선보이고 있다. 최근 IP기반 프로토콜 표준화가 진행중인, ZigBee Smart Energy Profile 2.0 규격에서는 기존 IEEE 803.15.4기술만을 전송규격으로 국한한 제약성을 없애고 15.4e와 15.4g와 같이 새롭게 추가될 표준규격을 포함해 어떠한 MAC/PHY 기반으로 디바이스를 제조할 수 있도록 하고 있다.

3.2 USN 미들웨어 및 서비스 표준화

USN 미들웨어 및 서비스 관련 표준 개발은 크게 ITU-T, ISO/IEC JTC1, OGC, IEEE 등의 표준기구에서 이뤄지고 있다. 현재까지 USN 이라는 용어는 ITU-T에서만 공식적으로 사용되고 있으나, 다양한 센서를 활용한 서비스 프레임워크 기술, 인터페이스 기술, 데이터 스키마, 보안 등에 대한 표준 기술은 앞서 언급된 다양한 표준화 기구 등을 통해서 활발하게 진행되고 있다.

3.2.1 ITU-T

ITU-T는 현재 USN이라는 키워드로 다양한 표준 기술들이 가장 활발하게 개발되고 있는 표준 기구이다. ITU-T에서는 SG11(Signaling requirements, protocols and test specifications), SG13(Future networks including mobile and NGN), SG16(Multimedia coding, systems and applications), SG17(Security)에서 USN 관련한 다양한 표준들이 개발되었고 현재 개발되고 있다. SG11에서는 NID and USN test specifications에 대한 표준 작업이 진행되고, SG13에서는 USN 서비스 제공을 위한 네트워크 요구사항 및 아키텍쳐 표준이(ITU-T Y.2221) 개발되었다. SG16에서는 USN 미들웨어 요구사항에 대한 표준이 개발되었고(ITU-T F.744, 기후변화 대응을 위한 USN응용/서비스 적용 가이드라인(ITU-T F.USN-CC), 이종 센서네트워크를 위한 SNMP 기반 관리 프레임워크(ITU-T H.SNMF) 등의 표준들이 개발되고 있다. SG17에서는 USN을 위한 보안 프레임워크(ITU-T X.usnsec-1, ISO/IEC 29180), USN 미들웨어를 위한 보안 가이드

라인(ITU-T X.usnsec-2) 및 WSN을 위한 안전한 라우팅 기술 표준(ITU-T X.usnsec-3)이 개발되고 있다.

3.2.2 ISO/IEC JTC1

ISO/IEC JTC1에서는 SC29(Coding of audio, picture, multimedia and hypermedia information), WG7(Sensor networks)에서 USN 관련한 서비스 구조, 인터페이스 및 데이터 모델에 대한 표준들이 개발되었고 현재 개발되고 있다. SC29에서는 MPEG-V에 대한 표준(ISO/IEC 23005)이 개발되었고, 이를 통해서 가상세계와 실세계와의 인터페이스를 통해서 교차현실 서비스가 가능하도록 노력하고 있다. WG7에서는 기존에 ISO/IEC JTC1 SC6에서 진행하던 USN 서비스 아키텍처(ISO/IEC 29182)가 이관되어 현재 멀티파트(7파트) 표준으로 개발 진행되고 있으며, 협업 센서네트워크 인터페이스(ISO/IEC WD 20005), 스마트그리드 시스템 인터페이스(ISO/IEC WD 30101)등의 표준이 개발되고 있다. ISO/IEC 29182 멀티파트 표준의 경우, 현재 센서네트워크 서비스 프레임워크 전반을 다루고 있는 ISO/IEC CD 29182-1, 용어 및 어휘를 다루고 있는 ISO/IEC CD 29182-2 그리고 인터페이스를 다루고 있는 ISO/IEC CD 29182-7에 대한 CD ballot이 진행되고 있으며, 그 외 파트는 WD 수준이다. ETRI에서는 2011년8월 WG7회의를 통해서 센서 데이터 기술 용어(sensor data description language)에 대한 NP(new proposal)와 센서네트워크와 USN 미들웨어간 인터페이스에 대한 NP에 대한 논의가 진행될 예정이다.

3.2.3 OGC

OGC에서는 Sensor Web Enablement 프로젝트를 통해서 다양한 웹 인터페이스(SOS, SPS, WNS, SAS) 표준 및 데이터모델(SML, TML, O&M)에 대한 표준이 개발되었고 개정되고 있다. SOS(Sensor Observation Service)는 센서데이터를 센서데이터 제공자로부터 획득하여, 센서데이터 사용자에게 제공하는 인터페이스를 제공하며, SPS(Sensor Planning Service)는 센서에게 특정한 태스크를 지시할 수 있는 인터페이스를 제공한다. SAS(Sensor Alert Service)는 이벤트성 센서데이터 수집 요청 및 획득을 위한 인터페이스를 제공하며, WNS(Web Notification Service)는 SPS가 태스크 완료후 SOS를 통해서 센서데이터를 사용자가 가져갈 수 있도록 태스크 완료를 노티해주는 인터페이스를 제공한다. 센서에 대한 메타데이터는 SML(Sensor Model Language) 혹은 TML(Transducer Markup Language)으로 기술되며, 센서데이터는 O&M(Observation and Measurement)으로 기술된다. 소프트웨어E의 기본 데이터 제공 및 사용

모델은 센싱 데이터를 푸시 형태로 제공하면, 이를 데이터 저장소에 저장하고, 센싱 데이터 사용자는 SOS를 이용해서 해당 센싱 데이터를 획득해가는 모델이다.

3.2.4 IEEE

IEEE 1451.x는 다양한 센서와 센서처리 모듈(NCAP : Network Capable Application Processor)과의 인터페이스, 데이터 모델, 센서처리모듈과 외부 네트워크와의 인터페이스에 대한 표준이다. 이중 IEEE 1451.0은 센서의 일반적인 기능들, 통신 프로토콜, TEDS(Transducer Electronic Data Sheet) 형식 등을 명세하고 있는데 이중, 외부 네트워크와의 인터페이스는 USN 미들웨어와의 인터페이스로 활용될 수 있는 기술이다. IEEE 1451.0에 명시된 외부 인터페이스는 기본적으로 IEEE 1451.x 표준을 따르는 센서를 대상으로 하고 있으며, 센서의 상세 환경 변수까지 알고 제어할 수 있도록 하고 있다.

3.3 ▲ USN 네트워크 기술

3.3.1 USN 통신 프로토콜 요구사항

WSN은 기존 무선 네트워크와 달리 다음과 같이 몇 가지 특성을 가진다. 첫째, 센서 노드는 수개월에서 수년의 수명을 갖는 것을 설계 목표로 한다. 둘째, 노드의 밀집도가 수십 개(Sparse)에서 수만 개를 지원해야 한다. 셋째, 짧은 전송 거리에 기반한 멀티 홉 통신이다. 넷째, 자가 구성을 할 수 있으며 데이터 혹은 응용 중심적이다. 다섯째, 상당히 미세한 크기의 센서 노드 설계가 요구되므로 구성 하드웨어 요소에 많은 제약이 존재한다. 이중 가장 중요한 통신 프로토콜 설계 요구사항들에 대해 살펴본다.

1) Energy Efficiency

센서 노드는 기본적으로 수개월에서 수년의 수명을 갖는 것을 설계 목표로 하고 있다. 따라서 에너지 효율성이 가장 중요하고 필수적인 설계 요구사항이다. 에너지 효율성을 위한 방법으로는 크게 저전력 설계와 에너지 재공급으로 나뉠 수 있다. 센서 노드 크기의 제약에 따른 저전력 하드웨어 설계는 물론 통신 프로토콜, OS 등 또한 오버헤드가 적고, 에너지 효율성이 뛰어나며 가급적 간단한 알고리즘으로 동작될 수 있도록 설계 되어야 한다. 또한 주위의 환경으로부터 에너지를 공급받아 전력으로 변환하는 에너지 재공급 기술을 이용하여 배터리 교환이 어려운 WSN의 수명을 늘릴 수 있다.

2) Reliability

기본적으로 WSN은 배터리에 대한 제약 때문에 시간이 지남에 따라 에너지 고갈이나 손상에 따른 fault 노드 등이 발생하므로 네트워크의 성능과 신뢰성이 감소하게 된다. 이를 위해, 노드가 에너지를 생산할 수 있도록 하는 에너지 재공급 기술, WSN의 fault 노드 관리를 통해 망을 지속시킬 수 있는 망 관리 기술 등이 필요하다. 그리고 WSN의 수명에 대한 분석을 통해 수명을 정의하고 예측할 수 있어야 하며 이는 망 관리 기술과 함께 적용되어 WSN의 신뢰성을 늘릴 수 있어야 한다.

3) Localization

WSN기술이 발전됨에 따라서 센서 네트워크에서의 위치인식 기술의 필요성은 점차 커져가고 있다. 단순히 센서 네트워크로부터 얻어지는 센서 정보는 위치 정보와 결합될 때 그 효용성이 훨씬 커지며 이를 기반으로 다양한 서비스를 제공할 수 있고, 위치정보를 이용한 라우팅 기술에도 이용될 수 있다. 특히 센서 네트워크에서의 위치 인식 기술은 네트워크에서 발생되는 센서 데이터의 특성상 센서가 데이터를 수집하는 순간에 위치를 인식해야 한다. 따라서 센서 네트워크 위치 인식 기술은 정확도뿐만 아니라 신속도가 중요한 요소가 된다. 또한 센서 네트워크는 하드웨어의 제약 사항이 많아 위치 인식에 많은 자원을 할당하기 어렵고 배터리를 이용하여 동작하기 때문에 위치 인식 기술이 전체 네트워크에 주는 영향이 최소화 되어야 한다.

4) Scalability(확장성)

WSN은 응용 서비스에 따라 다르지만 기본적으로 수만 개의 노드들로 구성된 네트워크에서 안정적인 통신이 가능하도록 설계해야 한다. 물론, 홈 네트워크 등과 같이 수십 개의 저밀도의 네트워크도 존재하지만, 환경 감시 혹은 목표 추적 등의 다양하고 많은 고밀도 응용 서비스 지원을 위해서 확장성 또한 중요한 통신 프로토콜 설계 이슈이다. 특히, 일반적인 무선 네트워크 경우에 비해 상당히 많은 노드 수가 필요하다고 여겨지므로, 확장성을 지원하는 통신 프로토콜 설계는 상당히 중요한 사항이다.

5) Traffic Management

노드 밀도가 높은 센서 네트워크의 특성상 노드들은 종종 같은 현상을 발견하고, 그것들로 인해서 중복되는 데이터들이 여러 노드에서 발생한다. 하지만 중복되는 데이터를 그대로 싱크 노드로 전달하면 네트워크의 자원을 효율적으로 사용하지 못하게 된다. 그러므로 traffic management를 통해서 데이터를 정리, 압축하여 전송하면 데이터의 절대량을 줄일 수 있을 뿐만 아니라 센서 노드의 에너지도 절약할 수 있다. 또한, 이러한 traffic management는 라우팅 프로토콜과 결합이 되어서 같이 작동해야지 가장 최상의 효과를 나타낼 수 있다. 이러한 방식을 data-centric approach 라고 부른다.

3.3.2 USN 통신 프로토콜 표준화 동향

USN 관련 국제 표준화는 IEEE, ZigBee Alliance, IETF, ITUT, ISO/IEC JTC1/SC6, JTC1/SC31, JTC1/WG7 등에서 활발히 추진 중이다. 최근 ETSI, 3GPP, ITU-T에서도 각각 M2M(Machine-to-Machine), MTC(Machine Type Communication), IoT(Internet of Things) 라는 이름으로 표준화가 진행되고 있다. IEEE 802.15 그룹에서 USN 관련 표준화는 802.15.4에 서 진행해 오고 있으며, 저전력 장치들 간에 WPAN을 구성하는 PHY/MAC 계층의 표준화를 목표로 한다. ZigBee는 저가, 저전력, 소형, 무선 메쉬 네트워킹 표준으로 802.15.4의 PHY, MAC을 기반으로 네트워크 계층부터 애플리케이션 계층을 정의하여 산업화 부분에 관련된 표준화 진행을 수행해 오고 있다. ISO/IEC JTC1/SC 6는 주로 센서 네트워크를 위한 저전력 프로토콜들을 중심으로 표준화를 진행하고 있다. ETSI M2M에서는 현재 서비스 요구사항 정의 와 스마트 미터링 use-case를 정의하는 표준이 발간되었으며, M2M 구조와 인터페이스에 대한 표준화가 진행되고 있다. 3GPP에서는 서비스 요구사항 정의와 MTC 서비스를 위한 3GPP 시스템 개선 정의에 대한 표준화가 진행되고 있다. ITU-T의 IoT는 사람과 사물 사이, 사물들 간의통신과 공동작업을 가능하게 만드는 것을 목표로 한다. ISO/IEC JTC1/WG7에서는 ITU-T 와 공동으로 활동을 하고 있으며, 전반적인 센서 네트워크의 대표 architecture와 전문용어들의 정보 처리, 상호 운영을 향상시키기 위한 일반적인 해결책을 제시하고 있다.

3.3.3 WSN을 위한 MAC 프로토콜

일반적인 무선 통신에서 발생하는 에너지 소모 낭비 요인은 다음과 같이 크게 4가지이다. 첫째, 전송된 패킷 또는 데이터가 손상되어 재전송이 요구되는 충돌 요인. 둘째, 다른 노드를 목적지로 하는 패킷을 엿듣게 되는 overhearing 요인. 셋째, 불필요한 제어 패킷 전송에 따른 오버헤드 요인. 넷째, 자신은 전송할 데이터가 없음에도 불구하고 이웃 노드가 언제 데이터를 전송할지 모르기 때문에 자신의 전원을 항상 수신 모드로 유지해야 함에 따라서 발생하는 idle listening 요인이 있다. WSN에서는 이러한 에너지 소모 낭비 문제를 해결하고 가장 중요한 통신 프로토콜 설계 요구사항인 에너지 효율성을 위해서 Duty cycle 기술을 MAC 프로토콜 설계에 적용하였다. Duty cycle 기법이란 불필요한 에너지 소모를 줄이기 위해 각 노드들이 주기적으로 활성과 수면 주기를 반복하는 방식을 말한다. 활성 상태에서는 노드가 센싱한 데이터 전송하거나 이웃 노드들로부터 데이터를 수신하게 된다. 수면 상태에서는 내부 RF 회로와 통신 기능을 비활성화 하여 데이터를 송수신 하지 않는다. 이렇게 함으로써 수면 구간 동안 idle listening에 의해 발생하는 불필요한 에너지 낭비를 최소화 할 수 있게 된다. 노드간의 duty cycle을 동기화 시키는 방법에는 동기식과 비동기식 방법이 있는데, 이에 따라 WSN을 위한 MAC 프로토콜은 크게 동기식 MAC과 비동기식 MAC으로 나눌 수 있다

3.3.4 WSN을 위한 라우팅 프로토콜

센서 네트워크를 위한 라우팅 프로토콜은 크게 두 가지 Flat 라우팅과 Hierarchical 라우팅으로 나누어진다. Flat 라우팅과 Hierarchical 라우팅은 각각 장단점을 가지고 있으며 사용하는 센서 네트워크의 특징에 따라서 선택적으로 사용해야 한다. Flat 라우팅은 센서 노드가 모두 동일한 성능을 가지고 있다고 가정할 경우 많이 사용하는 라우팅 방법이다. Flat 라우팅은 수많은 센서 노드들에 직접 ID를 부여하는 것이 어려운 점을 고려하여 Flat 라우팅에서는 노드의 ID를 이용하여 각 노드의 정보를 얻어오는 것이 아니라 Query 메시지를 이용하여 해당하는 Query에 적합한 노드가 응답을 보내 정보를 얻는 방법을 사용하고 있다. Flat 라우팅 은 모든 노드들이 동일한 알고리즘으로 동작하기 때문에 구현이 간단하여 단순한 센서 네트워크에 적합한 프로토콜이라 할 수 있다. Flat 라우팅에는 위치기반 라우팅 방법도 포함된다. 위치기반 라우팅은 자신과 목적지의 위치정보를 이용하는 방식으로, 확장성에서 장점을 가지지만 목적지 방향에 이웃 노드가 없는 경우 우회 경로를 찾는 알고리즘이 필요하다.

Hierarchical 라우팅은 센서 네트워크를 여러 개의 클러스터로 나누어 각각의 클러스터 헤더가 클러스터 내에서 발생된 데이터를 수집하고 병합, 압축하여 싱크 노드로 전달하는 방법이다. 클러스터 내에서 발생한 데이터의 양을 줄여서 싱크 노드로 전달하기 때문에 네트워크의 에너지 소모를 줄일 수 있는 장점이 있으나 클러스터 재구성 및 유지에 관한 에너지가 추가로 필요한 단점이 있다. Hierarchical 라우팅은 라우팅에 관련된 내용뿐만 아니라 MAC에서의 스케줄링이나 채널 할당, 데이터의 병합과 압축, 클러스터 헤더 선정 등의 문제와도 연관되어 있는 특징이 있다.

3.3.5 WSN의 지속가능성

WSN의 지속가능성을 위하여 망 관리를 통한 망의 모니터링 및 Fault 노드 관리, WSN의 수명에 대한 예측이 이루어져야 한다.

1) 네트워크 관리

기존의 망 관리 방법들은 무선망과는 다른 특성을 가진 유선망에 기반하여 설계되었기 때문에 WSN에 그대로 사용될 수 없다. 인터넷에서 가장 널리 쓰이는 관리 프로토콜인 SNMP (Simple Network Management Protocol)의 경우 TCP/IP 기반의 관리 프로토콜로써 WSN에서 사용하기에는 오버헤드가 크기 때문에 TCP/IP를 사용하는 센서 네트워크에도 그대로 사용되기는 어려우며 TCP/IP를 사용하지 않는 센서 네트워크에서는 사용될 수 없기 때문에 이러한 센서 네트워크도 효율적으로 관리 할 수 있는 관리 프로토콜이 필요하다. WSN 관리에 대한 연구는 망 관리 구조나 Framework 또는 관리 트래픽을 줄이기 위한 방안 등에 대한 연구가 있다.

WSN은 평면적 구조를 가질 수도 있고 계층적 구조를 가질 수도 있으며 센서 노드는 싱크노드에게 센싱 정보뿐 아니라 관리 정보도 함께 전달하게 된다. 싱크노드는 센서 노드들을 관리하며 WSN과 SNMP와의 호환을 위해 싱크 노드는 WSN manager인 동시에 SNMP 에이전트로서 게이트웨이의 역할을 수행한다. 이 싱크 노드들은 인터넷을 통해 연결된 SNMP 관리자로부터 관리를 받는다.

2) 고장 관리

WSN에서 fault management는 구조, 프로토콜, 감지 알고리즘 등 다양한 접근이 있으며 크게 Fault detection, fault diagnosis, recovery의 세 가지로 분류할 수 있다. Fault detection은 fault management의 첫 단계로 예상치 못한 고장이 네트워크 시스템에 의해 확인되어야 하는 단계이다. 이는 centralized 접근과 distributed 접근이 있는데 centralized의 경우 Base Station(BS)이나 싱크 노드에 의해 관리 되는 시스템이다. 싱크 노드에서 주기적인 메시지를 통해 fault를 확인하게 되는데 이 방법은 싱크 노드 주변에 데이터가 많이 집중되기 때문에 확장성이 부족한 단점이 있다. Distributed 접근은 노드들이 결정을 내리는 방법으로 노드의 에너지를 절약할 수 있다. 예를 들면, 하드웨어에 인한 자가 진단(센서, 배터리, RF송수신기), 이웃과의 협력을 통한 감지, 클러스터링을 이용한 방법 등이 있다. Fault diagnosis의 경우, 감지된 fault를 네트워크 시스템에서 확인하고, 잘못된 알람과 구별하는 단계로 Fault detection의 정확성이 요구된다. Recovery는 fault 노드가 네트워크 성능에 더 이상 영향을 끼치지 못하도록 WSN이 재구성되는 단계이다. 여기에는 fault 노드를 라우팅 계층에서 고립시키는 방이 가장 많으며 배터리가 적은 영역의 노드의 데이터를 적게 보내도록 하는 방법 등이 있다. 이처럼 Fault Management는 구조, 프로토콜, 감지 알고리즘 등 다양한 접근이 있으나 궁극적으로는 망관리 시스템 측면에서 관리할 수 있는 방법이 연구되어야 한다.

3) 수명 관리

WSN의 수명은 응용에 따라서 다양한 정의가 있다. 네트워크 내의 가용한 노드의 개수를 이용한 정의를 비롯하여 네트워크의 센싱 커버리지 범위에 따른 정의, 네트워크의 연결성에 따른 정의, 이들의 조합을 이용한 정의 등이 있으며 WSN의 응용에 따라서 다른 정의가 사용될 수 있다. WSN의 수명에 대한 정의는 프로토콜의 성능을 비교하는데 많이 사용되지만 망관리와 결합된다면 망관리를 통해 수집된 네트워크 내의 노드들의 상태정보로부터 WSN의 남은 수명을 계산하는데 사용할 수 있다. WSN의 수명과 관련된 연구들은 모델링을 통해 WSN의 초기 상태로부터 WSN의 수명을 예측한다.

제 **04** 장

사물통신

4.1 사물통신 기술

OECD를 비롯하여 화웨이나 에릭슨 같은 통신장비 업체의 전망에 따르면 2020년에는 500억 대 이상의 장치가 인터넷에 연결될 것으로 전망되고 있다[1, 2]. 이는 세계 인구 65억명의 10배에 달하는 수치로써 바야흐로 본격적인 IoT 세상이 도래하고 있음을 의미하는 것이며 그 핵심기술은 바로 사물통신(M2M: Machine to Machine Communications)이다[3].

사물통신은 사람 대 사물, 사물 대 사물간 지능통신 서비스를 언제 어디서나 안전하고 편리하게 실시간으로 이용할 수 있는 융합 ICT(Information and Communications Technology) 기반으로 정의할 수 있다[4, 5]. 사물통신의 기본 개념은 이동통신망 초기부터 이미 있었지만 최근 스마트폰 대중화에 따른 모바일 인터넷의 확산으로 이에 대한 관심이 급격히 높아지고 있는 추세이다[3]. 사물통신 개념 초기에는 수십에서 수백억개에 달하는 장치들과 이들이 생성해내는 방대한 양의 데이터를 실시간으로 처리하기 위한 통신망의 처리 용량과 안정성 및 접속성이 주요 이슈였지만 최근에는 통신망 자체에 대한 이슈보다는 다양한 서비스들을 효율적으로 제공하기 위한 사물통신 플랫폼에 대한 관심이 더 높아지고 있다.

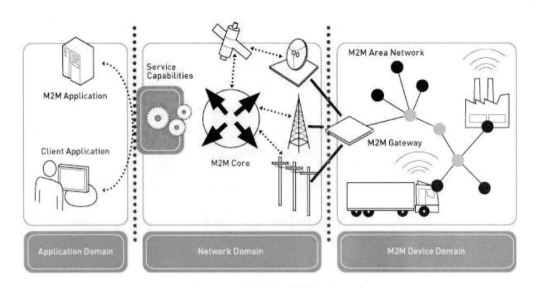

그림 4.1　사물통신 플랫폼의 구성

Fig. 4.1　System Architecture for M2M Platform

　　사물통신 플랫폼은 그림 1과 같이 다양한 장치와 센서를 통해 사물의 정보를 취득 또는
생성하는 M2M 현장 네트워크, 이를 전달하는 광대역　무선 통신망, 수집된 정보를 가공,
활용하는 응용서비스들의 3요소로 구성된다[6].

　　M2M 현장 네트워크의 장치와 센서들은 직접 또는 M2M 게이트웨이를 통해 광대역 통신망과
연결된다. 따라서 게이트웨이로 구분되어 있는 M2M 현장 네트워크는 광대역 통신망과 서로
다른 프로토콜을 사용할 수 있어 Wi-Fi는 물론, 지그비, 블루투스, RFID 등 현장 특성에 따라
선택될 수 있다. M2M 현장 네트워크로 고려되는 대표적인 망은 USN(Ubiquitous Sensor
Network)이다[7, 8].

　　그러나 WCDMA 기반의 M2M 통신망과 지그비 또는 지역 Wi-Fi 기반의 USN을 상호 연동하
는 데에는 현실적으로 크게 두 가지 문제가 있다[9]. 첫째는 요금 문제이다. 즉 이동통신사에
의해 운영되는 WCDMA 기반 광대역 무선망은 무료가 아닌데 USN의 수많은 센서들이 광대역
무선망에 연결될 때 발생할 트래픽에 대한 과금 주체는 USN의 속성상 분명하지 않다는 점이다.
둘째는 두 망간의 서로 다른 프로토콜을 상호 연동하는데 필요한 모뎀, 즉 게이트웨이 문제이
다. 현시점에서 적절한 비용으로 요구되는 성능을 만족시키는 상용 게이트웨이는 사실상 전무
한 실정이다.

4.1.1 사물통신 기술 개요

사물통신(M2M)은 원격측정, 감시, 제어, 관제 등의 기능을 제공하며, 사물과 현장의 정보를 수집하는 센싱부와 이를 전달하는 광역통신망 및 수집정보의 가공, 처리, 통제하는 서버시스템의 3요소로 구성된다[4, 5, 7, 9]. 이를 위해 기기, 센서, 통신모듈, 통신 및 IT 등 다양한 전문영역의 협업을 필요로 하는 가치사슬을 가지고 있다. M2M 시장은 고정물, 이동물, 차량 및 대인 시장으로 구분할 수 있으며 전력, 수도 등 검침, 보안방범, 재난재해관리, 환경감시, 차량관제, 대인 위치추적 등 다양한 분야에서 적용되고 있다[7]. 사물통신을 구성하는 요소기술들을 살펴보면 아래와 같다(그림 4.2 참고).

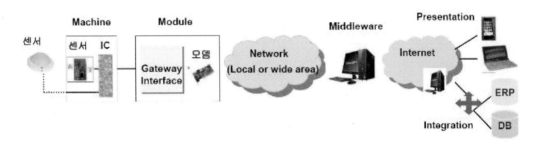

그림 4.2. 사물통신 구성요소
Fig. 4.2 Network Diagram for M2M Communications

- 장치: 감시 및 제어할 대상으로부터 정보를 수집
- 게이트웨이(모뎀): 현장 네트워크 입구에 설치되어 광대역 통신망으로 정보를 전달할 수 있도록 프로토콜 변환
- 모듈: 프로토콜 변환만을 전담하는 모뎀 또는 게이트웨이 역할
- 현장 네트워크: 장치와 센서들로 구성된 USN
- 미들웨어: 현장 네트워크 내부에 위치한 서버로써 데이터 흐름을 조정하고, 원격과 응용시스템간의 통신, 메시지 저장, 보고, 경보를 통한 통지, 원격 제어 등을 지원
- 응용시스템: 미들웨어와 함께 공급될 수 있고 시각화 인터페이스를 장착

사물통신을 위한 M2M 표준은 다양한 영역에서 진행되고 있다. 특히 사물통신 플랫폼에 대한 표준화 영역을 크게 3가지로 구분하면 아래와 같다(그림 4.3 참고).

- 구성 요소간 통신 프로토콜

  ① M2M 장치와 현장 네트워크 간 통신 프로토콜

  ② M2M 현장 네트워크와 게이트웨이 간 통신 프로토콜

  ③ 게이트웨이와 광대역 통신망 간 통신프로토콜

  ④ 다양한 현장 네트워크와 광대역 통신망 간 전송계층 프로토콜

- 서비스 인터페이스 표준화

  ⑤ M2M 플랫폼과 M2M 응용 간 Open API

- 데이터 형식 표준화

  ⑥ 다양한 M2M 장치와 M2M 응용 간 M2M 데이터 형식

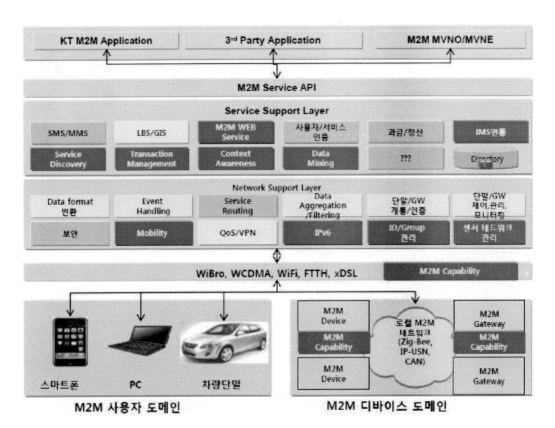

그림 4.3 사물통신 플랫폼 계층구조

Fig. 4.3 Platform Hierarchy for M2M Communications

4.1.2 사물통신 서비스 사례

기존 사물통신 서비스 사례를 살펴보면 아래와 같다.

- M2M 기반 전력, 기상 관측 구축 사례(누리텔레콤)[11]
- D-TRS를 이용한 송전탑 풍속, 풍향 감시 시스템(마이크로비전테크)[12]
- M2M 기반 텔레매틱스(SK텔레콤)[13]
- M2M 3D 영상관제 서비스(이니투스)[14]

SK 텔레콤의 M2M 기반 텔레매틱스[13] 서비스인 MIV(Mobile In-Vehicle)는 자동차 산업과 ICT 산업이 결합된 모바일 카 라이프 서비스라 할 수 있다(그림 4.4 참고).

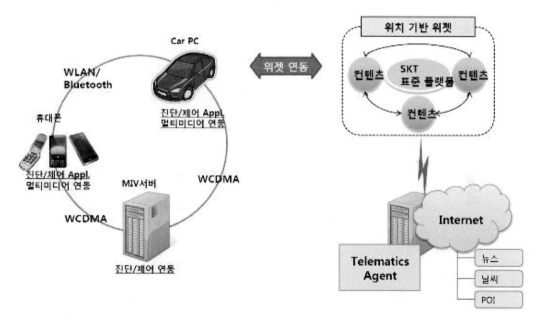

그림 4.4 MIV 서비스 구성도
Fig. 4.4 Service Diagram for MIV

이니투스의 M2M 기반 3D 영상관제 서비스[14]는 고정된 CCTV 영상 외에 현장 제보 영상을 취득하여 관제센터와 현장관리자를 실시간으로 연결할 수 있다.

4.1.3 Person Wide Web

PWW(Person Wide Web)[10] 기술의 핵심은 사물, 사람, 장소 등 공간에 존재하는 모든 객체에 링크가 내재될 수 있다는 점에 기반하고 있다. 사용자는 객체의 해당 '링크'를 획득하여 정보 제공 주체에 접근하고 수신된 정보는 사용자 단말 웹 브라우저에서 표현된다.

공간 내 객체에 내재된 링크를 U-링크라 하며 U-링크 전송을 위한 통신망은 지그비나 Wi-Fi 같은 WPAN(Wireless Personal Area Network)으로써 이를 InterPAN이라 부른다[10].

그림 4.5는 일반적인 PWW의 동작 과정을 보여준다. InterPAN 공간 내에서는 PWW 서버(그림의 Local Device)가 공간 내 사물들에 대한 U-링크를 정해진 시간에 따라 해당 공간에 방송한다. PWW 브라우저가 장착된 스마트폰이 InterPAN 공간에 들어오면 이러한 U-링크들이 스마트폰으로 수신되고, 사용자는 U-링크를 선택함으로써 관심있는 사물의 정보를 수신할 수 있다. 정보는 InterPAN 내에 위치한 PWW 서버로부터 PWW 페이지 형식으로 전송되고, 해당 InterPAN 내에 PWW 서버가 없다면 외부 WWW(World Wide Web) 서버로 접속할 수 있다.

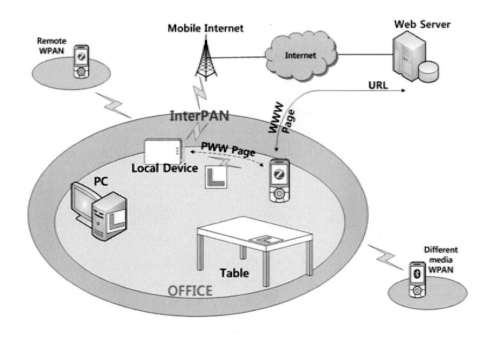

그림 4.5. PWW 개념도

Fig. 4.5 Conceptual Diagram for Person Wide Web

그림 7은 U-링크가 내장된 RFID 태그를 노트북에 부착한 예로써 이 때 U-링크는 방송되는 것이 아니고 스마트폰이 태그에 접근될 때 읽혀진다. RFID 태그 외에 2차원 바코드인 QR

코드를 이용할 수도 있는데 사용 방법은 RFID 태그와 마찬가지로 사물에 부착된 QR 코드를 카메라로 인식하여 QR 코드에 내장된 U-링크를 획득한다.

그림 4.6. RFID 태그 내장형 U-링크

Fig. 4.6 U-Link Embedded in RFID Tag

그림 4.7은 특정 지역 내에서 InterPAN을 통해 U-링크가 방송되는 경우를 나타낸다. 스마트폰에 수신된 U-링크를 선택하는 동작을 Tune이라 부르며 일반 웹에서의 링크 클릭에 해당된다.

그림 4.7 방송형 U-링크

Fig. 4.7 U-Link Broadcasted in Local Area

4.2 사물통신 플랫폼

M2M 플랫폼은 그림 4.8과 같다. M2M 현장 네트워크로써 InterPAN을 사용하고, InterPAN 내부 통신 방식은 지그비나 블루투스도 가능하지만 실제 구현에는 Wi-Fi를 사용하였다.

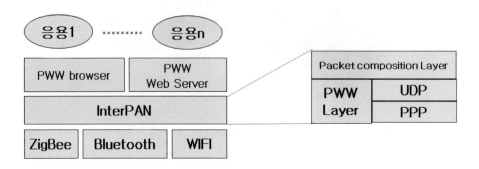

그림 4.8. M2M 플랫폼 아키텍처

Fig. 4.8 Proposed Architecture for M2M Platform

4.2.1 서비스 시나리오

먼저 제안하는 M2M 플랫폼에서 이용 가능한 서비스 시나리오의 예를 보면 아래와 같다.

• 사무실에서 스마트폰으로 실내 온도와 조도 확인
• 사무실에서 스마트폰으로 전등, TV, 에어콘, 블라인드 등을 제어
• 상점에서 할인 쿠폰 U-링크를 수신하고 링크를 선택해 쿠폰을 받음

위 시나리오 사례를 그림으로 나타내면 그림 4.9와 같다.

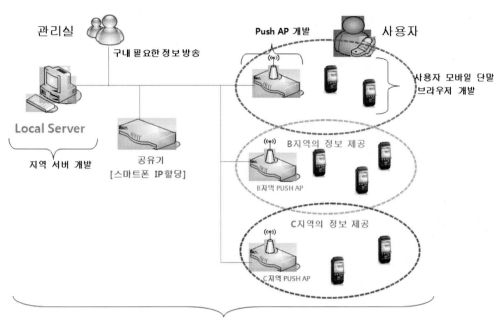

관리실

Push AP 개발

사용자

구내 필요한 정보 방송

사용자 모바일 단말
브라우저 개발

Local Server

지역 서버 개발

공유기
[스마트폰 IP할당]

B지역의 정보 제공

B지역 PUSH AP

C지역의 정보 제공

C지역 PUSH AP

서비스 핵심 시나리오 및 비즈니스 모델 개발

그림 4.9. 서비스 시나리오

Fig. 4.9 Service Scenario

4.2.2 사물통신 플랫폼 구성요소

M2M 플랫폼의 주요 구성요소는 표 4.1과 같다.

표 4.1. M2M 플랫폼 구성요소

Table 4.1. M2M Platform Components

구성요소	주요 기능 및 사양
USN	센서 노드: 온도, 습도, 조도, 센서 노드 간 통신: 지그비
U-게이트웨이	USN과 PWW 서버 간 연동, U-게이트웨이와 PWW 서버 통신은 Wi-Fi
PWW 서버	InterPAN 미들웨어 탑재, USN으로부터 수집된 정보를 GUI로 표시하는 월 패드 포함, U-링크 방송
PWW 앱	지원 운영체제: 안드로이드, PWW 브라우저, QR 코드 리더 탑재

USN의 온도, 조도, 습도 센서들로부터 수집된 데이터는 U-Gateway를 통해 PWW 서버로 전달된다. PWW 서버는 데이터를 해석하여 디스플레이 장치인 월 패드에 정보를 표시한다. PWW 서버의 월 패드는 광고 영상과 함께 영상에 포함된 U-링크를 Wi-Fi 망을 통해 방송하고, 스마트폰에서는 탑재된 PWW 앱을 통해 U-링크를 수신한다. 또한 QR 코드 리더를 통해 사물에 부착된 QR 코드를 카메라로 읽어 QR 코드에 내장된 U-링크를 가져올 수도 있다. 전체 시스템 구성도는 그림 4.10과 같다.

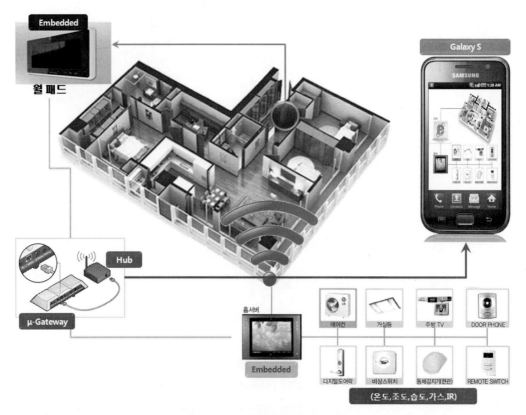

그림 4.10. 전체 시스템 구성도

Fig. 4.10. System Overview

4.3 사물통신 플랫폼 구현 사례

4.3.1 USN 게이트웨이 개발

USN은 조도, 습도, 온도, 가스의 4가지 종류의 센서들로 구성하였다. 센서에서 발생된 데이터는 RS232를 통하여 무선으로 U-게이트웨이로 전달되며, U-게이트웨이에서는 센서 종류에 따라 다른 포트를 사용함으로써 데이터를 구분한다. U-게이트웨이는 수신된 데이터를 PWW 서버로 보내고 PWW 서버는 스마트폰의 정보 요청에 따라 스마트폰으로 데이터를 보낸다. 그림 4.11은 U-게이트웨이와 PWW 서버(그림의 Embedded Board) 간의 관계를 나타낸다.

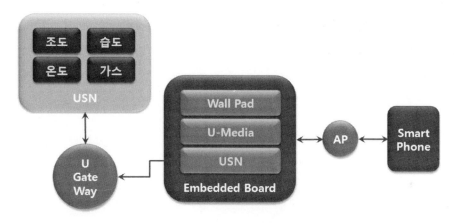

그림 4.11. U-게이트웨이 개발

Fig. 4.11. Development of U-Gateway

4.3.2 PWW 서버 개발

PWW 서버의 핵심 기능은 월 패드 카메라 기능과 U-링크 방송 기능이다.

첫째, 월 패드 카메라 기능은 카메라로부터 들어오는 YUV 영상을 0.5초 단위로 영상을 이미지로 변환하여 스마트폰으로 전달하는 것이다. 그림 4.12는 PWW 서버(그림의 Embedded Board)의 월 패드 카메라 기능에 대한 구성도이다.

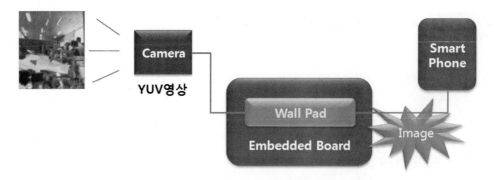

그림 4.12. PWW 서버의 월 패드 카메라 기능

Fig. 4.12. Wall-Pad Camera in PWW Server

둘째, U-링크 방송 기능은 광고 영상에 포함된 U-링크를 미리 설정한 시점에 방송하는 기능이다. 즉 PWW 서버는 월 패드의 LCD 화면을 통해 광고 동영상을 재생하는데 이 동영상에는 자막 파일 형태로 U-링크 방송 시점이 설정된 별도 텍스트 파일이 포함되어 있어 광고 동영상을 재생하면서 U-링크를 정해진 시점에 방송할 수 있다. 그림 4.13은 U-링크 방송 기능의 동작 방식을 보여준다.

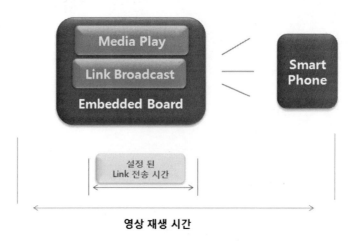

그림 4.13. PWW 서버의 U-링크 방송 기능

Fig. 4.13. U-Link Broadcasting in PWW Server

4.3.3 월 패드 개발

기존 월 패드에서는 사용자가 영상을 보려면 직접 월 패드로 다가와야만 한다. 본 논문에서 개발한 월 패드는 영상을 월 패드의 스크린뿐만 아니라 스마트폰에서도 확인할 수 있도록 확장한 것이다. 그림 4.14는 이러한 기능을 구현한 월 패드로써 월 패드의 영상과 스마트폰으로 전송된 영상이 동일함을 보여준다.

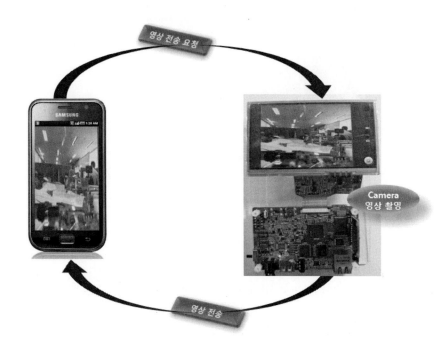

그림 4.14. 월 패드 영상 모니터링 기능
Fig. 4.14. Remote Video Monitoring of Wall-Pad

4.3.4 PWW 앱 개발

PWW 앱은 안드로이드 스마트폰에서 동작하며 주요 기능은 크게 4가지이다.

첫째 영상 모니터링 기능은 PWW 서버의 카메라로부터 전송된 영상을 스마트폰에서 보여주는 것이다. 기능 구현은 안드로이드의 SufraceView를 사용하였으며 뷰의 업데이트가 늦어질 때 발생하는 ANR(Application Not Responding) 상태를 방지하기 위해 백그라운드 쓰레드로 구현하였다. 그림 4.15는 영상 모니터링 기능의 작동 예이다.

그림 4.15. PWW 앱의 영상 모니터링 기능
Fig. 4.15. Video Monitoring Feature in PWW App.

둘째는 방송되는 U-링크를 수신하는 기능으로 PWW 서버의 광고 동영상 재생과 함께 방송되는 U-링크를 스마트폰에서 수신하여 사용자가 그 U-링크를 선택할 경우 해당 광고에 대한 상세 정보를 PWW 서버로 요청하고 수신된 정보를 앱으로 보여준다.

셋째는 QR 코드 기능이다. QR 코드 리더를 앱에 탑재하였으며 QR 코드에 내장된 U-링크를 해석하고 사용자 선택에 따라 PWW 서버로부터 상세 정보를 수신하여 보여준다.

넷째는 USN으로부터 수집된 정보를 보여주는 기능으로 U-게이트웨이를 통해 PWW 서버에 저장되어 있는 센서 데이터들을 PWW 서버로부터 전달받아 앱으로 보여주는 기능이다.

4.3.5 U-링크 기능 개발

U-링크 기능은 스마트폰에서 PWW 서버로부터 방송되는 U-링크를 수신하고 해당 정보를 처리하는 기능이다. 그림 4.16은 광고 동영상에 미리 설정된 U-링크를 스마트폰에서 수신하는 예이다.

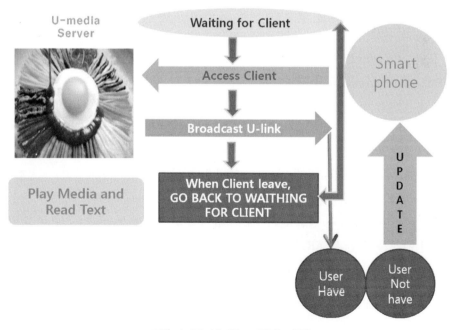

그림 4.16. U-링크 기능

Fig. 4.16. Example of U-Link Implementation

U-링크에는 현재 방송되는 광고의 제목과 상세 정보를 위한 링크가 포함되어 있어 사용자가 해당 U-링크를 선택하면 상세 정보를 웹 서버로부터 받아볼 수 있다. 광고 동영상과 스마트폰 간의 U-링크 처리 과정은 그림 4.17과 같다.

그림 4.17. U-링크 처리 과정

Fig. 4.17. Process for U-Link Implementation

4.3.6 USN 시스템 개발

먼저 USN에서 수집된 정보들을 스마트폰 앱에 표시하는 절차를 보면 그림 4.18과 같다.

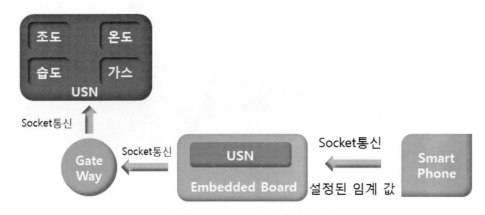

그림 4.18. USN 정보 처리 과정

Fig. 4.18 Diagram for USN Information Processing

센싱 정보를 표시하기 위한 안드로이드 앱 구현은 WebView를 사용하였다. 스마트폰에서는 센서들의 값을 실시간으로 화면에 표시하고 특정 센서 버튼을 클릭하면 세부화면으로 넘어간다. USN 시스템을 위한 전체 구성은 그림 20과 같고 각 모듈의 사양은 아래와 같다.

• 메인 모듈: Atmega128 마이크로 컨트롤러 사용, CC2420 RF 통신 모듈 장착. 메인 모듈 위쪽으로 센서 모듈 적층이 가능하며 전원은 건전지를 사용

• 센서 모듈: 단독으로는 기능수행을 못하며 메인 모듈 위에 적층하여 사용. 조도, 온도, 습도, 가스의 4가지 센서 중 하나를 장착할 수 있고, 센싱된 데이터는 무선 콘센트와 U-게이트웨이로 전달

• 무선 콘센트: 마이크로 컨트롤러와 CC2420 내장, 전원 On/Off 기능과 LED가 포함. 하나의 센서 모듈과 짝을 이뤄 통신을 하며 센서의 임계값이 넘어갈 때 동작

• U-게이트웨이: 메인 모듈과 전원 안테나로 구성. PWW 서버와 통신하기 위한 이더넷 포트와 동작상태 감시를 위한 USART 포트및 ISP(In-System program) 포함

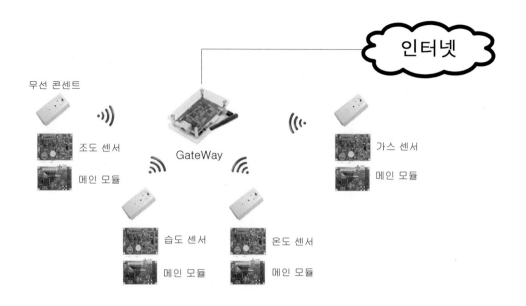

그림 4.19. USN 시스템 구성
Fig. 4.19. USN System Architecture

각 센서는 각각 하나의 메인 모듈, 센서 모듈, 무선 콘센트로 구성된다. 센서에서 U-게이트웨이로 보내지는 패킷은 센서 식별을 위한 1 바이트의 노드 ID와 데이터 저장을 위한 2 바이트의 센서값으로 구성된다.

4.4 결론 및 활용 방안

사물통신은 사물과 사물 간에 연결된 감지장치, 즉 센서를 통해 각종 정보를 교류하는 것으로 볼 수 있다. 사물이 센서를 통해 정보를 전달하면 홍수나 폭풍, 대설, 지진 같은 자연재해는 물론, 화재, 폭발, 조난, 교통사고 같은 인재도 미리 감지하고 안전장치를 작동시켜 사고를 사전에 예방할 수 있다. 사물통신이 현실화되면 아래와 같은 시나리오도 실제로 가능할 것으로 전망된다.

1. 직장인 김모씨는 이른 아침 출근길 성수대교 앞에서 자동차 내비게이션 센서로부터 위험 신호를 통보받았다. 내비게이션 화면에는 경고 창과 함께 "붕괴 위험이 있으니 동호대교나 한남대교로 돌아가라"는 안내 문구가 나왔다. 더 놀라운 것은 인근에서 성수대교 진입을 시도하던 차량들도 다리를

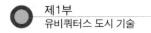

건너기 직전 자동으로 시동이 멈춰버렸다.

2. 주말에 백화점에서 쇼핑을 하던 주부 이모씨는 스마트폰 덕분에 목숨을 건졌다. 스마트폰이 음성으로 위험 신호를 알려온 것. 스마트폰에서는 "건물에 진동이 감지되었으니 신속히 건물 밖으로 대피하라"는 내용이 수차례 흘러나왔고, 당황한 이씨가 급히 엘리베이터를 타려고 버튼을 누르자 스마트폰이 다시 위험 신호와 함께 "비상구로 내려가라"고 안내한 것이다.

우리나라 정부에서도 사물통신 시대에 대비하기 위해 가칭, 사물통신 기반구축 및 사물정보 이용 활성화에 관한 법률을 제정하고 있고 사물통신 요금제도 및 전용 주파수 확보 등 관련 제도 개선안을 준비 중에 있다.

4.5 ▲ 참고문헌

[1] OECD Insights, "The Internet of things," http://oecdinsights.org/2012/01/31/the-internet-of-things/, 2012. 1. 31.

[2] Bob Emmerson, "M2M: the Internet of 50 billion devices," Win-Win Magazine, Huawei, http://www.huawei.com/en/about-huawei/ publications/winwin-magazine/, 2010. 1.

[3] G. Wu, S. Talwar, K. Johnsson, N. Himayat, K. D. Johnson, "M2M: From Mobile to Embedded Internet," IEEE Communications Magazine, pp. 36-43, 2011. 4.

[4] 사물지능통신 구축 기본 계획, 방송통신위원회, 2009.

[5] 강희조, "사물지능통신에서 차세대 재난방재시스템에 관한 연구," 한국정보기술학회 하계학술대회, pp. 226-230, 2011.

[6] Joachim Koss, "Machine to Machine Communications," ETSI Workshop on Machine to Machine (M2M), ETSI, http://www.etsi.org/ M2MWORKSHOP, 2012. 10.

[7] 김우용, "이동통신망 기반의 사물통신 서비스 현황 및 이슈", 한국통신학회, 한국통신학회지(정보와통신) 27(7), pp. 16-20, 2010.

[8] Z. Fadlullah, M. Fouda, N. Kato, A. Takeuchi, N. Iwasaki, Y. Nozaki, "Toward intelligent machine-to-machine communications in smart grid," IEEE Communications Magazine 49(4), pp. 60-65, 2011.

[9] 이성현, 남동규, "USN, M2M 서비스 융합과 발전 전망," 한국통신학회지(정보와통신) 28(9), pp. 3-9, 2011.

[10] 은성배, 최복동, 소선섭, 김병호, "차세대 모바일 웹을 위한 Person Wide Web 기술," 한국정보과학회 학술발표논문집 36(2D), pp. 304-307, 2009.

[11] 이홍석, "누리텔레콤, 스마트&클라우드쇼 M2M 테마관 통합 AMI 시스템 시연", 디지털타임스, 2011. 9. 6.

[12] 마이크로비전테크, "볼센서를 이용한 감시제어용 단말기", 마이크로비전테크, 2010.

[13] 뉴시스, "SKT, '모바일 텔레매틱스' 中서 세계 최초 상용화", 조선일보, 2009. 9. 17.

[14] 조진수, "M2M 기반 3D 영상관제 서비스 사례", 이니투스, 사물지능통신(M2M/IoT) 컨퍼런스, 2010. 6. 29.

제 **05** 장

증강형 멀티미디어

5.1 ▲ 증강형 멀티미디어 응용

증강형 멀티미디어는 모바일 단말에 동영상이나 소리, 이미지와 같은 멀티미디어 정보를 출력할 때 그 콘텐츠와 관련된 증강형 정보를 부가적으로 제공하는 기술이다. 증강형 멀티미디어 기술의 예로는 PC나 IPTV에서 동영상이나 음악이 출력될 때 특정 내용과 관련된 부가 정보를 지정된 위치와 시점에 맞추어 출력하는 것을 들 수 있다. 특히 단순 정보가 아닌 상거래 정보를 출력하는 응용도 많이 찾아볼 수 있는데 IPTV에서 사용자가 마우스나 키보드를 이용하여 대화형 상거래를 할 수 있게 하는 것도 한 예이다[1, 2]. 건물이나 지하철과 같은 공공장소에 설치된 대형 스크린을 활용한 동영상 광고에서도 이와 같은 증강형 멀티미디어 기술을 적용할 수 있는데 이 때 문제는 마우스나 키보드를 사용할 수 없어 대화형 상거래를 할 수 없다는 것이다.

기존의 PC에서의 상거래를 E-상거래라고 한다면 이동 중에 자신의 단말을 활용한 대화형 상거래를 U-상거래라고 한다[3]. U-상거래를 위한 증강형 멀티미디어 기술은 다양한 분야에서 꾸준히 연구되어 왔는데 기존 연구는 크게 3가지로 분류할 수 있다. 첫째는 2차원 바코드나 RFID 태그 등을 활용하여 현장의 객체에 부착된 정보를 모바일 단말로 획득하는 방식이다[4, 5, 6, 7]. 예를 들어 광고판에 내장된 블루투스 모듈을 통해 사용자의 휴대폰에 광고 동영상을 전송하는 것을 들 수 있다. 둘째는 WPAN을 통해 현장의 출력장치와 모바일 단말간에 정보를 주고받는 방식이다[8, 9, 10]. 예를 들어 카페의 스피커에서 나오는 음악에 관한 정보를 사용자의 스마트폰에 전송하여 이를 통해 그 음악을 온라인으로 구매하는 것을 들 수 있다. 셋째는 본 논문에서 사용하는 Person Wide Web(이하 PWW) 기반 방식으로써 PWW는 실세계의 객체나 공간에 부착된 링크를 스마트폰으로 인식하고 링크에 연결된 지역 서버의 웹 문서를 스마트폰 브라우저에 표시하는 기술이다[11, 12, 13, 14].

본 논문에서는 외부 현장에서 출력되는 동영상이나 소리, 이미지 등의 멀티미디어 콘텐츠에 부가적인 정보요소를 설치하고 이를 통해 사용자의 모바일 단말과 연동하여 상거래를 도와주는 PWW 기술 기반 증강형 멀티미디어 상거래 시스템을 설계하고 구현한다. 시스템 구현은 지하철 플랫폼에 설치된 공공 디스플레이를 가정하여, 동영상이 출력될 때 지정된 시점에서 u-link가 방송되고 이를 획득한 스마트폰에 지역서버에서 검색한 웹문서를 브라우저를 통해 표시하는 방식으로 구현하였다. 동영상 출력 중 특점 시점에서 링크를 방송하기 위하여 Silverlight 기술을 사용하였다. 제안하는 시스템은 동영상이나 멀티미디어 콘텐츠에 부착된 정보요소를 통해 특정 정보를 사용자의 모바일 단말에 증강시켜준다는 의미에서 증강형 멀티미디어 기술이라고 할 수 있다. 특히 콘텐츠에 부착된 정보요소가 사용자 이동단말에 자동적으로 전달된다는 점에서 실세계의 영상이나 소리를 사용자가 의도적으로 감지한 후 여기에 정보를 더하는 증강 현실 기술과 구별된다.

5.2 ▲ 멀티미디어 처리 기술

5.2.1 E-상거래 기술

E-상거래 관련 기술로서 첫째는 SMIL 표준을 들 수 있다. SMIL(Synchronized Multimedia Integration Language)[1]은 W3C에서 개발되었으며 공식 초안은 1997년 11월에 발표되었다. SMIL을 이용하면 비디오, 사운드 및 정지 화상과 같은 멀티미디어 요소들의 표현 및 상호작용을 쉽게 정의하고 동기화할 수 있다. 두 번째는 클리어 스킨(Clear Skin)[2] 기술이다. 클리어 스킨은 IPTV, Cable TV 및 Mobile TV 서비스 공급자, 유선통신사업자의 양방향 광고 및 T-Commerce를 지원하기 위한 소프트웨어 플랫폼으로써 동영상내의 객체와 데이터 파일을 서로 연결시켜주는 하이퍼링크 기술이다. 동영상내의 객체, 즉 TV 화면에 나타나는 객체를 마우스 클릭 또는 리모콘으로 선택할 때 해당제품의 정보 및 광고를 보여주고 관심있는 상품의 구매 서비스까지 제공할 수 있다. 제공되는 정보의 형태는 웹, 텍스트, 동영상, 이미지 등으로 다양하다.

5.2.2 U-커머스 기술

U-커머스는 사용자가 이동중에 자신의 모바일 단말을 통해 상거래를 할 수 있는 시스템이다. 관련 기술로는 RFID 태그 기술, QR 코드, 블루투스, ZigBee 기술이 있다.

1) 태그 및 QR 코드 기술

상거래에 모바일 RFID를 응용한 대표적인 연구로는 TV와 같은 디스플레이 장치에 RFID 모듈을 부착하고, 사용자의 휴대단말로 RFID 모듈의 정보를 얻는 u-Display 비즈니스 모델 연구이다[3]. 또한 스피커에 RFID 모듈을 부착하여 사용자에게 음악 정보를 제공함으로써 상거래를 발생시키는 u-Speaker 비즈니스 모델에 관한 연구도 있다[4, 5].

2차원 바코드의 한 종류인 QR(Quick Response) 코드[6]는 1994년 일본의 Denso Wave에 의해 처음 소개된 기술로써 기존의 바코드에 비해 대용량의 정보를 담을 수 있고, 생성의 용이성과 오류 정정 기능이 있어 그 활용성이 급격히 증가하고 있는 추세이다. 국내의 경우 2009년 하반기부터 스마트폰 사용이 활성화됨에 따라 QR 코드를 인식하는 다양한 애플리케이션이 출시되고 있다. 또한 URL, 전화번호, 텍스트, vCard를 지정하여 2차원 바코드를 생성할 수 있는 Microsoft Tag 모델 또한 QR 코드를 비롯한 2차원 바코드의 유용성을 보여주는 사례이다.

2) WPAN 통신 방식

그림 5.1과 같이 BlueCasting[7]은 블루투스 기술을 이용하여 광고 컨텐트를 사용자의 휴대단말에 전송한다. 펩시 광고 사례를 보면 블루투스 영역 내 이용자가 실제 접속한 비율이 25%에 이르며 이는 WPAN을 이용한 마케팅이 매우 성공적임을 시사한다.

그림 5.1. BlueCasting 사례
Figure 5.1. BlueCasting

SK텔레콤의 Outernet[8]은 지그비 기반의 저전력, 저간섭 WPAN 플랫폼이다. 지그비 기반 WPAN이 장착된 Micro SD 또는 USIM 카드를 스마트폰에 탑재하여 다양한 어플리케이션에서 WPAN 응용 기술을 활용할 수 있다. 그림 5.2는 Outernet의 구조를 나타낸다. Outernet은 기본적으로 증강형 멀티미디어 응용을 목표로 하고 있으나 최근에는 ZigBee++라는 기술을 통해 다양한 형태의 서비스 공간을 구축할 수 있도록 확장하고 있다.

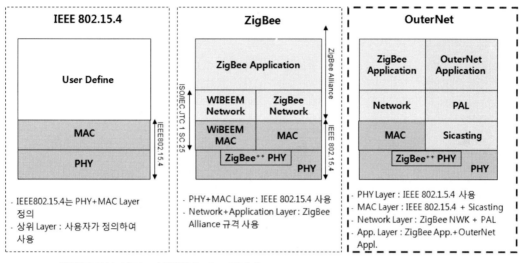

그림 5.2. Outernet 구조
Figure 5.2. Outernet Architecture

노키아 Sensor[9]는 블루투스를 통해 근거리 커뮤니케이션을 구현한 프로젝트이다. 자신의 아바타를 통해 주변에 센서 서비스 사용자를 검색할 수 있다. 현재는 노키아의 단말로만 사용할 수 있다. Bluetooth Photo Share[10]는 아이폰에서 블루투스를 이용하여 사진을 전송하는 무료 프로그램이다.

위에서 살펴본 바와 같이 자동 인식 태그나 WPAN 기술을 활용한 다양한 증강형 멀티미디어 처리 기술들이 있지만 아직 E-상거래를 위한 표준화된 방식은 없다. 응용 개발에서 RFID 태그, QR 코드, 블루투스, ZigBee, WLAN 등의 다양한 기술들을 쉽게 활용할 수 있는 표준 플랫폼이 존재한다면 증강형 멀티미디어 처리 응용을 좀 더 쉽게 개발할 수 있을 것이다. 따라서 특정한 서비스가 아닌 범용의 서비스 플랫폼과 프로토콜이 필요하다.

5.3 ▲ Person Wide Web

5.3.1 Person Wide Web 개념

Person Wide Web(이하 PWW)는 실세계의 객체나 공간에 부착된 링크를 스마트폰으로 인식하고 링크에 연결된 지역 서버의 웹 문서를 스마트폰 브라우저에 표시하는 기술이다. 이때의 링크를 WWW의 링크와 구별하기 위해 u-link(ubiquitous link)라 한다. u-link는 WPAN을 통해 모바일 단말에 전달되며, u-link를 얻은 모바일 단말은 인터넷에 연결된 서버나 WPAN에 연결된 지역터미널에 접근하여 정보를 획득한다. 그림 5.3은 PWW의 구성도이다.

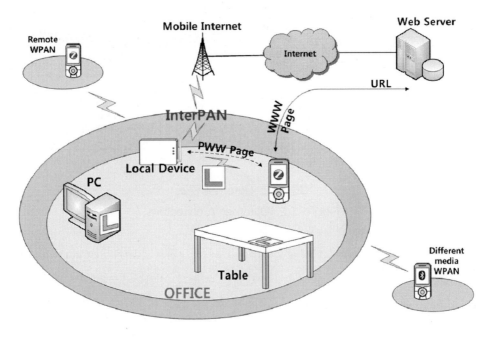

그림 5.3. PWW 구성도
Figure 5.3. Basic concept of PWW

그림과 같이 테이블, 사무실 공간 등 실세계 객체에 u-link들을 부착한다. u-link는 RFID 태그나 QR 코드 형태로 부착되고, 사무실에 설치된 지역터미널은 WPAN을 통해 u-link를 방송한다. 사용자의 모바일 단말은 RFID 리더나 카메라, WPAN 통신을 통해 u-link를 수신하고 u-link에 연결된 웹문서를 단말의 웹브라우저로 표시한다.

5.3.2 u-link 구조

WWW에서 사용하는 하이퍼텍스트는 앵커와 링크를 통해 문서들을 서로 연결한다. 그림 4의 하이퍼텍스트 예와 같이 좌측 문서의 파란색으로 표시된 '지도'라는 글자는 앵커를 의미하고, 앵커가 부착된 글자를 클릭하면 그 앵커에 연결된 링크가 지정하는 문서로 연결된다.

그림 5.4. 하이퍼텍스트의 앵커와 링크
Figure 5.4. Anchor and link in hypertext

그림 5.5는 PWW의 u-link 구조이다. 그림과 같이 노트북에 부착된 RFID 태그가 하이터펙스트에서의 앵커 역할을 하며 이 태그에는 관련된 정보로 연결되는 u-link가 내재된다. 사용자의 모바일 단말을 RFID 태그에 접촉하면 태그에 내재된 u-link 정보가 단말로 전달되고 단말은 u-link 주소의 문서를 브라우저에 표시한다. RFID 태그 대신에 QR 코드를 사용해도 동일한 방식으로 동작된다.

그림 5.5. PWW의 앵커와 링크

Figure 5.5. Anchor and link in PWW

그림 5.6은 PWW의 u-link가 특정 지역 내 공간에 내재되는 경우를 보여준다. u-link는 WPAN 통신으로 방송되어 해당 공간에 있는 모바일 단말에 전달된다.

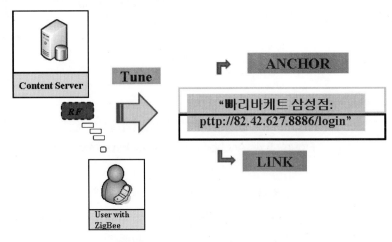

그림 5.6. WPAN 공간의 u-link

Figure 5.6. u-link in WPAN space

그림 5.6의 경우, u-link는 "빠리바게트 삼성점"이라는 텍스트를 포함하고 있는데 이것이 앵커의 역할을 한다. u-link를 수신한 모바일 사용자가 이 앵커를 선택하면 앵커에 지정된 u-link에 표시된 주소로 연결된다. 그림 5.6의 경우, u-link는 pttp://82.42.627.8886/login이며, 이 때 pttp는 PWW http를 의미하고 해당 주소가 인터넷의 서버가 아닌 WPAN에 연결되어 있는 PWW 지역 서버를 나타낸다.

5.3.3 PWW 아키텍처

PWW는 링크를 통해 서버의 웹 문서에 접근한다는 점에서 기존의 WWW과 동일하지만 WWW와 다른 PWW의 특성을 정리하면 아래와 같다.

1) 앵커

WWW의 앵커는 하이퍼텍스트 문서 내에 존재하지만 PWW의 앵커는 실세계 객체에 내재되고 WPAN 통신망 내의 모든 모바일 단말에 방송된다.

2) 링크

PWW에서 링크는 인터넷의 서버 또는 WPAN의 지역 서버로 연결된다. WPAN 지역 서버로 연결하는 링크는 http 프로토콜이 아닌 pttp 프로토콜을 사용한다.

3) IntrerPAN

WPAN 내에서 WPAN 프로토콜을 통해 모바일 단말들과 WPAN에 있는 지역 서버간의 통신이 이루어지는데 이러한 망을 InterPAN이라 부른다.

4) PWW 브라우저

PWW의 u-link를 처리할 수 있는 모바일 단말 브라우저이다. WWW 웹 브라우저와 기능상 동일하나 실세계에 내장된 u-link를 획득할 수 있는 기능과 WPAN 통신을 통해 지역 서버로 접속하고 브라우징하는 기능이 추가되었다. 물론 PWW 브라우저에서도 인터넷의 웹문서에 접속할 수 있다. PWW 브라우저는 아이폰과 안드로이드에서 구현되어 있으며[14] 이를 활용한 다양한 응용들이 개발되고 있다.

5.4 시스템 설계 및 구현

5.4.1 시스템 설계

그림 5.7은 증강형 멀티미디어 상거래 시스템의 구조를 나타낸다.

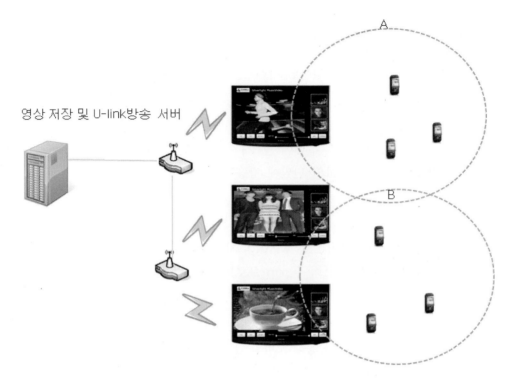

영상 저장 및 U-link방송 서버

그림 5.7. PWW 기반 증강형 상거래 시스템 구성도
Figure 5.7. Augmented e-commerce architecture on PWW

그림에서 세 개의 디스플레이 장치는 지하철 역사와 같은 공공장소에 설치된다. 시스템의 구조 및 동작 방식은 다음과 같다.

1) 디스플레이 장치는 무선 AP 및 LAN을 통해 영상 저장 및 u-link 방송 서버와 연결된다.
2) 디스플레이 장치는 방송 서버로부터 동영상을 전송받아 출력한다.
3) u-link 방송 서버는 디스플레이 장치가 동영상을 출력할 때, 지정된 시점에서 해당 u-link를 무선 AP를 통해 방송한다.
4) 스마트폰의 PWW 브라우저는 수신한 u-link를 표시하고 사용자가 이를 클릭하면 u-link에 연결된 방송 서버에 접속하여 해당 문서를 브라우저에 출력한다. 만약 u-link 주소가 인터넷에 연결되어 있다면 해당 웹 서버로 접속한다.

그림 5.8은 아이폰에서 구현한 PWW 웹 브라우저의 동작 예이다. 아이폰 아래쪽 회전창은 수신된 u-link를 나타내며, 그림에서는 2개의 u-link, 즉 영화 'Avatar 3F M theater'라는 u-link와 나이키의 'Sale On 30% Nike'라는 u-link가 수신되었음을 보여준다.

그림 5.8. 아이폰에서 구현한 PWW 브라우저
Figure 5.8. PWW browser implementation in iPhone

5.4.2 동영상 처리

본 시스템의 핵심 기술 중 하나는 동영상이 출력되는 도중 특정 시점에서 지정된 u-link를 방송하는 방법이다. 예를 들어 특정 회사의 광고 영상이 출력될 때 그 시점에서 u-link가 방송되어야 하는데 이는 기존의 E-커머스에서도 주요 이슈이다[2, 3]. 본 논문에서는 마이크로소프트 사의 Silverlight 플랫폼[15]을 사용하여 구현하였다. Silverlight는 HTML로 구현하는 방식보다 더 풍부한 UI를 제공할 수 있다. Silverlight에서는 동영상에 메타 태그와 같은 특정 데이터를 저장하고 동영상이 출력될 때 이를 감지하여 이벤트를 발생시켜 응용프로그램에서 사용할 수 있도록 한다. 본 논문에서는 윈도미디어 파일 편집기를 사용하여 동영상에 u-link를 저장하고 해당 동영상이 재생될 때 이벤트를 발생시켜 응용프로그램이 소켓통신으로 u-link를 전송하도록 하였다.

표 5.1은 Silverlight로 만든 동영상에서 동영상이 출력될 때 특정 시점에서 u-link를 찾아 방송하는 절차이다. 프로그램에서 media_MarkerReached() 함수는 u-link를 저장하는 시점에서 호출되며 저장된 u-link를 받아 소켓 통신을 통해 스마트폰에 전송하는 기능을 수행한다.

표 5.1. 아이폰에서 구현한 PWW 브라우저

Table 5.1. PWW browser implementation in iPhone

| U-display 동영상 플레이어 |

프로그램 코드

```
private void media_MarkerReached(object sender, TimelineMarkerRoutedEventArgs e)
{

    byte[] data = Encoding.UTF8.GetBytes(e.Marker.Text.ToString());
    socketEventArg.SetBuffer(data, 0, data.Length);
    sock.SendAsync(socketEventArg);

}
```

5.4.3 아이폰에서의 브라우저 구현

표 5.3은 재생되는 동영상과 아이폰에서 실행된 PWW 브라우저가 획득한 u-link들을 보여준다.

표 5.2. PWW 브라우저 동작 예
Table 5.2. Operational Example of PWW browser

재생되는 동영상	
	나이키 관련 동영상이 디스플레이로 출력

아이폰에서의 PWW 브라우저 수행	
	아이폰에서 수신된 u-link를 선택하면 해당 u-link에 연결된 지역서버로부터 해당 광고의 세부 정보가 출력

브라우저 하단에 나이키 신발 광고 동영상으로부터 수신된 'Nike 30% 세일'이라는 u-link를 볼 수 있다. PWW 브라우저는 해당 u-link에 지정된 웹서버로부터 가져온 웹 문서가 출력된다. 만약 u-link가 지역서버를 지정하고 있다면 지역서버에서 가져오며 인터넷 서버를 지정하고 있으면 인터넷에서 웹문서를 가져온다.

5.5 맺는 말

본 장에서는 PWW 기술을 활용하여 지하철 등의 공공장소에서 동영상 광고를 할 때 증강된 광고 정보를 사용자의 스마트폰에 제공하는 증강형 멀티미디어 상거래 응용을 소개하였다. PWW 기술은 WWW의 유비쿼터스 확장으로써 링크가 실세계의 객체나 공간에 내재되고 이를 스마트폰으로 획득, 링크가 지정하는 지역서버에서 가져온 웹문서를 브라우저에서 표시하는 방식이다. 이를 응용하여 증강형 멀티미디어 상거래 시스템의 구조를 제시하고 동작 시나리오를 제시하였다. 또한 동영상 출력 중 특점 시점에서 링크를 방송하기 위하여 Silverlight 기술을 활용하였다. 실제 구현을 통하여 PWW 체계가 향후 유비쿼터스 시대에 활성화될 다양한 증강형 멀티미디어 응용 개발을 위한 표준 개발 플랫폼으로서 폭넓게 활용될 수 있음을 보였다.

5.6 참고문헌

[1] Synchronized Multimedia Integration Language (SMIL) 1.0 Specification, W3C, 1988.

[2] 소프닉스, http://www.sofnics.com

[3] 윤은정, 이경전, "모바일 단말과 연동하는 IPTV 시대의 U-디스플레이 Business Model 설계", Telecommunications Review, 제19권, 제2호, pp. 257-274, 2009.

[4] Yoon, E., Park, A. and Lee, K., "Design of Ubiquitous Sound Service Business Model as a Commerce-Embedded Media", 11th Int. Conf. on Electronic Commerce, pp. 296-301, 2009.

[5] Lee, K. and Ju, J., "Ubiquitous Commerce Business Models based on Ubiquitous Media", 10th International Conference on Business Information Systems, Poland, pp. 510-521, 2007.

[6] Kato, H. and Tan, K., "Pervasive 2D Barcodes for Camera Phone Applications", IEEE

Pervasive Computing, Vol. 6, No. 4, pp. 76-85, 2007.

[7] John Wiley & Sons, Mobile Advertising, Feb 2008

[8] Outernet, http://www.sktelecom.com

[9] P. Persson and Y. Jung, "Nokia sensor: from research to product", in DUX '05: Conference on Designing for User eXperience, 2005.

[10] Bluetooth Photo Share, http://iphonemart.net/

[11] 은성배, 최복동, 소선섭, 김병호, "차세대 모바일 웹을 위한 Person Wide Web 기술", 2009 한국정보과학회 추계학술발표회, 2009.

[12] Choi, B., Eun, S., So, S., Lee, K. and Kim, B., "Person Wide Web for Ubiquitous Computing: Ubiquitous version of WWW", ITNG2010 - 7th Int. Conf. on Information Technology, 2010, pp. 1251-1252.

[13] 은성배, 최복동, 전정호, 소선섭, "유비쿼터스 상거래를 위한 증강형 멀티미디어 처리 기술", 정보과학회지, 제28권, 제8호, pp.67-74, 2010년, 8월.

[14] Shin, S., Kim, P., Yoon. Y., Eun, S., and Yoon, H., "Person Wide Web: Active Location based Web Service Architecture using Wireless Infrastructure", to be appeared in IEEE Region 10 Conference 2010 (TENCON 2010), Nov. 21-24, 2010. Fukuoka, Japan.

[15] 양승철, 전현상, RIA in Silverlight 3, Wellbook, 2009.

센서네트워크

6.1 ▲ 센서노드 운영체제

유비쿼터스 센서네트워크(USN: Ubiquitous Sensor Network)는 사물에 부착된 센서노드로 부터 수집된 데이터를 센서노드 간 무선네트워크를 통해 사용자에게 전달한다[1]. USN의 핵심 요소인 센서노드의 개발은 MCU(Micro Controller Unit), RF(Radio Frequency) 모듈, 센서로 구성되는 하드웨어 개발과 무선통신 프로그래밍, 저전력 기능, 센서 디바이스 제어 및 응용 프로그램 등의 소프트웨어 개발로 이루어진다. 특히 소프트웨어 개발은 응용에 따라 센서의 종류와 특성이 다양하기 때문에 일반적으로 재사용성이 낮고 유사한 개발과정이 목표시스템마 다 반복되고 있다[2].

예를 들어 대표적인 센서노드 운영체제인 TinyOS [3][4]를 기반으로 대기 환경 모니터링을 위한 USN을 개발하는 경우, 먼저 CO2 센서를 TinyOS 플랫폼 하드웨어에 부착해야 하는데 센서가 요구하는 전원과 플랫폼이 제공하는 전원이 다를 수 있고, 같다 하더라도 전원 연결 인터페이스가 다를 수 있다. 또한 운영체제에서 그 센서에 대한 API(Application Programming Interface)를 지원하지 않으면 개발자는 그 센서의 디바이스 드라이버를 직접 개발해야 하고, TinyOS 운영체제와 응용프로그램이 확실하게 분리되어 있지 않기 때문에 개발자는 응용프로 그램 개발을 위해 TinyOS 내부 구조를 파악하고 있어야 한다. 이러한 문제의 근본 원인은 센서노드 운영체제에 센서 디바이스와 운영체제를 동적으로 연결하는 기능이 없다는 것이다. 윈도우나 리눅스와 같은 범용 운용체제에서는 응용개발자에게 표준 API를 제공함으로써 응용 프로그램의 수정없이 컴퓨터의 하드웨어나 디바이스를 변경할 수 있고, 표준 API를 준수하는 디바이스 드라이버를 사용함으로써 응용 프로그램 변경없이 새로운 디바이스를 추가할 수 있는데 이를 디바이스 투명성이라고 한다. 본 논문에서는 범용 운영체제의 디바이스 투명성 개념을 센서노드 운영체제에 적용한 센서 투명성 아키텍처를 제안하고, 센서 투명성 지원을 위한 표준 API와 센서 디바이스 추상화를 설계하고 TinyOS 운영체제에서 구현한다.

센서노드 운영체제에서 센서 투명성이 지원되면 응용 개발자는 운영체제가 제공하는 표준 API를 통해 디바이스에 독립적으로 응용프로그램을 개발할 수 있다. 이 때 센서 데이터는 센서 디바이스 공급자가 개발한 센서 디바이스 드라이버에 의해 처리된다. 또한 센서 디바이스 공급자도 표준화된 하드웨어 인터페이스와 HAL 라이브러리를 기반으로 센서노드 하드웨어 플랫폼에 독립적으로 센서 디바이스 드라이버를 개발하고 공급할 수 있다.

6.1.1 센서 투명성

센서노드 운영체제에서 센서 투명성은 디바이스들을 운영체제에 동적으로 연결할 수 있는 기능이다[2]. Tiny-OS[3], SOS[5], MANTIS[6], Nano-Q+[7] 등 대부분의 기존 센서노드 운영체제들은 센서 투명성을 지원하지 못하며 그로 인한 문제를 세 가지로 요약하면 아래와 같다. 첫째, 기존 운영체제의 하드웨어 플랫폼이 센서 연동에 필요한 표준화된 인터페이스를 제공하지 못한다는 점이다. 둘째는 센서노드 운영체제가 응용 개발자에게 표준 API를 제공하지 않는다는 점이다. USN 시스템은 응용에 따라 다양한 종류의 센서들을 필요로 하는데 기존 운영체제들은 센서 디바이스를 추상화하지 않아 각 센서마다 개별 API가 있어야 한다. 셋째, 센서 디바이스 개발 회사가 디바이스 드라이버를 특정 센서노드 하드웨어 플랫폼에 독립적으로 개발하고 공급할 수 있는 방법을 제공하지 못한다는 점이다[2].

6.1.2 TinyOS

TinyOS[3]는 UC Berkeley 대학에서 개발한 센서노드 운영체제로써 이벤트 기반 상태천이 방식을 채택한 상태머신 기반 프로그래밍 개념을 사용한 운영체제이다. 각각의 상태는 컴포넌트에 해당되고, 응용프로그램은 컴포넌트 구현에 독립적으로 컴포넌트에 연결된다. 컴포넌트의 명령은 이벤트 처리기에 의해 상태변화를 감지하고 수행한다.

응용프로그램은 컴포넌트 형식으로 구성되고 태스크 큐나 인터럽트 벡터에 저장되었다가

FIFO(First-in First-out) 방식으로 순차적으로 실행되고 태스크 큐가 비면 슬립상태로 전환되어 인터럽트를 기다린다[4].

TinyOS를 활용한 여러 제품과 기술이 개발되었다. Moteiv사는 TinyOS-2.x를 기반으로 고유의 패키지를 만들었고[8], USN 분야에서 맥스포의 TIP700CM[9], 휴인스의 UBee430[10] 등 많은 모듈들이 TinyOS를 지원한다. 한국유지관리에서는 TinyOS를 활용하여 시설물 안전관리 USN 시스템과 무선 계측 시스템을 개발하였으며[11], 삼성SDS는 실내용 대규모 USN 네트워크 기술을 개발하였다[12].

6.1.3 기존 센서노드 운영체제의 한계

센서노드 운영체제로써 가장 먼저 개발된 TinyOS [4]의 경우 하드웨어 플랫폼이 센서 장착을 위한 표준 인터페이스나 센서 추상화를 제공하지 않고, 센서 디바이스 드라이버 접속을 위한 인터페이스도 제공되지 않는다.

SOS[5]는 메시지 전달, 동적 메모리 할당, 모듈의 자율적인 적재와 제거를 지원하는 공동 커널과 동적 재구성이 특징이다. 이를 통해 새로운 모듈의 업데이트가 필요할 때 무선 네트워크를 통하여 동적으로 변경할 수 있는 구조를 제공한다. 동적 업데이트의 대상은 센서 디바이스 드라이버를 포함하여 응용 프로그램 수준까지 가능하지만 센서 디바이스와 운영체제를 연결할 하드웨어나 소프트웨어 인터페이스를 제공하지는 못한다.

MANTIS[6]는 계층 기반 운영체제로써 하드웨어를 추상화하는 디바이스 드라이버의 특징을 가지고 있다. 그러나 디바이스의 순서가 커널에 고정되어 있어 새로운 디바이스의 추가가 쉽지 않고, 센서와 운영체제를 연결하기 위한 인터페이스가 제공되지 않는다.

Nano-Q+[7] 운영체제는 한국전자통신연구원이 개발한 센서네트워크를 위한 초소형 운영체제로써 C 기반 프로그래밍 환경을 지원하고 다중 스레드 스케줄러 방식 등의 특징을 가지고 있다. 그러나 하드웨어 플랫폼에 센서 인터페이스가 고려되지 않았고 센서를 위한 표준 API도 제공되지 않는다.

Sensos[13]와 Nano-Q+[7]의 스마트 센서 관리시스템에서는 센서 추상화를 제시하고 Linux와 유사한 구조의 센서접근 API를 제공하였다. 하지만 센서 접근을 위한 하드웨어 추상화 지원이 없고 HAL(Hardware Abstraction Layer) 라이브러리가 제공되지 않는다는 문제가 있다.

6.1.4 IEEE 1451

IEEE 1451[14]은 다양한 트랜스듀서를 네트워크에 연결할 때 트랜스듀서의 투명성을 보장하기 위한 표준이다. 즉, 센서나 구동소자 업체는 연결될 네트워크의 종류나 연결 구조에 상관없이 오직 표준 인터페이스만 제공하면 되고, 네트워크 입장에서는 연결된 트랜스듀서의 종류에 상관없이 공통 인터페이스를 통해 정보를 취득하고 제어할 수 있게 하자는 것이다.

IEEE 1451의 주요 구성 요소는 TEDS(Transducer Electronic Data Sheet), TIM(Transducer Interface Module), NCAP(Network Capable Application Processor) 세 가지이다. TEDS는 트랜스듀서의 특성을 기술하는 데이터 형식으로써 전자적으로 읽기 가능한 메모리 형태로 저장된다. TIM은 TEDS, 트랜스듀서, 데이터 컨버터, 주소 로직으로 구성된다. 총 255개의 센서나 구동기의 독립적인 트랜스듀서를 포함할 수 있으며 각 트랜스듀서 채널은 TEDS에서 기술된다.

센서네트워크 입장에서 IEEE 1451을 보면 TIM은 센서노드 자체가 되고 NCAP는 싱크노드에 해당된다. 따라서 IEEE 1451이 센서노드에서 센서 디바이스 추상화를 위한 모델이 될 수 있지만 IEEE 1451이 너무 광범위하여 그대로 센서노드에 적용하기에는 어렵다.

6.2 ▲ 센서 투명성 지원 TinyOS

센서 투명성을 지원하는 센서노드 운영체제 아키텍처는 그림 6.1과 같이 크게 3개 인터페이스로 구성된다. 즉, 운영체제가 응용 프로그램에 제공하는 응용프로그램 인터페이스, HAL을 통해 센서 디바이스와 디바이스 드라이버를 연결하는 HAL 인터페이스, 센서 드라이버의 인터럽트 처리를 위한 센서 인터페이스이다.

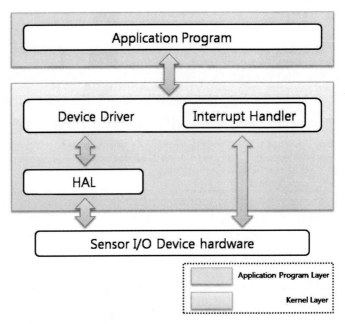

그림 6.1. 센서 투명성 지원 아키텍처

Figure 6.1. Architecture for supporting Transparency of Sensors

6.2.1 응용프로그램 인터페이스

응용프로그램 인터페이스는 아래와 같이 open(), read(), write(), close(), ioctl()이렇게 5개로 구성한다. readReady()는 TinyOS의 특성인 이벤트 처리 방식을 그대로 사용하기 위한 인터페이스로써 센서 값 생성이 완료되었을 때 호출되는 이벤트이다.

```
interface sensorAPP {
    command result_t open();
    command result_t close();
    command result_t read();
    command result_t write(uint8_t data);
    command result_t ioctl(uint8_t type, request, data);
    async event result_t readReady(void *data);
}
```

그림 6.2는 온도 센서의 예를 통해 응용프로그램 인터페이스의 작동 방식을 나타낸 것이다.

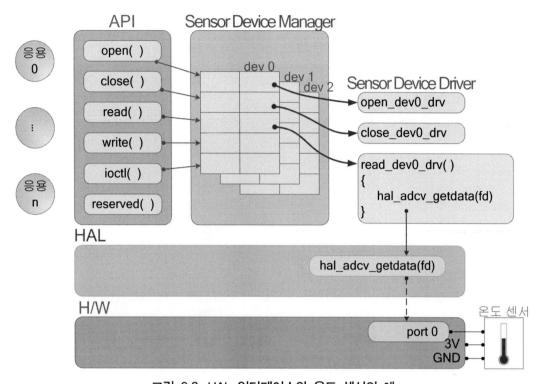

그림 6.2. HAL 인터페이스와 온도 센서의 예

Figure 6.2. HAL Interface and Example of Thermometer

open() 함수는 센서 디바이스 사용을 위한 디바이스의 초기화와 read()나 write() 같은 작업에 대해 준비하고, 스위치 포트나 인터페이스 포트의 레지스터 설정과 입출력 설정 등을 결정한다. close() 함수는 센서 디바이스의 사용을 중단할 때 사용하며 센서 디바이스의 전원을 차단함으로써 저전력 모드로 전환한다. read() 함수는 준비된 센서 디바이스로부터 센싱된 데이터를 읽을 때 사용하고, write() 함수는 구동기에 데이터를 쓸 때 사용한다. 그림 2와 같이 온도센서의 임계값을 30도로 설정하고 온도가 30도 이상이면 에어컨을 작동시키려 할 때 read() 함수를 이용하여 온도정보를 읽어내고 write() 함수를 이용하여 구동기를 작동시켜 에어컨을 켠다. ioctl() 함수는 센서 중에 특별한 조작이 필요할 때 쓰이는 함수이다. 한 번의 동작으로 센서값을 읽지 못할 때, 또는 특별한 조작을 취해야 하는 센서의 경우 이 함수를 이용한다.

6.2.2 HAL 인터페이스

HAL 인터페이스는 응용프로그램 API로부터 센서 디바이스 드라이버를 통해 센서 디바이스의 접근을 지원한다. 플랫폼 공급자는 HAL 인터페이스 드라이버를 제공해야 한다. 플랫폼

인터페이스들은 센서에 공급되는 전원과 센서 인터페이스를 함께 가지고 있어, 제공되는 HAL Interface 드라이버에는 인터페이스 종류와 스위치 핀 번호가 할당되어 있어야 한다.

1) 전원 제어 포트

전원 제어 포트의 제어는 포트 초기화, 전원 ON, 전원 OFF의 세 가지로 동작이 정의된다.

```
interface HALPPORT {
    command result_t init(uint8_t port, uint8_t enable);
    command result_t on(uint8_t port, uint8_t enable);
    command result_t off(uint8_t port, uint8_t enable);
}
```

각각의 포트 정보는, 상위 4비트로 포트 종류를 나타내고 하위 4비트로 연결된 핀의 정보를 나타낸다.

2) 하드웨어 플랫폼 센서 인터페이스

하드웨어 플랫폼 센서 인터페이스는 TinyOS 특성으로 인해 센서 종류에 따라 인터페이스를 구현하고 접근하게 한다. 인터페이스의 종류는 HALADC, HALINTERRUPT, HALI2C로 설계한다. 이 인터페이스는 플랫폼 공급자가 자신의 통합 인터페이스 동작에 관련된 제어를 하기 위한 인터페이스이고 센서 디바이스 드라이버 개발자는 사용하지 않는다.

```
interface HALADC {
    command result_t open();
    command result_t close();
    command result_t read(uint8_t port);
    command result_t write(uint8_t cmd);
    command result_t ioctl(uint8_t data);
    async event result_t dataReady(uint16_t data);
}
interface HALINTERRUPT
interface HALI2C
```

6.2.3 센서 인터페이스

센서 디바이스 드라이버가 사용하기 위한 인터페이스로써 전원 포트와 센서 인터페이스를 함께 제어할 수 있다. 센서 인터페이스 이름은 HALADCInterface, HALINTRInterface, HALI2CInterface와 같이 HAL$NAME$Interface 형태를 사용한다.

```
interface HALADCInterface
interface HALINTRInterface
interface HALI2CInterface
```

6.3 ▲ 시스템 구현

6.3.1 응용프로그램 API 구현

앞절 3.1의 sensorAPP 인터페이스의 각 함수의 동작 방식은 아래와 같다.

- open(): 전원 포트와 센서 인터페이스를 초기화 한 후 센서에 전원을 공급
- close(): 센서 디바이스의의 전원을 차단
- read(): 연결된 SensorAPP 인터페이스로 센서값을 요청. 완료되면 이벤트를 발생
- write(): 연결된 SensorAPP 인터페이스의 센서 디바이스로 데이터를 보낸다.
- ioctl(): 연결된 SensorAPP 인터페이스의 센서 디바이스를 제어
- readReady(): 연결된 SensorAPP 인터페이스에 센싱값이 있을 때 호출하는 이벤트 함수

6.3.2 HAL 인터페이스 구현

아래는 하드웨어 플랫폼 센서 인터페이스의 예로써 HALADC를 구현한 것이다. TOSH_SIGNAL()은 인터럽트 서비스 루틴으로 ADC 완료 인터럽트가 발생하면 dataReady()를 호출한다. dataReady()의 전달인자가 16비트 데이터인 이유는 ATmega128의 ADC변환 레지스터가 10비트이기 때문이다.

```
    command result_t HALPPORT.On(uint8_t port, uint8_t enable){
        if(enable == 0x01)
        {
            switch(port & 0xF0)
            {
            case 0x00:  sbi(PORTA, (port&0x0F));    break;
            case 0x10:  sbi(PORTB, (port&0x0F));    break;
            case 0x20:  sbi(PORTC, (port&0x0F));    break;
            case 0x30:  sbi(PORTD, (port&0x0F));    break;
            case 0x40:  sbi(PORTE, (port&0x0F));    break;
            case 0x50:  sbi(PORTF, (port&0x0F));    break;
            default :   break;
            }
        }
        else if(enable == 0x00)
        {
            switch(port & 0xF0)
            {
            case 0x00:  cbi(PORTA, (port&0x0F));    break;
            case 0x10:  cbi(PORTB, (port&0x0F));    break;
            case 0x20:  cbi(PORTC, (port&0x0F));    break;
            case 0x30:  cbi(PORTD, (port&0x0F));    break;
            case 0x40:  cbi(PORTE, (port&0x0F));    break;
            case 0x50:  cbi(PORTF, (port&0x0F));    break;
            default :   break;
            }
        }
        else
        {
            return FAIL;
        }
        return SUCCESS;
    } ? end on ?

module HALADCM {
    provides {
        interface HALADC;
    }
}

implementation {

    command result_t HALADC.open(){
        atomic {
            outp(((1<<ADIE) | (6<<ADPS0)), ADCSR);

            outp(0xC0,ADMUX);
        }
        return SUCCESS;
    }

    command result_t HALADC.close(){
        return SUCCESS;
    }
```

```
command result_t HALADC.read(uint8_t port){
    atomic {
        outp(((port | 0xC0) & 0xDF), ADMUX);
    }
    sbi(ADCSR, ADEN);
    sbi(ADCSR, ADSC);

    return SUCCESS;
}

command result_t HALADC.write(uint8_t cmd){
    return SUCCESS;
}

command result_t HALADC.ioctl(uint8_t data){
    return SUCCESS;
}

default async event result_t HALADC.dataReady
            (uint16_t data) { return SUCCESS;}

TOSH_SIGNAL(SIG_ADC){
    uint16_t data = inw(ADCL);
    data &= 0x03FF;
    sbi(ADCSR, ADIF);
    cbi(ADCSR, ADEN);
    __nesc_enable_interrupt();
    signal HALADC.dataReady(data);
}
}
```

6.3.3 플랫폼 통합 인터페이스 구현

센서 디바이스 드라이버 공급자는 플랫폼 통합 인터페이스를 통해 센서 디바이스 드라이버를 작성한다.

1) ADC 하드웨어 인터페이스

그림 6.3은 구현된 Hardware Interface ADC의 와이어링 부분이다. HALPPORTM과 HALADCM 모듈을 HALADC와 HALPPORT 인터페이스를 통해 연결하여 HIADCVM을 만든다. HIADCVC는 HIADCVM의 와이어링을 담당하고 HALADCInterface로 연결한다. 모듈(xxM) 파일은 실제 구동을 정의하는 부분이고 와이어링(xxC) 파일은 컴포넌트들의 연결을 담당하는 부분이다.

그림 6.3. ADC 하드웨어 인터페이스

Figure 6.3. Hardware Interface ADC

2) 인터럽트 하드웨어 인터페이스

그림 6.4는 구현된 인터럽트 하드웨어 인터페이스의 와이어링 부분이다. HALPPORTM과 HALINTR5M 모듈을 HALINTERRUPT와 HALPPORT 인터페이스를 통해 연결하여 HIINTRM을 만든다. HIINTRC는 HIINTRM을 담당하고 HALINTRInterface로 연결한다. 모듈(xxM) 파일은 실제 구동을 정의하는 부분이고 와이어링(xxC) 파일은 컴포넌트들의 연결을 담당하는 부분이다.

그림 6.4. 인터럽트 하드웨어 인터페이스

Figure 6.4. Hardware Interface Interrupt

6.4 하드웨어 통합

하드웨어는 임베디드 시스템 전문 업체인 옥타컴[15]에서 제작하였다. 센서노드 플랫폼의 인터페이스는 ADC, 인터럽트, I2C, SPI로 구성되고 완성된 보드는 그림 6.5와 같다.

그림 6.5. 센서노드 플랫폼

Figure 6.5. Sensor Node Platform

센서는 그림 6.6과 같이 ADC, 인터럽트, I2C, SPI 센서들을 인터페이스 타입으로 구성하였다.

그림 6.6. 센서

Figure 6.6. Sensors

그림 6.7은 센서노드 플랫폼과 센서들을 연결한 것을 보여준다.

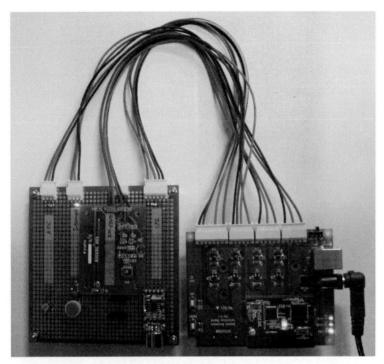

그림 6.7. 센서 노드 플랫폼과 센서
Figure 6.7. Sensor and Sensor Node Platform

6.5 결론

본 장에서는 범용 운영체제에서 제공하는 디바이스 투명성을 센서노드 운영체제에 적용한 센서 투명성 아키텍처를 제안하고, 센서 투명성을 지원하기 위한 표준 API와 센서 디바이스 추상화를 설계하고 TinyOS 운영체제에서 구현하였다.

센서노드 운영체제에서 센서 투명성이 지원되면 응용 개발자는 운영체제가 제공하는 표준 API를 통해 센서 디바이스에 독립적으로 응용 프로그램을 개발할 수 있고, 센서 데이터는 센서 디바이스 공급자가 개발한 센서 디바이스 드라이버에 의해 처리된다. 또한 센서 디바이스 공급자도 표준화된 하드웨어 인터페이스와 HAL 라이브러리를 기반으로 센서노드 하드웨어 플랫폼에 독립적으로 센서 디바이스 드라이버를 개발하고 공급할 수 있다.

센서 투명성 지원의 목적은 응용프로그램의 개발을 센서노드 하드웨어 플랫폼이나 센서 디바이스로부터 독립적으로 수행가능하도록 함으로써 개발의 효율을 높이는 것이다. 향후 연구방향으로써 운용중인 센서네트워크에서 센서노드를 동적으로 추가할 수 있는 Plug&Play

기능에 관한 연구를 수행할 계획이다.

6.6 ▲ 참고문헌

[1] M. Molla, S. Ahamed, "A survey of middleware for sensor network and challenges," International Conference on Parallel Processing Workshops, 2006, pp. 223-228.

[2] 은성배, 소선섭, 김병호, "센서투명성을 지원하는 센서노드 운영체제 구조", 한국정보과학회 종합학술대회 논문집 제35권 제1호(A), 2008, pp. 311-312.

[3] TinyOS Project, http://www.tinyos.net

[4] D. Gay, M. Welsh, P. Levis, E. Brewer, R. Von Behren, D. Culler, "The nesC language: A holistic approach to networked embedded systems", ACM SIGPLAN Conference on Programming Language Design and Implementation, 2006, pp. 1-11.

[5] C. C. Han, R. Kumar, R. Shea, E. Kohler, and M.B. Srivastava, "A Dynamic Operating System for Sensor Nodes", Proc. of MobiSys, 2005, pp.163-176.

[6] H. Abrach, S. Bhatti, J. Carlson, H. Dai, J. Rose, A. Sheth, B. Shucker, J. Deng, and R. Han, "MANTIS: System Support For MultimodAl NeTworks of In-situ Sensors", 2nd ACM International Workshop on Wireless Sensor Networks and Applications, 2003, pp.50-59.

[7] S. Park, J. Kim, K. Lee, K. Shin, and D. Kim, "Embedded Sensor Networked Operating System", 9th IEEE International Symposium on Object and Component-Oriented Real-Time Distributed Computing, 2006.

[8] Becker, M., Beylot, A.-L., Dhaou, R., Gupta, A., Kacimi, R., Marot, M., "Experimental study: Link quality and deployment issues in wireless sensor networks", Lecture Notes in Computer Science 2009, pp. 14-25.

[9] 맥스포, http://www.maxfor.co.kr

[10] 휴인스, http://huins.co.kr

[11] 한국유지관리, http://www.kmclab.co.kr

[12] 삼성SDS, http://www.sds.samsung.co.kr

[13] Manseok, Y., Sun, S.S., Eun, S., Kim, B., Kim, J., "Sensos: A sensor node operating system with a device management scheme for sensor nodes", International Conference on Information Technology-New Generations, 2007, pp.134-139.

[14] Institute of Electrical and Electronics Engineers, Inc., "IEEE Standard for Smart Transducer Interface for Sensors and Actuators: Network Capable Application Processor (NCAP) Information Model", Mixed-Mobile Communication Working Group of the Technical Committee on Sensor Technology TC-9 of the IEEE Instrumentation and Measurement Society, 1999.

[15] 옥타컴, http://www.octacomm.net

제**07**장

센서네트워크 응용

7.1 핵연료 교환기 진단시스템

중수로 원전의 핵연료 교환기는 핵연료 교환을 담당하는 일종의 로봇으로써 연료관을 밀봉하는 스나우트 부분, 핵연료와 각종 마개를 저장하는 매거진, 핵연료와 마개를 설치하고 제거하는 램, 연료를 매거진에 저장하기 위해 연료와 연료사이를 분리시키는 분리기로 구성된다. 핵연료 교환 작업을 수행하기 위해서는 2개의 핵연료 교환기 헤드가 필요한데 하나는 새 핵연료를 연료관에 장전하는데 사용되고 다른 하나는 교체된 연료를 저장하는데 사용된다[1]. 핵연료 교환기는 그 역할의 중요성에도 불구하고 그 구성이 복잡하고 감시와 진단을 수행할 장비나 기술의 부재로 인해 정기적 검사와 결함 발생 이후 조치를 중심으로 운영되어 왔다. 하지만 중수로 원전의 핵연료 교환기는 거의 매일 핵연료 교환 작업을 수행해야 하기 때문에 부품의 노후화 등으로 인한 고장이나 이상 작동 가능성을 사전에 감지하기 위한 상태 감시 및 진단시스템에 대한 연구가 필요하다[2].

중수로 원전을 많이 보유하고 있는 캐나다의 핵연료 교환기 진단은 정비실에서 작동 모사 장치를 이용하여 직접 핵연료 교환기를 운전시키면서 핵연료 교환기의 주요 부분의 작동 여부를 확인하는 방법으로 수행되고 있다. 이 방법은 핵연료 교환기가 원자로 내에서 핵연료 교체 작업을 수행하기 전에 이상 유무를 사전에 점검하는 유용한 방법이기는 하지만 동작 상태에 대한 정보를 제공하지는 못한다. 다른 국가에서도 핵연료 교환기에 대한 연구는 거의 진행되지 않았고 특히 핵연료 교환기 진단에 대한 연구는 전무하다[1]. 핵연료 교환기를 제어하는 기존 진단시스템은 그림 7.1과 같이 핵연료 교환기 헤드와 제어시스템으로 구성된다. 제어 신호와 측정 신호는 핵연료 교환기와 제어시스템간에 연결된 실배선을 통해 전달된다. 제어 신호는 제어시스템에서 핵연료 교환기 헤드로 보내지며 아날로그 및 디지털 신호로 전달된다. 측정 신호는 제어시스템의 요청에 따라 제어시스템으로 보내지는 핵연료 교환기 동작 상태에 대한 정보이다. 이와 같은 기존 진단시스템에서는 제어 신호나 측정 신호를 별도로 저장하지 않기 때문에 진단시스템이 작동되는 상황에서만 진단을 할 수 있다.

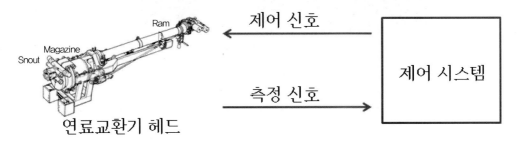

그림 7.1. 핵연료 교환기 진단시스템 구성도

Figure 7.1. Architecture for diagnosis system of nuclear fuel charging and discharging machine

본 장에서는 핵연료 교환기 진단시스템의 제어 및 측정 신호를 저장하는 신호처리 시스템을 개발하고, 진동, 전류, 압력을 측정하는 센서를 추가로 부착하여 기기 이상 여부 진단은 물론 정비 이력 관리를 통해 기기의 신뢰성을 높일 수 있는 핵연료 교환기 진단시스템을 설계하고 개발한다.

7.2 진단시스템 설계

핵연료 교환기 진단시스템의 요구 기능은 다음과 같다.
- 신호 취득의 시작 및 정지(자동 및 수동)
- 신호의 전처리
- 취득 데이터의 저장 및 이력관리(DBMS)
- 이상 진단에 필요한 신호처리 알고리즘

- 진단 결과보고서 생성
- 취득 데이터의 캡처

진단시스템은 크게 세 부분, 즉 신호 수집 시스템, 진단 알고리즘, 고장 시뮬레이터로 구성된다. 본 장에서는 각 부분에 대한 설계를 기술한다.

7.2.1 고장 시뮬레이터

고장 시뮬레이터는 진단 알고리즘 개발과 신호 수집 시스템 검증에 사용된다. 고장 시뮬레이터에서 사용되는 고장 시나리오는 고장 모드 조사, 시스템 기능 분석, 고장 메커니즘 분석을 통해 만들어지고, 고장 시뮬레이터는 이와 같이 사전에 계획된 고장 메커니즘에 따라 베어링 이상 신호와 솔레노이드 밸브 제어에 관련된 이상 신호를 발생시킨다.

1) 진동 발생 모듈 설계

진동 발생 모듈은 모터와 모터 제어부 고장 발생기로 구성되며 베어링 이상 및 축 정렬 이상 신호를 발생시킨다. 각 모듈의 설계는 다음과 같다.

모듈	설계
모터	AC 모터 사용 입력 전류에 따른 속도 조절 진동 및 소음 작은 모터
모터 제어부	0 - 1000 rpm 속도 조절 220VAC 상전 사용 전원 스위치 부착 제어함 필요
고장 발생기	모터와 커플링 사용 고정판(밑판)으로 전해지는 진동 최소화 베어링 교체 가능한 베어링 하우징 축 정렬 이상을 위한 축 좌우 이동 레일

2) 전류 신호 발생 모듈 설계

전류 신호 발생 모듈은 솔레노이드 밸브와 제어부로 구성되며 솔레노이드 밸브 제어 전류를 측정하는데 사용된다. 솔레노이드 밸브의 설계는 다음과 같다.

모듈	설계
솔레노이드 밸브	PARKER사 밸브 사용 220VAC 동작 2-Way 밸브 유압용 밸브

7.2.2 진단 알고리즘

센서들은 핵연료 교환기 헤드에 비침투 방식으로 부착되기 때문에 측정된 신호를 의미있는 데이터로 변환하기 위해 별도의 진단 알고리즘이 필요하다. 진단 알고리즘은 베어링의 진동과 솔레노이드 밸브 제어 신호의 전류를 해석 가능한 신호로 변환한다. 진단 알고리즘 개발은 전류 레벨 공식과 웨이블릿의 Daubechies, FFT, Polar를 이용하여 개발한다[2][3].

7.2.3 신호 수집 시스템

신호 수집 시스템은 핵연료 교환기 헤드에서 수집된 신호를 진단시스템으로 전달하기 위한 시스템으로써 그림 7.2와 같이 진동, 전류, 힘을 측정하는 센서 부분과 측정된 신호를 수집하여 서버로 전달하는 데이터 수집 장치, 데이터 수집 장치의 신호를 사용자가 볼 수 있는 데이터로 변환하고 저장 및 관리 기능을 제공하는 서버로 구성된다.

1) 서버

서버는 데이터 수집 장치로부터 수집된 신호를 LabView를 통해 데이터로 변환하고 그 결과를 그래픽, 도표, 트랜드 등으로 시각화하는 사용자 인터페이스를 제공한다. 또한 취득 데이터를 데이터베이스에 저장하여 데이터 이력을 관리하고, 부착된 계측장치의 시작 및 중지, 취득 주기의 설정과 같은 계측 장치 제어와 진단 결과 보고서를 생성한다. 서버 하드웨어는 일반 데스크탑 PC를 사용한다.

2) 데이터 수집 장치

데이터 수집 장치(Data Acquisition, DAQ)는 빛, 온도, 압력, 소리와 같은 물리적 현상을 측정하기 위한 장치이다. 데이터 수집 장치는 트랜스듀서, 신호처리, 신호 조절과 같은 소프트웨어 모듈들로 구성되고, 측정된 물리적 현상의 데이터를 서버로 전달한다.

3) 센서

센서는 연료교환기 헤드에 부착되어 신호를 측정한다. 본 연구에서는 빛, 온도, 압력 센서와 진동 측정 센서 및 솔레노이드 밸브 제어 전류 측정 센서를 사용한다. 센서 부착에서 고려해야 할 사항은 기존 설비에 물리적 변형을 수반하지 않아야 한다는 점이다. 특히 진동 센서는 핵연료 교환기 헤드에 직접 부착되기 때문에 헤드 변형을 방지하기 위해 스터드를 이용하여 설치한다. 센서와 데이터 수집 장치 연결에는 신호의 왜곡이나 손실을 방지하기 위해 절연 배선을 사용한다.

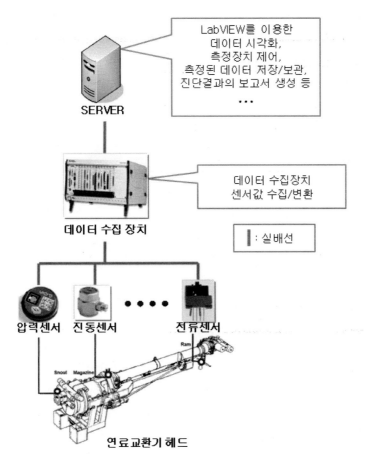

그림 7.2. 신호 수집 시스템 구성도

Figure 7.2. Collectors assembly

7.3 고장 시뮬레이터

고장 시뮬레이터의 역할은 가상의 고장 신호 및 정상 상황 신호를 발생시켜 신호 수집 시스템에 제공해 주는 것이다. 상황 신호의 전달 형태는 그림 7.3과 같이 신호 수집 시스템의 고속 데이터 취득 장치를 통하여 제공하거나 신호를 파일 형태로 만들어 헤드 및 램 모의 시스템에 입력할 수 있다.

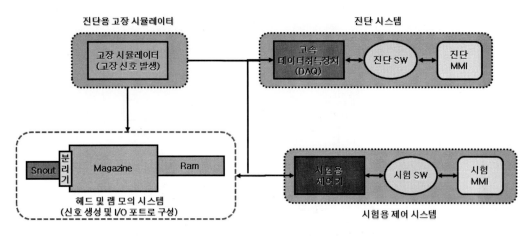

그림 7.3. 고장 시뮬레이터 역할
Figure 7.3. Role of fault simulator

7.3.1 핵연료 교환기 헤드 고장 모드 분석

핵연료 교환기 헤드 정비 사례를 이상 부위에 따라 분류하면 표 7.1과 같다. 이상 현상 및 원인으로는 볼 파손, 베어링 파손, retract drive stuck, O-Ring 및 Backup Ring 파손, 솔레노이드 코일 부하 전류 이상 등이 있다[4]. 본 연구에서는 진동 측정 센서를 이용하여 볼 베어링 이상을 진단하고 전류 측정 센서를 이용하여 솔레노이드 밸브 제어 신호를 측정하고 진단한다.

표 7.1. 고장 부위 및 원인에 따른 분류

Table 7.1. Fault analysis by faulty parts and reasons

고장부위	원인	조치내용
안내관	볼스플라인의 볼 파손	볼 또는 볼스플라인 집합체 교체
	선형 외부 홈통의 베어링 파손	베어링 교체
	안내관 설치 부위의 스나우트 홈 파손	긁힌 부위 가공
	설치공부 부품의 녹	녹 제거 및 설치공구 분해 후 Cleaning
C-램	테이프 끊어짐	테이프 교체
스나우트	B-램 retract drive stuck	snout plug 교체
매거진	O-Ring 파손, Back Up Ring 파손	O-Ring과 Back Up Ring 교체
브릿지	마스터 기어박스 베어링 손상 및 솔레노이드 코일 부하전류 정상치 상회	베어링 교체 및 솔레노이드 코일 교체

7.3.2 고장 시뮬레이터 제작

완성된 고장 시뮬레이터는 그림 7.4와 같다. 고장 시뮬레이터는 솔레노이드 밸브 ON/OFF 시의 전류 변화 및 베어링 이상에 따른 고장 신호, 축 이상에 따른 고장 신호를 발생시킨다. 전원은 220V를 사용하였고 규격은 40cm×40cm로써 이동이 용이하게 제작하였다.

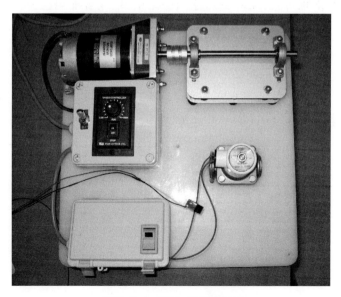

그림 7.4. 고장 시뮬레이터

Figure 7.4. Fault simulator

그림 7.5는 베어링 고장 신호 발생 모듈로써 베어링과 축의 이상 신호를 발생시킨다.

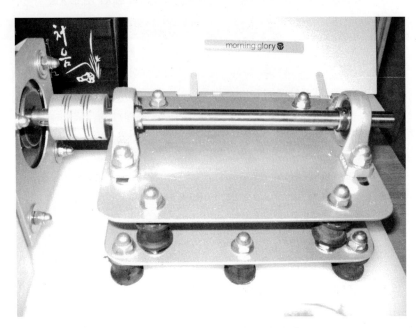

그림 7.5. 베어링 고장 신호 발생 모듈
Figure 7.5. Bearing's fault signal generation module

정상 또는 비정상 베어링으로의 교체가 가능하며, 축 정렬에 따른 이상 신호를 측정하기 위하여 베어링 고정부를 좌우로 이동시킬 수 있도록 제작하였다. 또한 모터의 진동을 차단하기 위하여 커플링을 사용하였고, 밑판으로부터의 진동을 줄이기 위해 고무 완충 나사를 사용하여 2층으로 제작하였다.

모터 제어기는 그림 7.6과 같고 모터의 ON/OFF 및 회전 속도를 제어한다. 모터 속도 제어기를 통해 회전 속도를 0에서 1000rpm까지 변화시킬 수 있으며 그에 따른 고장 신호를 측정한다.

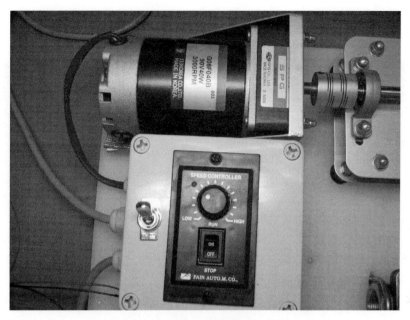

그림 7.6. 모터 회전 속도 제어기

Figure 7.6. Motor speed controller

7.4 진단 알고리즘

7.4.1 진단 항목 분석

핵연료 교환기 헤드 진단을 위해 주요 구성품인 차폐문, 매거진, 램에 대한 진단 항목 및 진단 내용을 분석하고 이에 필요한 알고리즘을 개발하였다.

1) 차폐문

차폐문의 역할을 대신하는 차폐문 모형을 제작하였다. 모형의 크기는 작업의 편의성과 공간의 제한성을 고려하여 실제 차폐문의 1/3 크기로 제작하였으며, 모형 대차의 구동부와 구동 부품들은 원전용과 동일한 구조로 구성하였다. 신호 측정을 위한 센서는 총 26개로써 전압계 6개, 전류계(홀센서) 6개, 위치 센서(LVDT) 2개, 가속도 센서 8개, 엔코더 4개이다. 표 7.2는 차폐문에 대한 진단 항목 및 내용이다.

표 7.2. 차폐문 진단 항목 및 진단 내용

Table 7.2. Diagnosis list for shielding door

모형		현장			진단 알고리즘
진단 항목	진단 내용	진단 항목	진단 내용	진단 결과	
차폐문 윤활 상태 감시	차폐문 반복 운전시 토크신호 경향 분석	차폐문 윤활 상태 감시	토크신호 이동 위치에 따른 크기	운전을 반복 하면 토크값 감소	토크신호 평균값, 실효 값, 표준편차
운전 중 슬립 감시	토크리미터 및 바퀴의 슬립상태 파형 관찰	운전 중 슬립 감시	2회의 운전신호 취득 파형 분석	경향분석을 통한 슬립발 생 여부확인	FFT
토크신호를 이 용한 동력전달 상태 파악	모터 스톨 상태시 토크 파형 관찰		현장기기 보호를 위해 시험안함		FFT
토크리미트 설 정값 변화 따른 운전변화 감시	토크리미터 슬립 으로 차폐문 구동시간 증가				
2개 모터 구동시 토크 배분 감시	동일 토크리미터 조건에서 토크 측정				최대값, 최소 값, 평균값, 실 효값
토크 리미터 조립불량 감시	토크리미터 1회전 당 이상신 호 1회 발생				
리미트 스위치 설정 변화 감시	리미트 스위치 작동시 토크신호 관찰	리미트 스위치 설정 변화 감시	리미트 스위치 작동시 토크신호 관찰		
레일 상태 감시	레일에 이물질시 모터 토크신호 관찰	레일 상태 감시	레일 간극 지 날때 토크 신 호 피크 발생 확인		

2) 매거진

매거진 모형은 작업의 편의성과 공간의 제한성을 고려하여 실제 매거진의 1/2 크기로 제작하였다. 하우징과 회전자, 구동부, 유압 모터 구동을 위한 유압 파워팩, 매거진이 조립되는 크래들 등으로 구성된다. 구성부품들은 현장 매거진과 동일한 구조로 제작되었다. 신호 측정을 위한 센서는 유압 모터의 공급 압력과 토출압을 측정하기 위한 유압 압력 센서, 가속도계 8개, 회전수 측정을 위한 엔코더 2개이다. 매거진에 대한 진단 항목 및 진단 내용은 표 7.3과 같다.

표 7.3. 매거진의 진단 항목 및 진단 내용

Table 7.3. Diagnosis list of magazine

모형		현장			진단 알고리즘
진단 항목	진단 내용	진단 항목	진단 내용	진단 결과	
매거진 구동부 윤활상태 감시	유압모터 구동요구 압력 감소 추세				경향분석 (추이관찰)
채널(부하) 변화 따른 매거진 구동 특성 감시	채널내용물 증가 매거진회전 속도 감소	매거진 중수 압력 증가시켜 부하 증가 모의	회전 속도	부하증가에 따라 매거진 회전속도 감소 확인	
매거진 구동 여유	토출압이 $4kgf/cm^3$ 이하일 때 모형 정지	매거진 구동 여유	중수 압력 부하 증가 모의	최저토출압 $6kgf/cm^3$	
매거진 채널 보관상태 감시	무게중심 따라 유압모터 차압변함	매거진 채널 보관상태 감시	유압 모터 차압	차압변화 발생 확인	
회전자 조립상태 감시	매거진 무게중심 따라 일정 구간 가속현상(가속도계 보조설치)	회전자 조립상태 감시	유압 모터 차압	드웰구간 회전자 정지 차압신호형 태, 크기로 회전 자 조립상태파악	
캠/캠롤러 상태 감시	편마모시 이물질 부착, 모터 차압 파 형 취득				
채널 정렬상태	각 채널 드웰구간 차압신호	채널 정렬상태 수동운전	차압 신호 취득	드웰구간 유압모 터 5회전 후 중간 정렬	
유압모터 이상 상태 진단	회전수의 7배 이상 주파수발생				
압력조절밸브 이상 감시	압력저하로 매거진 회전속도 감소관찰				

3) 램

램 모형은 현장의 자문을 얻어 볼 스크류 2개를 채용하였다. 신호 측정을 위한 센서는 유압 모터의 공급압력과 토출압을 측정하기 위한 유압 압력 센서, 위치 측정을 위한 Fine Potentiometer, 토크 및 유량측정 센서가 있다. 램에 대한 진단 항목 및 내용은 표 7.4와 같다.

표 7.4. 램의 진단 항목 및 진단 내용

Table 7.4. Diagnosis list of ram

모형		현장			진단 알고리즘
진단 항목	진단 내용	진단 항목	진단 내용	진단 결과	
차압 따른 램 구동 토크 변화 감시	유압모터 차압측정				
램 축정렬 상태 감시	램 회전 각도 별 유압모터 차압	램축 정렬 상태 감시	유압모터 회전주파수산출 (FFT)	유압 모터 회전 주파수	polar plot
운전모드별 상태 정보	각 운전 모드 에 따른 램 데 이터 취득				첨도, 실효값, FFT, 상관분석
볼너트의 볼 마모로 인한 램 고착 감시	볼 마찰증가 램 정지까지 진동신호 취득				웨이블릿 패킷 임계치 계산

7.4.2 신호처리 기법

비침투 방식으로 측정된 단순 신호를 물리적으로 의미있는 신호로 변환하기 위해 신호처리 기법이 필요하다. 본 연구에서는 진동 이상 신호 분석 및 솔레노이드 밸브 제어 신호의 이상 신호를 분석하기 위하여 시간 응답 분석, 주파수 분석, 웨이블릿 변환을 사용한다.

1) 시간 응답 분석

솔레노이드 밸브 고장 정비 사례에는 코일 부하 전류 이상으로 인한 교체 정비가 있다. 솔레노이드 밸브는 제어 신호의 OFF/ON 상태 변화시 In-Rush 상태가 발생한다. 이는 코일 부하에 따라 변화하므로 In-Rush 상태의 전류 변화 관찰이 필요하다. 전류레벨(rms)을 구하는 식은 아래와 같다[5].

$$X_{rms} = \sqrt{\frac{1}{\overleftrightarrow{T}} \int_0^T x^2(t)dt}$$

이때 $x(t)$는 신호, T는 적분 주기, X_{rms}는 신호 $x(t)$의 T구간의 실효값을 나타낸다. 전류레벨은 코일 부하의 변화에 따라 변화하고, 결함 발생 시 In-Rush 상태가 정상 상태보다 오래 나타난다.

2) 주파수 분석

베어링 표면 위의 결함이 다른 표면과 만날 때마다 충격이 생성되고 베어링은 충격 응답의 결과를 낳는다. 결함과 상대 표면의 접촉은 주기적이기 때문에 충격 임펄스는 결함의 위치에 따라 특정한 일정 시간 간격으로 재현된다. 이때 발생된 주파수를 결함 특성 주파수 (characteristic defect frequency)라 부른다[6]. 본 연구에서는 볼베어링을 사용하여 주파수 분석을 하였다.

3) 웨이블릿 변환

웨이블릿 해석 방법은 전체 시간 영역의 신호를 웨이블릿으로 분해하고 이를 다시 작은 시간 영역으로 분해함으로써 분석하고자 하는 성분이 나타날 수 있는 분해능까지 분석하는 방법이다. 웨이블릿 변환은 전통적으로 신호처리에 사용되는 푸리에 변환에 비해 처리 속도와 신호의 평탄성(smoothness) 측면에서 장점을 갖고 있다[7].

웨이블릿의 종류는 Haar, Daubechies, Symlets, Morlet 등이 있으며 각각이 유사한 형태의 집단을 형성하고 있다. 웨이블릿 해석의 핵심은 어떤 웨이블릿을 선택하여 사용할 것인가이다. 본 연구에서는 베어링 이상 진단을 위하여 Daubechies을 사용하였다.

7.5 핵연료 교환기 신호 수집 시스템

7.5.1 하드웨어 제작

1) 진동 측정 센서

연료교환기 헤드에 이미 설치된 센서들은 베어링 마모나 파열의 진동 특성을 가지는 이상 신호를 측정할 수 없다. 따라서 진동 측정 센서를 통해 베어링의 진동 특성으로 나타나는 이상을 측정한다. 진동 측정 센서는 아래와 같은 요구사항을 만족해야 한다.

- 높은 측정 주파수
- 측정 구간내 선형적 응답 특성
- 높은 전압 민감도

2) 전류 측정 센서

핵연료 교환기 헤드는 솔레노이드 밸브에 의해 유압모터를 제어한다. 전류 측정 센서는 솔레노이드 밸브의 상태를 진단하기 위해 솔레노이드 밸브의 전류를 측정한다. 전류 측정 센서의 요구 사항은 다음과 같다.

- 전선 훼손없는 홀 센서를 이용하여 측정
- 0.3A ~ 5A 측정
- 소형 센서(제어 패널에 설치)

3) 압력 측정 센서

매거진 구동은 유압 모터에 의해 동작된다. 유압 모터에 공급되는 오일은 펌프에서 공급되어진 129kg/㎠의 압력을 감압 밸브 PRV2를 거쳐 35.16kg/㎠로 감압되어진다. 매거진의 구동부 윤활상태, 유압 모터의 회전수, 회전자 조립 상태, 채널 보관 상태, 채널 정렬 상태, 압력 조절 밸브 이상, 구동 여유 압력, 캠과 캠 종동자의 상태를 진단하기 위해 유압 모터에 공급되는 유압(입구압, 출구압)의 측정이 필요하다. 압력 측정 센서의 요구사항은 아래와 같다.

- 0 ~ 100bar
- 4 ~ 20mA 출력

4) 데이터 수집 장치

데이터 수집 장치는 핵연료 교환기 헤드의 진동 신호, 전류 신호, 힘 측정 신호를 수집하여 데이터로 변환하는 장치이다. 현장의 이상 신호를 왜곡없이 수집하기 위해 충분한 처리 속도와 해상도가 필요하다. 또한 고주파 노이즈 등의 불필요한 잡음 신호를 전처리하는 기능을 가지고 있어야 한다. 데이터 수집 장치는 아날로그 신호의 경우 최소 20%, 디지털인 경우 최소 10%의 예비 입력 점을 가지도록 구현하였다. 신호 수집 연결로 인해 원래 신호가 왜곡되지 않도록 충분히 큰 입력 임피던스를 가져야 하며, 현장의 제어 캐비넷 안에 설치되는 경우와 단독 운용인 경우를 모두 고려하여 착탈식 구조를 가져야 한다. 구현된 데이터 수집 장치의 아날로그 입력점의 수는 68+14(예비)이고, 디지털 입력점의 수는 22+10(예비)이다. 데이터 수집 장치에서 사용하는 취득 신호의 채널 수와 입력 모드는 표 7.5와 같다.

표 7.5. 취득 신호 채널수 및 입력 모드

Table 7.5. Number of channels and input modes of sensing signals

구분		채널 수	입력 모드
아날로그 신호	진동 신호	6 채널	Differential Input
	압력 신호	6 채널	Differential Input
	전류 신호	28 채널	Single Input
	위치 신호	28 채널	Differential Input
계		68 채널	
디지털 신호	상태 신호	18 채널	Line Input
	제어 및 시퀀스	4 채널	Port Input
계		22 채널	

7.5.2 소프트웨어 제작

1) 데이터 흐름

신호 수집 시스템의 데이터 흐름은 그림 7.7과 같다. 신호 수집 장치는 수집된 신호를 전처리하고, 전처리된 데이터는 진단 알고리즘으로 전달된다. 진단 알고리즘은 신호 수집 장치로부터 받은 데이터를 FFT(Fast Fourier Transform)와 웨이블릿 변환 등의 신호처리를 통해 변환하고 그래프로 나타낸다. 시각화 단계는 LabView로 작성하였으며, 데이터 저장, 화면 캡쳐, 이력관리, 보고서 생성, 그래프 출력 등의 사용자 인터페이스를 제공한다.

그림 7.7. 신호 수집 시스템의 데이터 흐름도

Figure 7.7. Data flow of DAQ

2) 사용자 인터페이스 구현

사용자 인터페이스 세부 기능은 표 7.6과 같다.

표 7.6. 사용자 인터페이스 기능
Table 7.6. User interface design

메뉴	세부 기능	조건
진단 데이터 수집	취득데이터의 그래프 표현기능	진동(6-channel), 압력(6-channel), 전류(28-channel) 취득 데이터 표현
	취득데이터의 값 표현기능	아날로그 및 디지털 모든 신호
	취득데이터의 저장기능	모든 신호 저장, 전류신호는 트리거 발생후, 3초간 저장
	취득결정 여부 자동기능	제어시스템의 디지털 신호로 제어
	취득결정 여부 수동기능	버튼으로 제어
	화면 갱신 기능	500 ms 주기로 갱신
	로그상태메시지 저장 기능	로그 상태메시지에 시각정보 붙여 저장
진단 데이터 분석	파일 읽기	대용량 파일 읽기
	FFT	
	RMS	
	Wavelet	사용자 인터페이스
	Polar	사용자 인터페이스
	신호 파형 저장	
경향 분석	4개 신호 읽기	
	그래프 표시	
설정	화면설계	
	취득 데이터 저장 위치 설정	
	백업 데이터 저장 위치 설정	
	설정 사항 보기	

진단시스템의 첫 화면은 그림 7.8과 같다. 주 화면은 3개의 탭으로 구성된다. 신호 수집 탭은 데이터 수집 상황 알림 및 들어오는 데이터를 모니터링하고, 신호 분석 탭은 저장된 파일로부터 원래 신호와 FFT, Wavelet Transform, Polar로 변환된 그래프를 보여주며, 설정 탭에서는 발전기 번호 및 설비 번호, 샘플링 주파수, 채널 수, 참고사항 등의 특정값을 변경 및 확인할 수 있다.

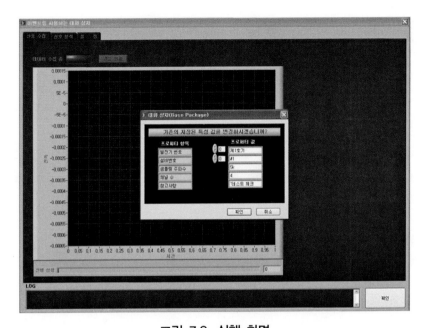

그림 7.8. 실행 화면

Figure 7.8. Screen shot of the system

그림 7.9는 신호 분석 탭의 실행 화면 예이다.

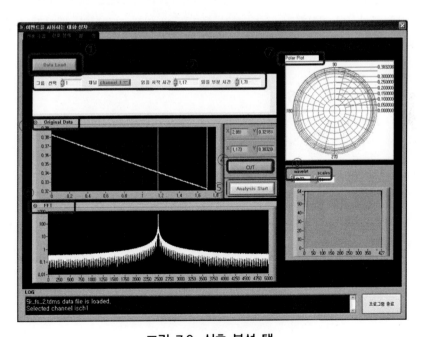

그림 7.9. 신호 분석 탭

Figure 7.9. Signal analysis tab

7.6 성능 평가 및 분석

7.6.1 실험 환경 및 조건

1) 실험 조건

핵연료 교환기를 직접 사용하는 진단 실험은 원전 운영상 불가능하므로 본 연구에서는 앞의 그림 4와 같은 고장 시뮬레이터를 통해 베어링 이상 상태를 생성시키고 FFT 및 웨이블릿 변환을 이용하여 고장 진단 실험을 수행하였다. 실험 조건은 다음과 같다.

- 정상 상태 베어링에 편심을 주어 모터 회전 주파수 측정
- 정상 상태 베어링의 FFT 및 웨이블릿 분석
- 베어링 볼 이상 상태 FFT 및 웨이블릿 분석
- 베어링 외륜 이상 FFT 및 웨이블릿 분석

2) 베어링 특성

본 실험에 사용한 베어링은 구름 베어링으로이다. 베어링 결함으로부터 기인하는 특성 주파수들은 결함과 베어링의 기하학적 구조, 회전 속도 등에 의해 좌우된다. 베어링 결함과 관련된 특성 주파수의 계산에 필요한 베어링의 치수는 그림 7.10과 같다[5].

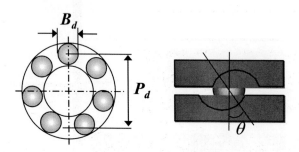

그림 7.10. 베어링 특성

Figure 7.10. Bearing characteristics

베어링 치수와 회전속도가 주어지면 표 7.7의 계산식에 따라 결함과 관련된 주파수를 계산할 수 있다[5]. 단, 계산식은 결함이 하나이고 외륜이 고정된 것으로 가정한다.

표 7.7. 베어링 특성 주파수
Table 7.7. Bearing characteristics frequency

결함 부위	발생 주파수 계산식
외륜 결함 (외륜 볼 통과 주파수)	$f_{BPFO} = \dfrac{n}{2} \cdot \dfrac{\mathrm{rpm}}{60}\left(1 - \dfrac{B_d}{P_d}\cos\theta\right)$
내륜 결함 (내륜 볼 통과 주파수)	$f_{BPFI} = \dfrac{n}{2} \cdot \dfrac{\mathrm{rpm}}{60}\left(1 + \dfrac{B_d}{P_d}\cos\theta\right)$
볼 결함 (볼 회전 주파수)	$f_{BSF} = \dfrac{P_d}{2B_d} \cdot \dfrac{\mathrm{rpm}}{60}\left[1 - \left(\dfrac{B_d}{P_d}\right)^2\cos^2\theta\right]$

n = Number of balls
B_d = Ball diameter
P_d = Pitch diameter
θ : contact angle
rpm : 회전수(rev/min.)

본 실험에서 사용한 베어링의 사양은 볼이 7개이며, 볼 직경과 피치 직경은 각각 5mm와 18mm이다. 여기서 볼 직경과 피치 직경은 직접 측정한 근사값이다. 외륜과 내륜 결함 주파수는 대략 회전속도와 볼 개수의 곱의 40%와 60%이다. 구름 베어링의 경우, 피치 직경에 대한 볼 직경의 비가 비교적 일정하여 이러한 근사값을 추정할 수 있다. 베어링의 각 결함과 관련된 주파수와 하모닉스를 계산하면 표 7.8과 같다.

표 7.8. 베어링 특성 주파수 및 하모닉스
Table 7.8. Bearing characteristics frequency and harmonics

결함 부위	발생주파수 Hz(rpm)	차수와 하모닉스
외륜 결함 (Ball pass freq. outer)	55 Hz (3300 rpm)	2.5차 55, 110, 165 Hz
내륜 결함 (Ball pass freq. inner)	97 Hz (5850 rpm)	4.5차 97, 195, 292 Hz
볼 결함 (Ball spin freq.)	37 Hz (2210 rpm)	1.7차 37, 74, 110 Hz

n = 7, B_d = 5 mm
P_d = 18 mm, θ = 0°
rpm = 1300 (회전속도, rev/min.)

7.6.2 실험 결과 및 분석

1) 회전 주파수 측정

고장 시뮬레이터에는 회전 속도를 측정할 수 있는 장치가 없기 때문에 베어링의 회전 주파수 측정을 위해 원판에 편심을 주었다. 그림 7.11은 진동 측정 센서를 이용한 원신호로써 5kHz의 샘플링 속도로 17초 측정한 신호이다. 원신호에는 여러 진동 신호가 섞여 있어 원신호 자체만으로 신호를 분석하기는 어렵다.

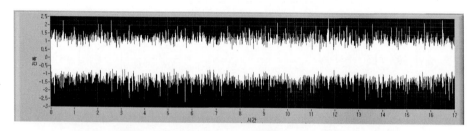

그림 7.11. 중심 주파수 측정을 위한 원신호
Figure 7.11. Raw signal for sensing center frequency

그림 7.12는 원신호를 FFT로 변환한 그래프이다. 21.6Hz 부근에서 큰 값이 나타나고 42Hz와 63Hz 부근에서 하모닉스가 나타나는 것을 볼 수 있다. 이를 통해 회전 주파수가 21.6Hz(1300 RPM)임을 알 수 있다.

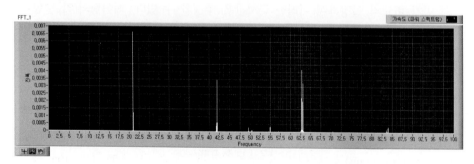

그림 7.12. 중심 주파수 측정을 위한 FFT 변환
Figure 7.12. FFT for center frequency

2) 정상 상태 베어링 진동 분석

그림 7.13은 정상 상태의 베어링 진동 신호를 나타낸다.

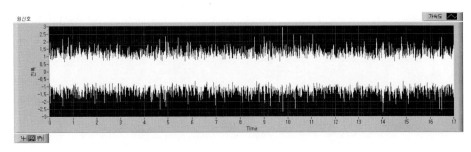

그림 7.13. 정상 상태 베어링 진동 신호
Figure 7.13. Steady state vibration signal of bearing

그림 7.14는 정상 상태 베어링 진동 신호를 FFT로 변환한 그래프이다. 21.6Hz 부근에서 큰 값이 나타나며, 42Hz와 63Hz에서 하모닉스, 21.6Hz의 회전 주파수를 볼 수 있으나, 원판에 편심을 주고 변환한 그림 7.11과 비교하여 중심 주파수가 작게 나오는 것을 확인할 수 있다.

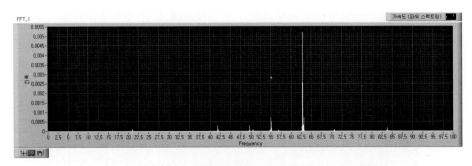

그림 7.14. 정상 상태 베어링 진동 신호의 FFT 변환
Figure 7.14. FFT of Steady state vibration signal of bearing

3) 베어링 볼 이상 상태 진동 분석

본 실험은 베어링 볼에 스크래치를 내고 진동 신호를 측정하여 변환하였다. 그림 7.15는 베어링 볼 이상 상태 진동 신호를 FFT로 변환한 그래프이다. 베어링 볼 결함이 발생하면 이론적으로 37Hz, 74Hz, 110Hz에 하모닉스가 발생하는데 실험 결과 33Hz, 69Hz, 98Hz에서 하모닉스가 발생하여 이론값과 실험값이 거의 일치함을 확인할 수 있었다.

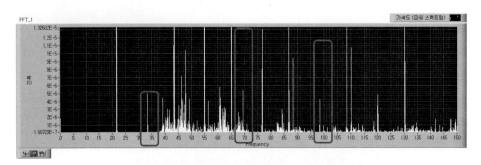

그림 7.15. 베어링 볼 이상 상태 진동 신호의 FFT 변환

Figure 7.15. FFT of abnormal state vibration signal of bearing ball

4) 베어링 내륜 이상 상태 진동 분석

본 실험은 베어링 내륜에 스크래치를 내고 진동 신호를 측정하여 변환하였다. 그림 7.16은 베어링 내륜 이상 상태 진동 신호를 FFT로 변환한 그래프이다. 베어링 내륜에 결함이 발생하면 이론적으로 55Hz, 110Hz, 165Hz에 하모닉스가 발생하는데 실험 결과 54Hz, 105Hz, 170Hz에서 하모닉스가 발생한 것을 볼 수 있으며 이론값과 실험값이 거의 일치함을 확인할 수 있었다.

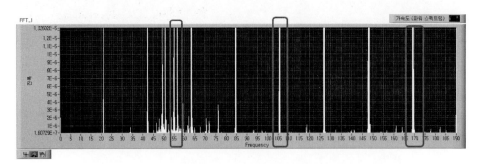

그림 7.16. 베어링 내륜 이상 상태 진동 신호의 FFT 변환

Figure 7.16. FFT of abnormal state vibration signal of inner race of bearing

7.7 결론

본 장에서는 핵연료 교환기 헤드를 제어하는 진단시스템을 설계하고 구현하였다. 구현된 핵연료 교환기 진단시스템은 신호 수집 시스템, 진단 알고리즘, 고장 시뮬레이터의 세 부분으로 구성된다. 핵연료 교환기를 직접 사용하는 실험은 원전 운영상 불가능하여 본 연구에서는 고장 시뮬레이터를 통해 베어링 이상 상태를 생성시키고 FFT 및 웨이블릿 변환을 이용하여

고장 진단 실험을 수행하였다. 베어링 볼 이상 상태 진동 분석과 베어링 내륜 이상 상태 진동 분석을 통해 이론값과 실험값이 거의 일치함을 확인하였다.

향후 연구 방향으로써 사용자가 고장 상황을 보다 쉽게 인지할 수 있는 사용자 인터페이스의 개선과 데이터 분석을 통한 고장 예측 방법에 대한 연구가 필요하다.

7.8 ▲ **참고문헌**

[1] "핵연료 교환설비", 월성원자력본부, 2000

[2] "중수로 운전 성능 향상 기술 개발", 과학기술부, 2004

[3] 이남용, 김윤영, "웨이블릿이란?", 한국소음진동공학회, Vol. 9, No. 5, 1999, pp. 867-875.

[4] 최부희, "신호해석 기법을 이용한 베어링의 이상진단에 관한 연구", 기술시대, 한국산업인력 관리공단, 1992, pp. 79-89

[5] 김진수, "진동 신호처리에 의한 볼 베어링 고장진단", 성균관대학교 석사학위논문, 2003

[6] 조윤수, "전동드릴의 진동신호 분석을 이용한 고장진단", 성균관대학교 석사학위논문, 2002

[7] H. R. Martin, "Detection of Gear Damage by Statistical Vibration Analysis", Proceedings of the Institution of Mechanical Engineers, 1992, pp. 395-401.

모바일 증강현실

8.1 모바일 증강현실 기술 현황

스마트폰의 등장은 단순히 휴대전화 단말의 진화가 아니라 새로운 모바일 생태계를 탄생시킨 모바일 산업 전반의 패러다임 전환이라 할 수 있다. 개방형 플랫폼과 앱스토어를 통한 모바일 앱의 개발, 배포, 사용을 둘러싼 모바일 생태계는 과거 이동통신사들이 독점하던 폐쇄적 모바일 콘텐츠 시장을 누구나 개발에 참여할 수 있는 개방된 시장으로 변화시켰다. 스마트폰은 주변장치 등 하드웨어 측면에서는 범용 PC보다 상대적으로 부족하지만 PC에는 없는 여러 센서들이 내장되어 있어 이를 활용한 다양한 모바일 앱이 개발되고 있다. 특히 카메라와 GPS를 활용한 모바일 증강현실은 스마트폰의 대표적인 응용 분야의 하나로 부상하고 있다[1].

증강현실(Augmented Reality)은 가상현실 분야로부터 파생된 기술로써 현실세계 정보에 컴퓨터로 처리된 가상의 정보를 결합시켜 제공하는 기술을 의미한다[2]. 증강현실이란 용어는 1990년 Tom Caudell에 의해 처음 사용되었으며 1997년 Ronald Azuma[3]가 정의한 증강현실 기술의 3가지 특징, 즉 1) 실세계와 가상의 결합, 2) 실시간 상호작용, 3) 3차원 공간 정합은 증강현실에 대한 대표적인 정의로 지금까지 받아들여지고 있다. 스마트폰에서의 증강현실 기술은 Azuma가 정의한 넓은 의미의 증강현실 기술과 구분하여 모바일 증강현실(Mobile Augmented Reality)이라고 지칭한다[2]. 모바일 증강현실의 특징은 카메라로 보이는 실세계 영상에 가상의 객체 또는 태그 정보를 부가하기 위해 실세계 영상 분석이 아니라 위치 정보를 활용한다는 점이다. 이때 정보가 부가될 관심 지점을 POI(Points of Interest)라 한다. 위치 정보라는 용어가 지리상의 한 지점, 예를 들면 위도 경도 좌표나 행정 주소와 같이 해당 지점의 내용과 무관한 개념인 반면, POI는 해당 지점의 관심 내용을 반영하는 개념이다. 예를 들면 부산식당, 국립중앙박물관, 화장실 등을 들 수 있다.

위치 정보와 지도를 이용한 여러 모바일 증강현실 서비스와 앱이 등장하면서 콘텐츠에 해당하는 POI 정보들도 빠른 속도로 늘어나고 있다. Layar[6], Wikitude[7], Junaio[8] 등이 모바일 증강현실 플랫폼의 예로써 이들 플랫폼은 XML이나 ARML(Augmented Reality Markup Language)을 통한 POI 데이터 생성, 증강현실 브라우저를 통한 POI 정보의 검색 및 표시 서비스를 제공한다.

하지만 POI 태그들의 수가 급격히 증가하면서 어떻게 사용자에게 적합한 POI 정보를 제공할 수 있는지가 문제로 대두되고 있다. Layar의 경우 주제별로 묶여진 POI 정보들, 즉 Layer들의 수가 이미 2,000여개를 넘어[6] POI 정보의 수가 많아질수록 정작 사용자에게 필요한 최적의 POI 정보를 선별하는 일이 점점 더 어려워지고 있다. 특히, 사용자 상황에 적합하도록 여러 Layer에 산재되어 있는 POI 정보들을 추출하여 제공하는 서비스는 현재로써는 불가능하다. 예를 들어 그림 8.1의 Layar 브라우저의 주제별 Layer 목록에서 보듯이 POI 정보들이 Layer별로 구분되어 있어 사용자가 어느 한 순간에 볼 수 있는 POI 정보들은 특정 Layer, 즉 한 가지 주제로 국한된다[6]. 예를 들어 여행객의 경우 극장에 가는 길에 근처 식당에서 점심을 먹고 싶다고 할 때 현재 서비스에서는 극장 정보에 대한 Layer와 식당 정보에 대한 Layer를 각각 별도로 방문해야 하며, 나아가 원하는 극장과 식당을 찾았다 해도 두 POI 정보를 동시에 볼 수 없어 상호간의 거리나 경로 정보 등을 파악하기가 불편하다.

본 장에서는 스마트폰의 모바일 증강현실에 대한 최근 연구와 개발 동향을 분석하여 기존의 모바일 증강현실 플랫폼과 응용들이 갖고 있는 문제점들, 즉 POI 태그 정보의 호환성 문제, POI 정보 검색 문제, 상황인지 이슈를 지적하고, 이러한 문제점 개선 및 사용자 맞춤형 서비스를 제공하기 위한 온톨로지 기반 POI 데이터 표준을 제시한다. POI 데이터 형식에 대한 표준은 현재 W3C POI WG(Points of Interest Working Group)에서 진행 중에 있는데 그 중 아직 정의되지 않은 POI Category 요소에 온톨로지를 도입함으로써 사용자 검색 요구에 대해 단순히 위치 정보에 근거한 개별 POI 데이터가 아닌 사용자 상황에 근거한 서로 연관된 POI 정보들을 서비스할 수 있도록 한다.

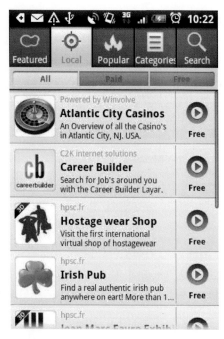

그림 8.1. Layar의 POI 주제, Layer

Fig 8.1. Layer, POIs theme in Layar

8.1.1 모바일 증강현실 개요

카메라 기반 증강현실 응용에서는 카메라 시야(FOV: Field of View)로 들어오는 실세계 영상을 컴퓨터가 생성한 태그 정보를 부가하여 디스플레이 화면으로 보여준다. 이러한 카메라 기반 증강현실 응용은 사용자와 디스플레이간의 거리에 따라 그림 8.2와 같이 네 가지 형태로 구분할 수 있다[4].

그림 8.2의 Public 형태는 사용자와 디스플레이 사이가 가장 멀리 떨어져 있는 경우로써 다수의 사용자가 한 화면을 공유하는 형태이고, Private 형태는 거리가 가장 가까운 경우로써 HMD(Head-mounted Display)와 같은 몰입형 디스플레이가 이에 해당한다. 스마트폰에서 제공되는 모바일 증강현실은 그림 8.2의 Personal 형태에 해당된다.

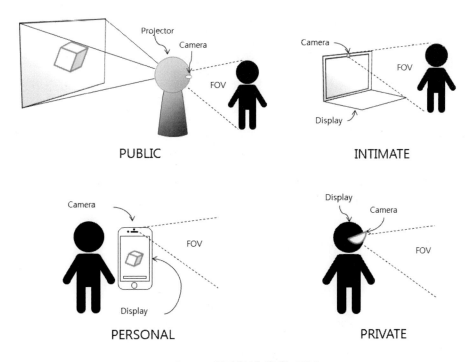

그림 8.2. 증강현실 응용 구분
Fig 8.2. Types of AR Applications

증강현실 기술은 실세계 정보를 인식하는 방법에 따라 마커 기반 방식과 비마커(Markerless) 방식으로 구분할 수 있다. 마커 기반 방식은 태그를 표시할 대상에 마커를 부착하여 해당 대상을 인지하는 방식이고, 비마커 방식은 스마트폰에 내장된 GPS와 나침반 기능을 통해 얻어진 위치정보와 저장된 지리정보를 토대로 대상을 인식하는 방식이다. 비마커 방식 증강현실 응용에서는 태그를 표시할 관심 대상의 위도와 경도, 즉 지리정보를 태그 정보와 함께 저장하고, 해당 태그의 위치 정보가 현재 사용자 위치 부근일 경우 증강현실 브라우저에서 해당 관심 대상의 태그 정보를 표시한다. 태그 정보를 표현하는 모델이 바로 POI(Points of Interest)이다. POI에는 해당 관심 지점의 이름, 주소, 위치 정보와 함께 여러 부가정보들이 포함될 수 있다.

마커 기반 방식에서는 태그 정보를 생성하기 위해 대상 실물에 직접 마커를 부착하거나 대상의 이미지를 사전에 알고 있어야 하는 반면, 비마커 방식에서는 관심 대상의 위치 정보만 알면 쉽게 태그 정보를 생성할 수 있다.

8.1.2 모바일 증강현실 플랫폼

대부분의 증강현실 응용들은 증강현실 서비스 제공에 필요한 여러 기능들을 효과적으로 처리하기 위해 증강현실 플랫폼을 사용한다. ARToolkit은 대표적인 마커 기반 증강현실 플랫폼의 예이고, 비마커 증강현실 플랫폼에는 Layar, Wikitude, Junaio 등이 있다.

먼저 ARToolkit[5]은 1999년에 처음으로 개발된 마커 기반 증강현실 개발을 위한 소프트웨어 라이브러리이다. 3차원 컴퓨터 그래픽스로 만들어진 가상의 이미지를 마커가 부착된 실세계 영상과 정합할 수 있고, 카메라의 관점과 마커의 위치를 계산하기 위한 영상 추적 기능을 제공한다(그림 8.3 참고).

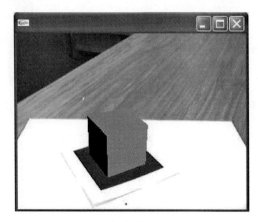

그림 8.3. 마커 기반 ARToolkit
Fig 8.3. ARToolkit, Marker-based AR

Layar[6]는 비마커 방식 증강현실 플랫폼으로써 사용자 위치, 시야 계산, 태그 정보를 표시할 지리 정보 추출을 위해 스마트폰에 내장된 GPS와 나침반 기능을 사용한다(그림 8.4 참고). Layar사에 따르면 2011년 현재 전체 스마트폰의 75%에 Layar 응용이 탑재되어 있다고 한다[6].

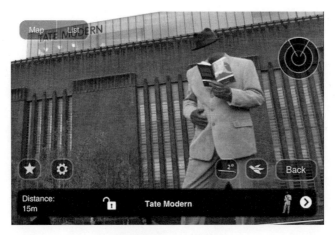

그림 8.4. Layar 예

Fig 8.4. Example of Layar

Layar가 일체형 플랫폼인 반면 Wikitude[7]는 Wikitude World Browser, Wikitude.me, Wikitude API의 3개 모듈로 구성된다. 브라우저는 Layar의 기능과 유사하며 카메라의 위치와 방향을 결정하고 카메라로 들어오는 실세계 영상에 태그 정보를 표시한다(그림 8.5 참고). Wikitude.me는 대상이 위치한 POI 좌표에 태그 정보를 생성하는 도구이고, Wikitude API는 개발에 필요한 API를 제공한다.

그림 8.5. Wikitute 예

Fig 8.5. Example of Wikitude

Junaio[8]는 콘텐츠 채널을 통해 실세계 영상에 태그 정보를 생성하게 하는 증강현실 플랫폼이다. 사용자는 카메라의 방향 전환을 통해 여러 채널을 실시간으로 전환할 수 있다. 안드로이드용 Junaio 플랫폼은 이미지 인식 기능을 포함하고 있어 비마커 방식은 물론 마커 기반 증강현실 기능도 제공할 수 있다(그림 8.6 참고).

그림 8.6. Junaio 예
Fig 8.6. Example of Junaio

8.1.3 증강현실 추적 기술

증강현실 추적(Augmented Reality Tracking)은 카메라로 들어오는 실세계 영상에서 가상의 이미지나 태그 정보가 부착될 관심 대상을 찾아내는 기술로써 센서 기반, 비전 기반, 하이브리드 방식으로 구분된다[9]. 센서 기반 추적 기술은 GPS, 나침반, 가속도 센서, 자이로 센서 등을 이용하여 대상의 위치, 움직임, 속도, 방향 등을 추적하는 방식이고, 비전 기반 추적 기술은 앞서 1절에서 설명한 바와 같이 마커 또는 이미지 인식 방식과 비마커 인식 방식으로 구분할 수 있다. 하이브리드 방식에서는 센서 기반 방식과 비전 기반 방식을 함께 사용한다.

8.1.4 증강현실 검색 기술

스마트폰에서의 검색은 단순히 텍스트 기반 검색뿐만 아니라 이미지, 위치, 영상, 사운드 등을 검색 조건으로 하는 복합 검색으로 진화하고 있다[2]. 특히 증강현실 응용이나 증강현실 브라우저에서 원하는 태그 정보를 찾는 것을 증강현실 검색이라 한다. 증강현실 검색에서 검색 조건은, 마커 기반 증강현실의 경우 카메라로 입력되는 실세계 영상 속의 마커이고, 비마커 방식 증강현실에서는 지리정보이다. 검색 결과는 해당 지점에 표시될 태그 정보이다 [10]. 특히 지리 정보로 검색이 이루어지는 스마트폰의 경우 검색 결과는 바로 해당 지점에 대한 태그정보, 즉 POI 정보이다[10].

대부분의 모바일 증강현실 플랫폼들이 사용자가 POI 정보를 직접 생성할 수 있도록 지원한다. 따라서 POI 정보의 양도 기하급수적으로 증가하고 있어 사용자가 필요로 하는 적합한 태그 정보만을 찾고 걸러주는 모바일 증강현실 검색이 필요하다. 일반 검색에서는 검색 결과가 정확한지를 나타내는 정확성(Precision)과 찾아야 할 모든 결과를 찾았는지를 나타내는 재현률(Recall)이 검색 성능 평가도구로써 모두 중요하지만[11] 증강현실 검색에서는 사용자 주변에 포함된 수많은 태그 정보들 중에 현재 사용자 상황에 적합한 태그만을 추출해야하므로 재현률보다는 정확도가 훨씬 중요한 성능 지표이다.

8.1.5 표준화 동향

모바일 증강현실 기술 표준화는 2009년부터 W3C를 비롯하여 OMA, ISO/IEC 등에서 진행되고 있다. 대표적으로 W3C[12]의 증강현실 표준화 활동은 2010년 AR 표준화 워크숍에서 시작되었다. 워크숍에서는 AR 전용 브라우저 사용 시 비표준화 데이터 형식 사용으로 인한 호환성 문제, AR 서비스와 웹 기술을 결합시키기 위해 필요한 HTML5 확장 기능 등의 이슈들이 논의되었다[2].

AR 워크숍의 결과로 만들어진 표준화 그룹이 POI WG(Points of Interest Working Group)이다. POI WG는 증강현실을 위한 POI 데이터 모델 표준 제정과 웹 기반 증강현실 서비스에 관한 표준화를 진행하고 있다. POI에는 단순히 위치를 표시하는 위도와 경도 이외에도 부가정보, 영역 정보, 이동물체 표현과 같은 대상에 대한 포괄적인 정보들이 포함된다. 그 외 W3C의 증강현실 기술 관련 표준화 그룹에는 HTML WG, Geolocation API WG, Device API and Policy WG, Web Application WG, Web Event WG 등이 있다.

8.2 모바일 증강현실 플랫폼 분석

상용 모바일 증강현실 플랫폼의 세 가지 핵심 문제점은 POI 데이터 호환성 문제, POI 데이터 검색 문제, 상황인지 이슈이다.

8.2.1 POI 정보의 호환성 문제

W3C POI WG에서 POI 데이터 모델에 대한 표준화가 진행중에 있지만 이미 여러 증강현실 플랫폼과 응용들이 자체 형식으로 POI 데이터를 처리하고 있다. 표 8.1과 같이 KML

(Knowledge Markup Language), JSON(Javascript Object Notation), ARML(Augmented Reality Markup Language) 등으로 다양하다[12]. 결과적으로 서로 다른 데이터 형식을 사용하는 플랫폼간에는 POI 데이터가 호환되지 않는다.

표 8.1. 증강현실 응용들의 데이터 표현

Table 8.1. Data Format of AR user Agents

증강현실 응용	제조사	국가	데이터 형식
Argon (KHARMA)	Georgia Tech	미국	KML, HTML
Acrossair	Acrossair	영국	자체 형식
Google Goggles	Google Inc.	미국	자체 형식
Instant Reality	FraunhoferIGD	독일	-
Junaio	metaio	독일	XML 기반
Kooaba	Kooaba	스위스	REST, XML
Layar	Layar B.V.	네덜란드	JSON
Ovjet	Kiwiple Inc.	대한민국	자체 형식
Point and Find	Nokia	핀란드	자체 형식
ScanSearch	OlaWorks	대한민국	자체 형식
Wikitude	Mobilizy	오스트리아	ARML, KML

8.2.2 POI 데이터 검색 문제

POI 데이터의 본질이 위치정보이기 때문에 위치정보만 있으면 누구나 쉽게 POI 데이터를 생성할 수 있다. Layar의 경우 특정 관심분야의 POI들의 집합, 즉 Layer의 수가 이미 2천개를 넘었다[6]. 하지만 POI 태그 수가 증가할수록 정작 사용자가 원하는 태그를 찾는 일도 어려워지고 있다. 상용 플랫폼들의 증강현실 브라우저는 일반적으로 반경 500미터에서 수 킬로미터 내에 있는 POI 정보를 제공하고 있다. 주요 관광지나 도심의 경우 범위 내에 속한 POI의 수는 이미 수천여 개에 이르며, 앞으로 점점 더 늘어날 것이 분명하다. 예를 들어 식당을 찾는 경우 주변에 있는 수백여 개의 식당을 모두 나열하여 보여주는 것은 정보 제공의 효과에 앞서 오히려 사용자를 혼란스럽게 만드는 역효과를 줄 수 있다.

또한 태그 정보를 저장하는 POI 데이터 모델은 해당 관심 지점의 위치 정보가 주를 이루고 있는데, 앞 절의 표 8.1과 같이 기존 상용 플랫폼들은 물론 W3C POI WG에서 진행되고 있는 표준 POI 데이터 모델에서도 마찬가지이다. 즉 저장된 POI 정보를 검색할 때 기본적인 질의어가 바로 위도와 경도 등 위치 정보가 된다. 이러한 검색에서는 해당 지역 내에 속한 모든 POI 정보를 검색할 수는 있지만 사용자 상황에 맞는 적합한 POI들을 선별하여 제공할 수 있는 방법은 없다.

표 8.2는 W3C POI WG의 POI 데이터 모델 표준안을 정리한 것이다. 각 POI 데이터는 9개의 프리미티브로 구성되며 표와 같이 위치정보를 나타내는 Location 프리미티브와 동일 위치 또는 인접한 다른 POI 데이터와의 관계를 나타내는 Relationship 프리미티브 이외에는 아직 미정 상태이다[13].

본 논문에서는 W3C POI WG의 POI 데이터 모델에서 POI 정보의 주제를 나타내는 Categorization 프리미티브에 온톨로지를 적용하여 사용자 상황을 고려한 POI 태그들을 선별할 수 있도록 한다.

표 8.2. W3C POI WG의 POI 데이터 모델

Table 8.2. POIs Data Model of W3C POI WG

프리미티브	속성	표현 요소
Location	Identifier	
	Geo-reference	Center
		Navigation Point
		Address
		Route
		Area
		Object
		Relative
		Map
Relationship	contained-within	
	contains	
	adjacent-to	
String	미정	
Label	미정	
ID	미정	
Categorization	미정	
Meta data	미정	
Time	미정	

8.2.3 상황인지 이슈

세 번째는 상황인지(Context Awareness) 이슈이다. 기존의 모바일 증강현실 응용에서는 대부분 관심 주제를 사용자가 직접 선택하도록 하고 있다. 예를 들어 Layar의 경우, 그림 8.1과 같이 POI 정보들은 음식점, 상점, 박물관처럼 layer라고 하는 관심 주제별로 분류되어 있어 한 번에 한 가지 종류의 POI 정보들밖에 볼 수 없다. 따라서 사용자의 복합적인 관심 사항을 반영하지 못한다. 예를 들어 박물관을 가려고 할 때 박물관 POI 태그뿐만 아니라 현재 시각이나 검색 이력과 같은 사용자의 상황과 관심을 반영하여 박물관으로 가는 경로 주변의 식당, 화장실, 상점 등 서로 다른 주제의 POI 정보들을 보여줄 수 있어야 하는데 현재의 상용 플랫폼이나 표준안에서는 이를 반영하지 못하고 있다. 이러한 문제는 현재의 POI 데이터 모델 자체가 해당 관심 지점에 대한 정보 위주로만 구성되어 있다는 데에 그 원인이 있다.

8.3 온톨로지 기반 POI 데이터 모델

8.3.1 POI 데이터 모델 온톨로지

온톨로지는 특정한 영역을 표현하는 데이터 모델로써 특정 영역에 속하는 개념과, 개념 사이의 관계를 기술하는 정형 어휘의 집합으로 정의된다[14]. 정형 언어로 기술된 어휘의 집합인 온톨로지는 추론을 하는 데에 사용될 수 있다. 본 장에서는 POI 데이터에 사용자의 관심과 상황에 따라 서로 연관될 수 있는 다른 POI 정보들을 연결하기 위해 W3C POI WG의 POI 데이터 모델의 Categorization 프리미티브를 확장한 온톨로지 기반 POI 데이터 모델을 제시한다. 그림 8.7은 확장된 POI Categorization 프리미티브의 온톨로지이다.

제안하는 POI Categorization 프리미티브의 온톨로지는 그림 8.7과 같이 4개의 상위 클래스로 구성된다. CatName은 주제명을 나타내며 기존 W3C 표준에서도 예시하고 있는 Name 속성에 해당된다. 하위 클래스는 분류를 나타내고 학교, 식당, 박물관, 화장실 등이 그 예이다. Layar의 Layer에 해당한다. Location 클래스는 자신의 위치와 관련 POI들의 위치정보로써 원래 POI 데이터 모델의 Location 프리미티브를 참조한다. Time 클래스는 해당 POI 정보가 보편적으로 요구되는 주요 시간대를 지정할 수 있다. 끝으로 Assoication 클래스는 본 제안의 핵심으로 주변 관심 지점과 그 관계를 표현한다. 하위 클래스로는 W3C 표준에서도 예시한 child-of 관계를 포함하여 주변을 의미하는 Near-by 클래스, 같은 관심 지점이나 건물을 포함하고 있음을 의미하는 contains 클래스, 다른 POI 지점에 포함되어 있음을 의미하는 inside-of 클래스, 본 POI 정보를 어떤 POI 정보 검색 후 주로 찾는 지를 나타내는 after-of 클래스 등이 있다.

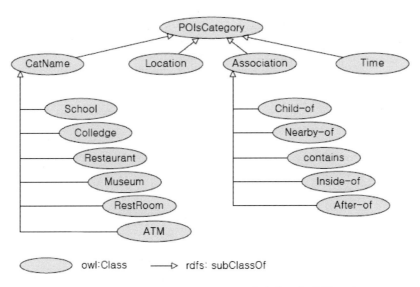

그림 8.7. POI Categorization 프리미티브의 온톨로지
Fig 8.7. Ontology of POI Categorization Primitive

또한 온톨로지 개념 클래스들 관계 표현에 OWL(Web Ontology Language)[15]을 사용하였으며 OWL 프로그램은 protege[16]를 사용하였다. Protege는 프레임 기반 온톨로지 편집 기능과 OWL을 이용한 편집 기능을 제공한다. 그림 8.8은 W3C 표준 POI 데이터 모델의 XML 예이다.

```
<?xml version="1.0" encoding="UTF-8"?>
<pois>
    <poi id="StataCenter" xml:lang="en-US" >
        <label primary="true" xml:lang="en-US">Stata Center</label>
        <label primary="true" xml:lang="es">Stata Centro</label>
        <label>Ray and Maria Stata Center</label>
        <label>Building 32</label>
        <label>Gates Tower</label>
        <label>Dreyfoos Tower</label>

        <location id="location1">
            <point latitude="42.360890561289295" longitude="-71.09139204025269"/>
            <point id="mainpoint" latitude="27.174799" longitude="78.042111" altitude="10m"/>
            <center latitude="27.174799" longitude="78.042111"/>

            <route>
                <point order="0" latitude="42.360890561289295"
                        longitude="-71.09139204025269"/>
                <point order="1" latitude="42.361176" longitude="-71.09018"/>
            </route>
```

```
        ⟨area⟩
             ⟨point order="0" latitude="42.360890561289295"
                    longitude="-71.09139204025269"/⟩
             ⟨point order="1" latitude="42.361176" longitude="-71.09018"/⟩
        ⟨/area⟩

        ⟨relative location-id="mainpoint" distance-from="10m" bearing-to="20"
                    relative-height="10m"/⟩
     ⟨/location⟩
     ⟨category scheme="http://census.gov/cgi-bin/n/naicsrch?search=N%20Search&code
            =611310"⟩
        ⟨name xml:lang="en-US"⟩Colleges, Universities, and Professional Schools⟨/name⟩
        ⟨association type="child-of"
        reference="http://census.gov/cgi-bin/n/n?search=NSearch&code=6113"/⟩
     ⟨/category⟩
   ⟨/poi⟩
⟨/pois⟩
```

그림 8.8. POI 데이터의 XML 표현

Fig 8.8. XML Example of POI Data

XML 하단에 있는 category 태그를 확장한 온톨로지 표현은 그림 8.9와 같다. OWL은 도메인에 속한 개념들의 관계와 개념에 대한 온톨로지를 클래스 형식으로 표현하는데 사용되고, RDF(Resource Description Framework)는 데이터 모델을 XML 언어로 기술하는데 사용된다.

```
⟨owl:Class rdf:ID="POIsCategory"/⟩
⟨owl:Class rdf:ID="Association"⟩
     ⟨rdfs:subClassOf rdf:resource="#POIsCategory"/⟩
⟨/owl:Class⟩
⟨owl:ObjectProperty rdf:ID="after-of"⟩
     ⟨rdf:type rdf:resource="FunctionalProperty"⟩
     ⟨rdfs:domain rdf:resource="Time"⟩
     ⟨rdfs:range rdf:resource="xsd:double"⟩
⟨/owl:ObjectProperty⟩ ...
⟨owl:Class rdf:ID="Museum"⟩
     ⟨rdfs:subClassOf rdf:resource="#CatName"/⟩
     ⟨owl:disjointWith rdf:resource="#Restaurant"/⟩
⟨/owl:Class⟩
⟨owl:ObjectProperty rdf:ID="Nearby-of"⟩
     ⟨rdf:type="owl:TransitiveProperty"/⟩
     ⟨rdfs:domain rdf:resource="#Association"/⟩
     ⟨rdfs:range rdf:resource="#Location"/⟩
     ⟨owl:inverseOf rdf:resource="#Inside-of"/⟩
⟨/owl:ObjectProperty⟩ ...
```

그림 8.9. POIsCategory 온톨로지의 OWL 표현

Fig 8.9. OWL Serialization of POIsCategory Ontology

8.3.2 상황인지 아키텍처

본 논문에서 제안하는 POI 데이터 모델에 대한 온톨로지를 이용한 상황인지 기반 모바일 증강현실 플랫폼 아키텍처는 그림 8.10과 같다.

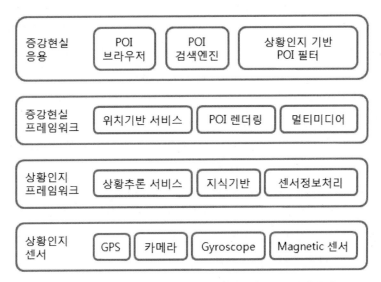

그림 8.10. 상황인지 기반 증강현실 플랫폼 아키텍처
Fig 8.10. Context-aware AR Platform Architecture

프레임워크 계층은 증강현실 프레임워크와 상황인지 프레임워크로 구성된다. 증강현실 프레임워크는 GPS와 자기 센서를 통해 얻어진 지리정보를 처리하는 위치기반 서비스, POI 태그 데이터로부터 영상에 부가할 정보를 계산하는 POI 렌더링, 텍스트 태그 정보 이외에 사운드, 그래픽 등을 처리하는 멀티미디어 모듈로 구성된다.

상황인지 프레임워크는 스마트폰의 센서들로부터 얻어진 데이터로부터 사용자의 상황을 결정하며, 센서정보처리, 규칙 적용에 사용되는 온톨로지 지식기반, 온톨로지를 이용한 상황추론 서비스로 구성된다. 상황인지 플랫폼에서 얻어진 상황인지 정보는 증강현실 응용 계층의 상황인지 기반 POI 필터에 적용되어 최종적으로 POI 브라우저에 표시될 POI 태그들을 필터링하는데 사용된다.

8.4 활용 방안

이제 스마트폰의 증강현실 브라우저는 지도 앱 등과 함께 필수 앱의 하나로 받아들여지고 있다. 여러 상용 증강현실 플랫폼들도 자사의 콘텐츠를 확장하기 위해 보다 더 쉽게 POI 정보들을 생성할 수 있는 방법을 경쟁적으로 제공하고 있다. 따라서 태그 정보를 표시하기 위한 POI 데이터의 양도 기하급수적으로 증가할 것이고 적절한 POI 정보를 추출하기 위한 검색 기술 또한 일반 웹 검색만큼이나 복잡하고 중요해 질 것으로 예상된다.

이와 같은 방대한 POI 정보들 중에 정작 사용자가 필요로 하는 소수의 핵심 정보만을 추출하는 일은 기존과 같이 단순 분류만으로는 어렵다. 특히 개별 플랫폼 내에서도 각각의 분류 안에서만 POI 정보를 찾고 있기 때문에 서로 다른 분류에 속한 POI 정보를 한 눈에 보여줄 수 있는 방법은 요원하다.

본 연구를 활용할 수 있는 첫 번째 방법은 일단 각 상용 플랫폼에서 POI 데이터들의 분류별 경계를 허물고 그 결과 방대해진 POI 데이터 검색 대상에서 사용자 요구에 맞는 정보만을 추출하기 위해 본 연구 결과를 적용하는 것이다.

두 번째는 현재 각 상용 플랫폼들이 서로 다른 POI 데이터 모델을 사용하기 때문에 발생하는 POI 데이터 호환 문제를 해결하기 위해 각 플랫폼들이 W3C 표준 POI 데이터 모델로 이관하는 것이다. 그렇게 되면 보다 풍부한 POI 정보들을 얻을 수 있다.

끝으로 기존 플랫폼에 관계없이 본 연구결과를 상용화하기 위해 POI 데이터 온톨로지를 적용한 자체 플랫폼과 브라우저를 개발하고 있는데 플랫폼이 완성되면 검색 성능 및 사용자 만족도 등을 통해 연구의 효과를 평가할 수 있을 것이다.

모바일 증강현실은 전통적인 몰입형 증강현실과 달리 스마트폰에 내장된 카메라, GPS, 자기 센서 등을 통해 사용자의 위치 정보를 파악하여 주변 관심 대상에 POI 태그 정보를 제공하고 생성하는 응용에 중점을 두고 있다. 따라서 다양한 증강현실 플랫폼과 응용을 통해 수많은 POI 태그 정보들이 생성되고 있으며 그 데이터 수의 증가 속도 또한 매우 빠르다.

본 장에서는 최근의 모바일 증강현실에 대한 분석을 통해 기존의 모바일 증강현실 플랫폼과 응용들이 갖고 있는 문제점을 지적하고 이를 해결하기 위해 온톨로지에 기반한 POI 데이터 모델을 제시하고 온톨로지 추론을 적용한 상황인지 기반 모바일 증강현실 플랫폼 아키텍처를 제안하였다. 본 장에서 제안한 온톨로지 기반 POI 데이터 모델은 현재 W3C POI WG에서 진행하고 있는 POI 데이터 모델 표준에서 아직 제정되지 않은 Categorization 프리미티브를 확장한 것으로써 한 POI 데이터에 연관된 관련 POI 데이터를 연결할 수 있게 함으로써 사용자 상황과 상태에 따라 원하는 POI 정보만을 선별적으로 제공할 수 있다.

8.5 참고문헌

[1] 무하마드 아샤드, 김정길, 홍충표, 이정훈, 김신덕, "휴대단말기 기반 증강현실 시스템 연구 및 개발 동향", 대한임베디드공학회 논문집, 5권 4호, 2010, 195-205.

[2] 전종홍, 이승윤, "모바일 증강현실 기술 표준화 동향", 전자통신동향분석, 제26권 제4호, 2011, pp. 33-45.

[3] Ronald T. Azuma, "A Survey of Augmented Reality" Presence: Teleoperators and Virtual Environments 6, 4, 1997, pp. 355-385.

[4] Jens de Smit, "Role of Standards in the Development of AR", International Workshop on Standards in Augmented Reality, Seoul, Oct., 2010.

[5] Kato, H., Billinghurst, M., "Marker Tracking and HMD Calibration for a video-based Augmented Reality Conferencing System", The 2nd International Workshop on Augmented Reality (IWAR 99), 1999.

[6] Layar, http://www.layar.com

[7] Wikitude, http://www.wikitude.com

[8] Junaio, http://www.junaio.com

[9] Feng Zhou, Duh, H.B.-L., Billinghurst, M., "Trends in augmented reality tracking, interaction and display: A review of ten years of ISMAR", IEEE/ACM Int. Symposium on Mixed and Augmented Reality, 2008, pp. 193-202.

[10] 임수종, 오효정, 류법모, 정호영, 장명길, "모바일 지능형 검색 기술 동향", 전자통신동향분석, 제25권 제3호, 2010, pp. 18-27.

[11] Christopher D. Manning, P. Raghavan, H. Schutze, An Introduction to Information Retrieval, Cambridge University Press, 2009.

[12] W3C, AR Landscape/Draft, www. w3. org/2010/POI/wiki/AR_Landscape/Draft 2011.

[13] W3C, POI WG, W3C Working Draft, http://www.w3.org/TR/2011/WD-poi-core-20110512, 2011.

[14] X. H. Wang, D. Q. Zhang, T. Gu, H. K. Pung, "Ontology based context modeling and reasoning using OWL", Pervasive Computing and Communications Workshops, 2004, pp. 18-22.

[15] OWL Web Ontology Language Guide, http://www.w3.org/TR/owl-guide, 2004.

[16] J. H. Gennari, M. A. Musen, R. W. Fergerson, "The evolution of Protege: an environment for knowledge-based systems development", International Journal of Human-Computer Studies, Vol. 58, 2003, pp. 89-123

제 **09** 장

실시간 인터넷 멀티미디어

9.1 ▲ 서론

인터넷을 처음 설계할 때 실시간 커뮤니케이션을 목표로 한 것이 아니고, 인터넷의 확산 또한 주로 파일 전송, 이메일, 데이터, 웹을 통해 주도되었지만, 인터넷상의 멀티미디어는 다양한 응용을 통해 엄청난 성장을 거듭해왔다. 인터넷 전화도 그 한 예라 할 수 있다. 실제로 수많은 온라인 매체에서 연일 스트리밍 오디오 및 비디오, 뉴스, 영화, 온라인 강좌 등을 내보내고 있다. 특히, 비디오 서비스는 최근 매우 급속히 확장되고 있다. 또한 수많은 인터넷 라디오 및 비디오 방송국이 생겨나고 있으며 수적으로도 기존 단파 라디오 방송국을 넘어선지 오래다. 이처럼 인터넷이 보여준 역량을 정리해보면 아래와 같다.

- 모든 종류의 미디어와 데이터를 단일 네트워크로 통합
- 커뮤니케이션, 정보, 오락, 비즈니스의 모든 서비스를 융합
- 일대일 음성 통화에서 컨퍼런스, 나아가 수백만 사용자 대상 네트워크 방송까지 확장
- 서비스와 콘텐츠의 선택권을 일반사용자에게 부여

인터넷의 이러한 특성들은 미디어나 커뮤니케이션 종류에 관계없이, 심지어 전화와 같은 통신서비스와 TV나 라디오 같은 방송서비스마저 인터넷으로 옮겨가게 하고 있다. 나아가 지금은 없지만 앞으로 훨씬 더 다양한 새로운 세계를 열 것으로 믿어 의심치 않는다. 불과 10여년 전만하더라도 기존 상거래 규모를 넘어선 현재의 전자상거래 세상을 누가 상상할 수 있었겠는가. 그러나 이러한 산물이 물론 투자비용없이 얻어지는 것은 아니다. 인터넷에서 그 비용은 물리적 네트워크 인프라 구축에 들어가기 보다는 원대하고 무한한 상상력과 지식을 축적하는데 사용된다. 이 장에서는 인터넷 멀티미디어와 컨퍼런싱에 사용되는 주요 프로토콜들을 간략히 살펴보고자 한다. 멀티미디어를 위한 인터넷 프로토콜 스택의 구성은 그림 9.1과 같다[1].

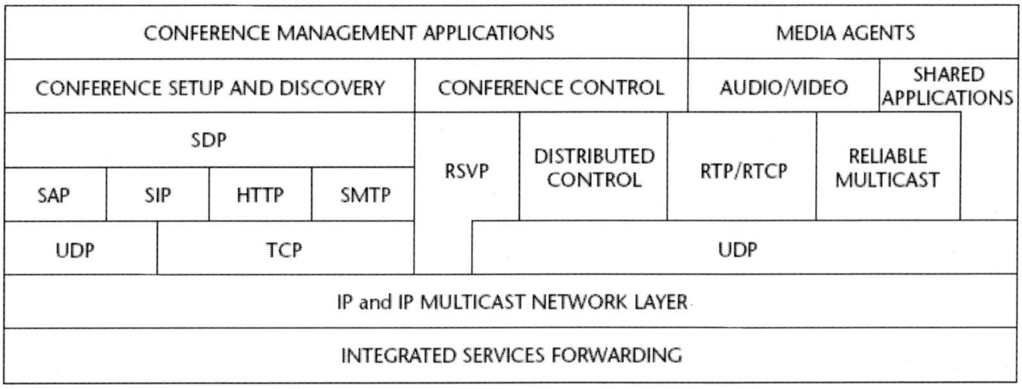

CONFERENCE MANAGEMENT APPLICATIONS						MEDIA AGENTS		
CONFERENCE SETUP AND DISCOVERY				CONFERENCE CONTROL		AUDIO/VIDEO		SHARED APPLICATIONS
SDP				RSVP	DISTRIBUTED CONTROL	RTP/RTCP		RELIABLE MULTICAST
SAP	SIP	HTTP	SMTP					
UDP	TCP				UDP			
IP and IP MULTICAST NETWORK LAYER								
INTEGRATED SERVICES FORWARDING								

그림 9.1 인터넷 멀티미디어 프로토콜 구조

9.2 인터넷 프로토콜

IP에 대하여 이미 잘 알고 있는 독자들도 많겠지만 개발 초기 상황에 관심이 있다면 1981년도에 제정된 RFC 791이 제격일 것이다. 저자 존 포스텔은 IP 및 협업의 개념을 설명하고 있다. 최초의 패킷 프로토콜 아이디어는 1974년 빈트 서프와 로버트 칸의 논문에서 제안되었다[2].

32비트 IP version 4 주소 공간의 IP 주소 할당에 관한 RFC 2101[3]은 IP 주소 사용 현황에 대한 상대적으로 최근 상황을 일목요연하게 요약하고 있다. IP 멀티캐스팅은 컨퍼런싱이나 멀티미디어 주제와 함께 항상 언급되기는 하지만 실제 이용된 사례는 많지 않다. RFC 3170[4]는 IP 멀티캐스트와 그 응용에 대한 표준 문서이다. 인터넷 멀티미디어와 컨퍼런싱을 위한 프로토콜들을 표 9.1에 정리하였다. 이 장에서는 표 9.1에 나열한 프로토콜 순서로 설명한다.

표 9.1 인터넷 멀티미디어 및 컨퍼런싱을 위한 네트워크 프로토콜

프로토콜	표준문서	주제
IP 유니캐스트		
인터넷 프로토콜	RFC 791	DARPA 인터넷 프로토콜
IP 정책	RFC 2008	IP 주소 할당 방법
IP 멀티캐스트 프로토콜		
SSM	RFC 3569	SSM(Source Specific Multicast)의 개요
IGMP 버전 2 프로토콜	RFC 2236	IGMP(Internet Group Management Protocol)
CBT 버전 2	RFC 2189	CBT(Core Based Tree) 멀티캐스트 라우팅
PIM-DM	RFC 3973	PIM-DM(Protocol Independent Multicast - Dense Mode)
멀티캐스트 주소 할당		
MADCAP	RFC 2907	MADCAP(Multicast Address Dynamic Client Allocation)
MASC	RFC 2909	MASC(Multicast Address-Set Claim)
BGMP	RFC 3913	BGMP(Border Gateway Multicast Protocol)
차등 서비스		
DiffServ Field	RFC 2474	IP 헤더의 DiffServ 항목에 대한 정의
DiffServ Arch	RFC 2475	차등 서비스 아키텍처
자원 예약		
IETF 자원예약프로토콜	RFC 2205	RSVP(Resource ReSerVation Protocol)
	RFC 2210	RSVP를 이용한 통합 IETF 서비스
	RFC 2211	RSVP의 부하 제어
	RFC 2212	RSVP의 서비스 품질 보장
실시간 커뮤니케이션용 데이터 표준(w3c.org)		
XML	XML Schema	확장 마크업 언어
VoiceXML	VoiceXML 1.0	음성용 XML
SMIL	SMIL 2.1	SMIL(Synchronized Multimedia Integration Language)
멀티디미어 서버 제어		
RTSP	RFC 2326	실시간 스트리밍 프로토콜
미디어 전송 및 코덱 규격		
RTP, RTCP	RFC 3550	실시간 응용을 위한 전송 프로토콜
RTP A/V Profile	RFC 3551	오디오/비디오 컨퍼런스용 RTP 규격
비디오용 RTP 페이로드	RFC 2032, RFC 2435	RTP 페이로드 비디오 규격
세션 설명 규격		
SDP	RFC 2327	SDP(Session Description Protocol)
세션 공지		
SAP	RFC 2974	SAP(Session Announce Protocol)
세션 설정		
SIP	RFC 3261	SIP(Session Initiation Protocol)
인터넷 보안		
Security	RFC 3631	인터넷 보안 위협과 대응방안

9.2.1 멀티캐스트 프로토콜

대부분의 IP 네크워크가 아직 IP 멀티캐스트를 도입하고 있지는 않지만, IP 멀티캐스트는 인터넷 멀티미디어에서 매우 중요한 개념이다. 최초의 인터넷 멀티미디어 컨퍼런싱 시스템[5]은 1990년대 초 인터넷 멀티캐스트 시범망에서 개발되었다. 첫 번째 애플리케이션은 IETF 회의를 동영상으로 전송하는 것이었는데 이 서비스는 현재까지도 계속되고 있다.

IP 멀티캐스트는 다수의 사용자 그룹에 데이터와 멀티미디어를 전달하는데 가장 효율적인 방안으로써 데이터의 분배기능을 IP 네트워크 계층에 포함시켜 응용 프로그램 종류에 관계없이 효율적인 서비스를 제공할 수 있다. 또한, 응용 프로그램으로 하여금 송신자와 각 수신자 사이의 복잡한 커뮤니케이션 설정의 부담을 없애고 단지 멀티캐스트 그룹에 참여하기만 하면 된다. IP 멀티캐스트 주소는 송수신자 모두에게 동일하며 멀티캐스트 세션 참여를 위한 단일 식별자이다. 멀티캐스트 기법은 데이터의 복제가 수신자측에 최대한 가까운 곳에서 이루어지므로 일반 브로드캐스트 기법과 비교하여 네트워크 전체에 트래픽 부담을 지우지 않으므로 확장성이 크다.

9.2.2 멀티캐스트 주소 할당

IP 주소 분류에서 클래스 D는 멀티캐스트 주소 전용으로 사용된다. 멀티캐스트의 주소 할당은 아직은 수동 설정에 의해 정적으로 이루어지고 있지만 동적 할당과 멀티캐스트 그룹들에 대한 목록 서비스에 대한 작업이 진행 중에 있다.

9.2.3 멀티캐스트 응용

IP 네트워크 단계의 멀티캐스트는 앞서 언급한 바와 같이 여러 기술적, 상업적 이유로 인해 아직 일반 인터넷으로 확산되지 못하고 있다. 멀티캐스트가 도입되기 위해서는 여타 관련 기술들의 도입이 선행되어야 하기 때문이다. 응용 수준의 멀티캐스트는 아직 연구중에 있어 상세 설명은 생략하기로 한다. 하지만 분명한 것은 응용 수준 멀티캐스트가 도입되면 지금의 온라인 콘텐츠 배달 업계 전반에 지각변동을 피할 수 없을 것이다.

9.3 ▸ 전송 프로토콜

실시간 커뮤니케이션의 음성 및 비디오와 같은 미디어 스트림은 UDP 전송 방식을 사용한다. TCP와 같이 손실된 패킷의 재전송이나 지연된 패킷을 기다리는 것이 실시간 응용에서는 무의미하기 때문이다. 따라서 전반적인 전송시간 단축을 위해 손실된 패킷은 그냥 무시된다. 그러나 전송되는 미디어의 품질은 패킷의 손실 정도와 전송 지연에 민감하기 때문에 IP망의 서비스 품질 자체가 실시간 인터넷 멀티미디어 커뮤니케이션에서 매우 중요하다. 패킷 손실과 전송 지연도 문제지만 인터넷 라우터에서의 경로 혼선(route flapping)도 종종 실시간 커뮤니케이션을 방해하는 요인이다. 네트워크의 오작동 문제의 80%는 사람의 간섭이라는 통계도 있다.

9.4 ▸ IP 네트워크 계층 서비스

"인터넷 서비스" 혹은 "IP 서비스"라는 용어에는 많은 비즈니스적 의미들을 내포하고 있다. 하지만 기술적 측면에서 IP-수준 서비스라고 하면 분명히 서비스품질(QoS)의 수준을 의미하는 것이다. 그림 2는 IP 서비스의 "수준"들을 나타낸다. 인터넷의 서비스 수준이라고 하면 대다수 사용자들은 소위 "Best-effort"(최선) 서비스에 익숙할 것이다. Best-effort 서비스는 그림 9.2의 범위에서 왼쪽 끝에 해당하는 서비스 수준을 의미하며, 통신 경로 사이에 특별한 트래픽 폭주만 없다면 실시간 커뮤니케이션으로 사용하기 충분한 서비스품질을 제공한다. 그러므로 Best-effort IP 서비스는 항상 일정한 서비스품질을 보장하지는 못한다. 트래픽 폭주뿐 아니라 드물긴 하지만 라우터들에 경로 혼선이 발생할 때에도 서비스품질이 저하될 수 있다. 그렇다고 Best-effort 서비스가 IP 커뮤니케이션 방식으로 적합하지 않다고 가정하는 것은 옳지 않다. 현재 사용되고 있는 많은 VoIP 서비스와 SIP 전화는 당연히 Best-effort 서비스 방식으로 제공되는데도 PSTN 전화 수준의 통화 품질을 보이고 있다. 또한, 가정 내까지 광 네트워크(FTTH)가 확산되고 무선 인터넷의 대역폭이 증가하면 멀지 않아 PSTN 음질 이상으로 개선될 것으로 보인다.

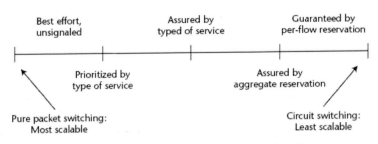

그림 9.2 IP와 인터넷 서비스 수준의 분류

9.4.1 차등화 서비스

차등화 서비스(Differentiated Services)[13] 모델은 미리 정의된 서비스품질 수준에 따라 클래스들을 구분하여 서비스한다. 차등화 서비스의 주요 특징은 아래와 같다.

- 차등화 서비스에서는 네트워크내에 상태를 저장하지 않는다.
- 애플리케이션들은 개별적으로 서비스 받지 않고 정해진 서비스 클래스 내에서 일괄 처리된다. 따라서 개별 사용자의 트래픽에 대한 정보는 제공하지 않는다.
- 차등화 서비스 모델은 확장이 용이하기 때문에 인터넷의 핵심망에 적합하다.
- 이러한 단순성 때문에 차등화 서비스는 인터넷 접속망에도 매우 유용하다.

9.4.2 자원 예약

IP 서비스 범위에서 Best-effort 서비스의 반대편에는 RSVP(Resource Reservation Protocol)[14]를 통해 각 패킷 흐름별로 품질을 보장하는 서비스가 있다. 그림 9.2에서 보는 바와 같이 RSVP는 전화의 TDM 회선 수준의 대역폭과 전송지연 품질을 제공할 수 있다. RSVP에서는 개별 패킷 흐름에 대하여 IP 네트워크 경로상의 자원들을 미리 예약한다. IP 패킷 흐름은 양 단말의 IP 주소와 포트 번호, UDP나 TCP 같은 전송계층 프로토콜 등으로 규정된다. 결론적으로 RSVP는 패킷 교환망의 가상 회선교환 서비스라 할 수 있다.

아래는 RSVP의 주요 특성들을 요약한 것이다.

- 단말의 응용 프로그램은 QoS에 관한 요구 사항을 네트워크 측과 직접 협의한다.
- RSVP 기반 QoS 흐름의 사용주체는 항상 명시되어 개별 흐름을 구분해 낼 수 있다. 따라서 네트워크 자원 사용에 따른 각 사용자별 정산이 가능하다.
- 네트워크의 라우터들은 개별 RSVP 예약에 관한 상태들을 저장하고 있어야 하는데 이 때문에

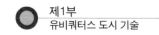

RSVP를 대규모 네트워크에 확장 적용하기는 어렵다. 따라서 RSVP는 주로 인터넷 접속망이나 네트워크의 주변망, 또는 제한된 규모의 사설망에 적합하다.

RSVP 표준은 두 가지 모델로 나눌 수 있다. 부하조정(controlled load) 모델은 다른 트래픽이 전혀없는 네트워크 수준의 QoS를 제공하며, 보장(guaranteed) 모델은 절대적인 QoS 기준을 제공한다.

IETF의 ISSLL(Integrated Services over Specific Link Layers) 작업그룹에서는 기업체들을 중심으로 일반적인 인터넷에서 IP QoS를 어떻게 하위 링크 계층 기술로 접목시킬 것인가에 대한 규격을 논의하고 있다. 여기서 링크 계층은 802.3 계통의 LAN을 비롯하여 PPP(Point-to-Point Protocol), ATM, Frame Relay 등 현재 사용되고 있는 대부분을 대상으로 하고 있다.

9.4.3 차등화 네트워크와 통합 서비스

망의 핵심부에는 차등화 서비스(Differentiated services)를 하고 망 주변부는 RSVP로 하면 단대단 QoS 보장에 이상적인 모델이 될 수 있다.

RSVP와 차등화 서비스 모델이라는 양 극단 사이에 여러 중간적 QoS 모델 구성이 가능하다. 예를 들어 RSVP가 수집하는 자원의 대상이 한 가지 더 늘어난다고 볼 수도 있고, 차등화 서비스의 특정 클래스들을 RSVP의 보장 서비스 등에 연계할 수도 있다. 후자의 예를 발전시키면 음성 전용의 클래스 표준도 생각해볼 수 있는데, 전화에 요구되는 대역폭 자체는 크지 않으므로 망 핵심부의 차등화 서비스의 한 클래스를 전화수준의 클래스로 정하고 단말측에서는 RSVP를 통해 해당 클래스 자원을 예약하면 TDM 수준의 음질을 항상 보장할 수도 있을 것이다.

9.4.4 MPLS

MPLS(Multiprotocol Label Switching)는 상당히 논란이 많은 프로토콜로써 혹자는 VoIP를 위해 만들어졌다 라고도 한다. 따라서 마케팅의 박차를 가하고 있는 장비 제조사나 MPLS[15]를 도입한 통신사, 표준화 그룹에서 보다 분명한 해명이 필요할 듯도 하다.

긍정적인 관점에서는, MPLS가 인터넷 통신망 사업자에게 제어 가능한 통로들을 제공함으로써(소위, 트래픽 공학(traffic engineering)으로 불림) 경로에 따라 트래픽을 손쉽게 다룰 수 있다는 것이다(예를 들면, 남북으로의 경로는 대서양을 통하게 함).

부정적인 측면에서는, MPLS가 사용자에게는 아무런 이득이 없는데도 장비제조사와 통신망

회사의 이윤을 위해 호도되고 있다는 것이다. 장비를 보유한 인터넷 관련회사에서는 MPLS를, 우후죽순으로 생겨나고 있는 중소 VoIP 서비스 회사들과 근본적으로 차별화할 수 있는, 최적의 수단으로도 볼 수 있다.

MPLS와 관련된 여타 이슈들을 정리해 보면 다음과 같다.

- MPLS 자체는 QoS를 지원하지 않는다. 단지 차등화 서비스를 호출할 수 있을 뿐이며 QoS는 차등화 서비스내에 이미 포함되어 있다.
- MPLS는 네트워크의 핵심 기간망에만 적용될 수 있는데 기간망 자체가 방대한 대역폭을 제공하기 때문에 별도의 QoS 서비스가 불필요한 영역이다. 반면에 QoS 문제에 민감한 망 주변부 접속 링크에는 MPLS가 적용되지 않는다. 또한 네트워크의 경로 혼선 문제 해결에도 아무 도움이 되지 않는다.
- MPLS가 보안을 강화하는데 도움이 된다고도 할 수 없다. MPLS는 어느 정도 망 분리 효과를 제공하는데 이러한 망의 분리 자체가 보안 위협에 대한 방어 수단이 되기는 하지만 대부분의 보안 문제가 발생하는 응용 시스템 수준의 보안 위협에 대해서는 아무런 방어 수단이 되지 못한다. 오히려 MPLS는 중앙집중 제어를 필요로 하기 때문에 그 시스템 자체가 보안 위협의 대상이 될 수 있는 취약점을 가지고 있다.
- MPLS는 확장성에도 제약이 있다. 망이 커지면 비례하여 처리해야 할 MPLS 경로도 증가하기 때문에 이를 감당할 장비 역량에도 한계가 있다. 이는 망의 크기에 무관하게 확장 가능한 인터넷의 기본 철학에도 위배된다.
- MPLS는 ATM과 사실상 비슷하다. 이는 곧 아래와 같은 기존 전화통신망의 좋지 않은 유산을 IP 영역으로 다시 불러온 것과 같다 할 수 있다.
- 중앙제어
- 회선교환 방식

9.5 미디어 및 데이터 형식

컨퍼런싱에서 사용되는 주 미디어는 텍스트, 오디오, 비디오라 할 수 있다. 정보 표현의 사실상 표준인 XML 문서는 그 용량이 적지 않아 트래픽 증가에 원인이 될 수 있고 특히 대역폭에 민감한 이동통신망에서는 상당한 영향을 미칠 수 있다. 컨퍼런스 중에는 웹 페이지는 물론 PC의 응용 프로그램 등의 다양한 형태의 데이터들이 교환된다. 미디어 전송을 위한 프로토콜은 RTP(Real-Time Transport Protocol)이다. 컨퍼런스 중에 데이터의 표현이 병행되는데 데이터 표현에서 다양한 미디어와 데이터들을 동기화하는 프로토콜은 SMIL (Synchronized Multimedia Integration Language)이다. 끝으로 데이터 표현이 완료된 미디어 스트림은 RTSP(Real-Time Streaming Protocol)를 통해 주고 받는다.

9.5.1 RTP 미디어 전송

RTP에 대한 표준인 RFC 3550[7]은 아래와 같이 구성된다.

- 미디어 패킷 전송을 위한 RTP
- QoS 감시와 관련 정보 수집 및 생성을 위한 RTCP

RTP는 IP 위의 UDP를 사용한다. RTP에 대한 상세 설명은 또 다른 책 한 권 분량이 될 것이다. RTP는 여러 기능들을 가지고 있는데 멀티미디어 컨퍼런스 지원 기능도 포함되어 있다. 여기서는 SIP 환경을 이해하는데 요구되는 내용들만 간략히 살펴본다. 보다 자세한 내용은 IETF AVT 작업그룹의 홈페이지(http://ietf.org/html.charters/avt-charter.html)를 참고 하기 바란다. 오디오나 비디오 패킷은 RTP 패킷으로 저장되는데 이 때 RTP 헤더에 포함되는 정보들은 아래와 같다.

- 패킷 일련 번호: 받는 쪽에서 패킷의 순서와 손실 여부를 파악할 수 있게 한다.
- 발송시간(Timestamp): 받는 쪽에서 지터 정도를 파악할 수 있게 한다.
- Synchronization source: 각 미디어 스트림에 식별번호를 부여하여 패킷 스트림의 소스를 식별할 수 있게 한다.
- Contributing media source: 각 사용자들의 미디어 스트림에 식별번호를 부여하여 여러 스트림들을 단일 스트림으로 혼합할 때 사용자별 소스를 식별할 수 있게 한다.

주목할 사항은, RTP는 응용 계층 프로토콜로써 QoS 보장이 전혀 없다는 점이다. 하지만 QoS 정도를 파악하는데 도움이 되는 패킷 손실이나 지터를 계산할 수 있는 단서들을 제공한다. RTP는 수신측에서 수집한 QoS 관련 정보를 송신측에 보고할 수 있는 체계를 갖고 있다. 이렇게 수집된 정보는 QoS 진단이나 중장기 통계 자료를 작성하는데 도움이 된다. RTCP에 의해 보고되는 정보는 아래와 같다.

- NTP(Network Time Protocol)의 Timestamp는 왕복 시간 지연을 산출하는데 사용될 수 있다.

- RTP Timestamp는 NTP Timestamp와 함께 사용되어 기타 추가 정보를 산출에 도움을 줄 수 있다.
- SSRC(Synchronization source) 식별자
- 패킷 및 바이트 계수
- 손실된 패킷은 그 개수와 함께 손실률로 보고된다.
- 수신된 패킷 중 가장 큰 일련번호(Sequence number)
- 패킷 도착 시간 간격, 즉, 지터와 기타 변수들

수신 위주의 참여자는 QoS 감시를 위해 서버로 RR(Receiver Report)를 보낼 수 있고, 화자는 마찬가지로 SR(Sender Report)를 보낸다. SDES(Source Description) RTCP 패킷은 아래와 같은 사용자에 대하 정보를 전달하는데 사용된다.

- CNAME(Canonical Name): 컨퍼런스의 각 참여자를 인증하는 식별자
- Username: 참여자 별명
- 전화번호
- 참여자의 지리적 위치
- RTP/RTCP를 사용하고 있는 응용 프로그램명

RTP 프로토콜 처리를 위한 전용 장치들도 있다. RTP 번역기(Translator)는 양쪽 참여자가 서로 공통의 코덱이 없을 경우 상호 코덱으로 변환하는 역할이나 서로 다른 전송망, 예를 들어 IPv4 망과 IPv6 망 사이의 중계 역할을 수행한다. RTP 혼합기(Mixer)는 여러 소스로부터 미디어 스트림을 받아 하나로 만들고 혼합된 스트림을 전달한다. RTP 혼합기는 각각의 스트림의 식별자에 덧붙여 그 혼합기에서 생성한 SSRC 식별자를 추가로 부여할 수 있다.

9.5.2 RTP 페이로드와 페이로드 규격

RTP AVP(Audio/Video Profile)[18]은 IANA(Internet Assigned Numbers Authority)에서 정한 페이로드와 코덱명, 클럭 주기, 코덱 프레임 크기와 같은 코덱 부가 정보, 오디오 좌, 우, 중앙, 서라운드, 전방, 후방 등의 코덱과 관계없는 항목들을 규정한다. RTP 페이로드는 오디오 또는 비디오 컨퍼런싱과 같이 애플리케이션에 따라 분류되어 있다. 페이로드 타입은 코덱을 나타내는데, 예를 들면 MPEG-4 스트림, DV 규격 비디오, EVRC(Enhanced Variable Rate Codec)[19] 등이 있다. RTP 페이로드와 형식은 매우 구조적이고 개방되어 있어 현재 사용중인

거의 모든 오디오/비디오 코덱에 대하여 표준을 구비하고 있다. 또한, RPT는 동적 페이로드도 지원하는데 세션의 시작 시점에 정의된다.

9.6 ▲ 멀티미디어 서버 녹음 및 재생 제어

실시간 스트리밍 프로토콜, 즉 RTSP(Real-Time Streaming Protocol)[20]은 오디오/비디오 RTP 같은 실시간 데이터 전송을 제어하는 응용계층 수준 프로토콜이다. PC의 오디오/비디오 재생 프로그램으로 인터넷을 통한 녹음이나 재생이 그 예이다. RTSP 프로토콜은 HTTP/1.1과 유사하지만 RTSP의 차이점을 살펴보면 아래와 같다.

- 새로운 메소드들이 추가되었다.
- 웹 서버와 달리 RTSP 서버는 저장된 상태를 가지고 있다.
- 데이터는 RTP와 같은 다른 프로토콜을 통해 대역외(out-of-band) 방식으로 전송된다.
- Request-URI는 항상 절대 주소의 URI를 포함한다.

프로토콜 설계 방식 측면에서 RTSP는 여러모로 SIP과 유사하다. SIP처럼 웹 보안을 사용하고 UDP나 TCP같은 다른 전송 방식을 사용한다.

9.6.1 세션 설명

SDP(Session Description Protocol)[21]은 프로토콜이라기보다는 세션 설명 규격(format)이라 할 수 있다. 하지만 NAT와 관련된 여러 이슈와 기능들 때문에 간단하지는 않다. SDP의 세션 파라미터의 설명은 SIP의 세션 설정에도 사용된다.

9.6.2 세션 공지

SAP(Session Announcement Protocol)[22]는 멀티캐스트 세션 공지 프로토콜이다. SAP은 세션의 멀티캐스트 주소와 시간 정보를 공지하여 세션을 알리는데 사용되며 세션을 설명하는 페이로드를 운반한다. SAP은 TV 프로그램들의 채널과 시간 정보를 알려주는 TV 가이드 역할과 유사하다.

9.7 요약

이 장에서는 인터넷 멀티미디어 컨퍼런싱의 구조와 프로토콜들에 대하여 살펴보았다. 인터넷 멀티미디어는 프로토콜 연구 전반에 많은 기여를 했다. 특히, 실시간 인터넷 멀티미디어 커뮤니케이션을 위한 응용 계층 및 네트워크 계층의 관련 프로토콜들을 발전시켜왔다.

인터넷 멀티미디어는 IP 멀티캐스트와 같은 여러 네트워크 계층 및 전송 계층의 프로토콜들과 차등화서비스(Differentiated Service)와 같은 QoS 프로토콜들을 활용한다. RSVP는 사설망과 같은 제한된 범위에서의 QoS 보장에 사용되며 MPLS는 여전히 논란의 여지가 있는 프로토콜이다. RTP/RTCP, SAP, SDP, SIP과 같은 여러 응용 계층 프로토콜들이 위와 같은 멀티미디어 구조를 위해 개발되었다.

9.8 참고문헌

[1] "Internetworking Multimedia" by Jon Crowcroft, Mark Handley, Ian Wakeman. Morgan Kaufmann Publishers; ISBN: 1558605843, New York, 1999.

[2] "A Protocol for Packet Network Intercommunication" by V. Cerf and R. Kahn. IEEE Transactions for Communications, Vol. Com-22, May 1974, 또는 www.cse.ucsc.edu /research/ccrg/CMPE252/Papers/1974.pdf.

[3] "IPv4 Address Behavior Today" by B. Carpenter et al. RFC 2101. IETF, Feb. 1997.

[4] "IP Multicast Applications: Challenges and Solutions" by B. Quinn and K. Almeroth. RFC 3170. IETF, September 2002.

[5] "The Internet Multimedia Conferencing Architecture" by M. Handley et al. Internet-Draft, February 1996.

[6] "MBone: Multicasting Tomorrow's Internet" by K. Savetz et al. IDG, 1998, 또는 www.savetz.com/mbone.

[7] "An Analysis of Live Streaming Workloads on the Internet" by K. Sripanidkulchai, B. Maggs, and H. Zhang. Proceedings of the Internet Measurement Conference 2004 (IMC), Taormina, Sicily, Italy, October 2004. www.akamai.com.

[8] "What Is Web 2.0?" by T. O' 'Riley, September 2005. www.oreillynet.com/pub/a/ oreilly/tim/news/2005/09/30/what-is-Web-20.html.

[9] "Scribe: A large-scale and decentralized application level multicast infrastructure" by M. Castro et al. IEEE Journal on Selected Areas in Communications, October 2002.

[10] "An evaluation of Scalable Application-level Multicast Built Using Peer-to-peer Overlays" by M. Castro et al. IEEE Infocom 2003.

[11] "Application Level Multicast using Content-Addressable Networks" by S. Ratnasamy et al. University of California, Berkeley, 2001. http://berkeley.intel-research.net/sylvia/can-mcast.pdf.

[12] "BGP Route Flap Damping" by C. Villamizar et al. RFC 2439. IETF, Nov. 1998.

[13] "New Terminology and Clarifications for Diffserv" by D. Grossman. RFC 3260. IETF, April 2002.

[14] "The Use of RSVP with IETF Integrated Services" by J. Wroklawski. RFC 2210, IETF, September 1997.

[15] "Multiprotocol Label Switching Architecture" by E. Rosen et al. RFC 3031, IETF, January 2001.

[16] "Applicability Statement for Traffic Engineering with MPLS" by J. Boyle et al. RFC 3346, IETF, August 2002.

[17] "RTP: ATransport Protocol for Real-Time Applications" by H. Schulzrinne et al. RFC 3550, IETF, July 2003.

[18] "RTP Profile for Audio and Video Conferences with Minimal Control" by H. Schulzrinne et al. IETF, July 2003.

[19] "RTP Payload Format for Enhanced Variable Rate Codecs (EVRC) and Selectable Mode Vocoders (SMV)" by A. Li. RFC 3558, IETF, July 2003.

[20] "Real Time Streaming Protocol (RTSP)" by H. Schulzrinne et al. RFC 2326, IETF, April 1998.

[21] "SDP: Session Description Protocol" by M. Handley and V. Jacobson. RFC 2327, IETF, April 1998.

[22] "Session Announcement Protocol" by M. Handley et al. RFC 2974, IETF, October 2000.

[23] "Secure/Multipurpose Internet Mail Extensions(S/MIME) Version 3.1 Message Specification" by Ramsdell, B. RFC 3851, July 2004.

[24] "Internet X.509 Public Key Infrastructure Certificate Management Protocol (CMP)" by C. Adams et al. RFC 4210, IETF, September 2005.

제 **10** 장

스마트폰의 발달

10.1 서론

10.1.1 스마트폰 개요 및 시장 동향

(1) 스마트폰의 개념

‘스마트폰’에 대한 산업계의 일반적인 정의는 내려져 있지 않으나, 일반적으로 스마트폰은 PC와 같은 기능을 수행할 수 있는 휴대폰을 지칭하는 것이라 할 수 있다.[1] 휴대폰의 진화 과정을 검토해 보면, 초기에는 음성 통화가 주된 목적인 일반 휴대폰이었으나, 여기에 카메라폰, MP3폰, DMB폰 등 사용자가 원하는 기능을 접목시킨 기능 휴대폰이 나타나게 되었고, 이제는 휴대폰이 단순한 음성 통화 도구가 아닌, PC와 유사한 기능을 수행하게 되는 스마트폰이 나타나게 된 것이다.

---

1) Wikipedia.org (http://en.wikipedia.org/wiki/Smartphone#cite_note-1)

표 10.1 일반 휴대폰과 스마트폰의 특성 비교 (자료: 유지은, 2009)

일반 휴대폰	스마트폰
- 보이스 중심 서비스 - WIPI 기반 호스트만 접속 - 카메라, MP3 및 멀티미디어 기능 - SMS/MMS 위주 - 3rd-Party 애플리케이션 설치 불가	- Windows Mobile, Symbian, Linux 등 범용 운영 체제 - 멀티 태스킹/데이터 중심 서비스 - 외부 SD/CF 장치 내장 - Wi-Fi 지원 - 3rd-Party 애플리케이션 설치 및 사용

(2) 스마트폰 단말 추이

최초의 스마트폰은 1992년에 IBM이 출시한 'Simon'이었다. 이후 Nokia를 중심으로 스마트폰이 출시되다가, 2004년 RIM이 출시한 'BlackBerry'가 푸싱 이메일 기능을 앞세워 미국 대도시의 화이트컬러 계층에 의해 각광을 받으며 대중화되기 시작하였으며, 2008년 7월[2]에 Apple이 독특한 유저 인터페이스(User Interface)와 다양한 어플리케이션의 사용이 가능한 iPhone을 출시한 이후에 점차 보급이 확대되고 있다.[3] 2009년 세계 휴대폰 시장은 단말 대수를 기준으로 -7.9%의 역성장을 했으나, 스마트폰 시장의 경우에는 24% 성장하였고, 2010년에도 고성장세가 지속되어 전체 휴대폰 시장의 21.1%를 차지하고, 2013년에는 40%에 육박할 것으로 전망하고 있다.

표 10.2 세계 스마트폰 시장 전망 (자료: 삼성경제연구소, 2010)

(단위: 백만대, %)

구분		2007년	2008년	2009년	2010년	2011년	2012년	2013년
휴대폰 판매 대수		1,151	1,209	1,114	1,202	1,306	1,432	1,568
스마트폰	판매대수	121	143	178	254	351	469	604
	성장률	49	18	24	43	38	34	29
	비율	10.5	11.8	15.9	21.1	26.9	32.8	38.5

신제품을 수용하는 속도에 따라 혁신자(Innovators, 2.5%), 초기 수용자(Early Adopters, 13.5%), 초기 다수자(Early Majority, 34.0%), 후기 다수자(Late Majority, 34.0%), 최후 수용자(Leggards, 16%)로 구분할 수 있는데, 2009년 전체 휴대폰 시장에서 스마트폰의 비중인 15.9%인 것을 통해, 초기 수용자와 초기 다수자의 사이에 위치해 있는 것을 알 수 있다.

---

2) Apple이 iPhone을 최초로 출시한 것은 2007년 6월이나, 본격적인 보급은 2008년 7월에 iPhone 3G부터이며, 2009년 12월을 기준으로 누적 판매량은 약 4,250만대임.
3) 삼성경제연구소, CEO Information: 스마트폰이 열어가는 미래, 2010년 2월 3일.

2009년 4분기 5대 벤더들의 움직임을 검토해 보면, Nokia는 터치 스크린 방식의 스마트폰 도입으로 경쟁력과 수익성 획득하였는데, 빠르게 변해가는 스마트폰 시장 추세를 고려하여, 기존 모델에 대한 가격 인하로 소비자 선호도 및 판매 수익 확보하였다. RIM은 설립 이후 최초로 출하량 100만 대 돌파라는 기록을 수립하였는데, 새로운 스마트폰 시리즈를 앞세운 2년간 무료 사용 계약이 성장 전략으로 나타나고 있으며, 일년 만에 가장 큰 성장세를 보인 벤더로 기록된 Apple은 2010년 최대의 스마트폰 생산 벤더로 성장할 것으로 전망되고 있다. Motorola는 최단 기간 내에 최상위 5대 벤더로 진입하였으며, HTC는 최대한 사용자의 수요에 맞게 접근하는 마케팅 전략을 활용하였다.

국내의 경우에는 2009년 4월부터 WIPI 의무 탑재가 폐지되면서, 2009년 하반기부터 이동 통신 사업자의 스마트폰 출시 경쟁(옴니아 2: 2009년 10월 출시, iPhone 3GS: 2009년 11월 출시)으로 보급이 점차 확산되고 있다. 이는 2010년에도 이어질 것으로 전망되는데, ROA Group Korea의 《2010 통신 시장 전망 보고서》에 따르면, 1) 국내외 단말 제조사들의 스마트폰 라인업 출시 확대에 대한 확고한 의지와 새로운 서비스 시장의 가능성 확대, 2) 이동 통신 사업자들의 다양한 요금제 출시와 확대 의지, 3) 데이터 서비스 사용에 대한 사용자들의 의구심 해소에 따른 니즈 확대, 4) 주요 사업자들의 유무선 통합 서비스 및 유무선 대체 서비스의 경쟁 격화 등을 원인으로 하여, 2010년 국내 스마트폰 판매량을 185만 대로 예측하고 있다.

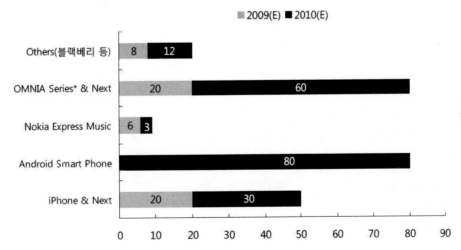

[그림 10.1] 2009년/2010년 국내 주요 스마트폰 모델 별 판매량 예측 (단위: 만대)
(자료: ROA Group Korea, 2010)

특히, 2010년 2월에 스페인 바르셀로나에서 열린 'Mobile World Congress'(MWC) 전시회를 통해 새로운 스마트폰들이 선보이고 있고, 이들 중 일부 제품들은 2010년 국내에 출시 예정이다. 우선 MWC 2010에 최초로 '바다' 플랫폼을 탑재한 스마트폰 '웨이브'를 공개한 삼성전자는 2010년 5월부터 국내에 출시할 예정이고, Sony Ericsson도 첫 Android폰 '엑스페리아 X10'을 한국을 포함한 전세계 시장에 시판하기로 했다. 또한 국내 최초로 Android폰 '모토로이'를 출시한 Motorola는 MWC 2010에서 공개한 8번째 Android폰인 '퀀치'를 2010년 상반기 중에 SK 텔레콤을 통하여 출시할 계획이다4). 이러한 상황들을 통해 검토해 봤을 때, 2010년 국내 스마트폰 시장은 더욱 치열한 양상을 보일 것으로 전망된다.

(3) 2010년 국내 통신 시장 이슈

이러한 상황들을 기반으로 2010년 국내 통신 시장의 주요 이슈는 다음과 같이 정리될 수 있을 것이다.5) 이동 단말 부분에 있어서는 1) 휴대폰 시장을 스마트폰이 주도, 2) 휴대폰 이외에 이머징(Emerging) 단말이 Wi-Fi를 기본 내장하여 커넥티드 단말 시장을 형성, 서비스와 애플리케이션 부분에서는 3) 개방형 앱 스토어로의 모바일 컨텐트 시장 유통 구조 전환, 4) 증강 현실 (Augmented Reality)6) + 소셜 네트워크 매쉬업 서비스의 등장, 5) 문자 검색에서 비쥬얼 검색으로의 진화 등 차별화 검색 서비스 등장, 6) 2D 기반에서 3D 기반 애플리케이션으로 빠르게 전환, 미들웨어와 AEE(Application Execution Environment, 특정 운영 체제에 종속적으로 또는 독립적으로 특정 애플리케이션을 실행하기 위한 미들웨어) 부분에서는 7) 3D Engine/SDK의 AEE로서의 가치 증대, 8) 운영 체제에 독립적인 미들웨어 또는 AEE 구축 경쟁의 본격화 등이 주요 이슈가 될 것이다. 운영 체제 부분에서는 9) Google의 Android 플랫폼과 Apple의 iPhone 간의 양상 구도 형성, 하드웨어 플랫폼 부분에서는 10) 애플리케이션 프로세서의 통합 SoC화, 11) 와이어리스 커넥티비티 SoC 시장 부상과 이머징 단말로의 인입 가속화 등이 주요 이슈가 될 것이다.

---

4) 이상규 기자, "스마트폰, 5월이 기다려지는 이유?", 매일경제, 2010년 2월 17일.
5) ROA Group Korea, ROA Perspective Report in 2010: 2010 통신 시장 전망 보고서-단말 및 서비스 시장을 중심으로, 2010년 1월 8일.
6) SK 텔레콤은 2010년 2월 17일, 안드로이드폰 내장 카메라를 이용해 인근 건물의 주요 정보를 확인할 수 있는 증강 현실 서비스 '오브제'를 무료로 제공한다고 밝혔다. 예를 들어 휴대폰 이용자가 세종문화회관 관련 정보가 궁금할 경우에 휴대폰 카메라를 세종문화회관에 비추기만 하면 세종문화회관 예약 전화 연결, 홈페이지 접속, 공연 정보 등을 실시간으로 제공받을 수 있다. '오브제'는 국내 100만여 개의 건물과 상점 정보를 제공하며, 지도 모드로 전환하게 되면 보행자 네비게이션으로도 활용할 수 있다.

10.1.2 스마트폰 시장의 성장 원인[7]

(1) 모바일 네트워크 고도화 및 단말의 비약적인 발전

모바일 산업은 음성 통신 위주에서 데이터 통신 위주로 산업의 중심이 이동하고 있다. 패러다임의 변화에 따라 음성 중심의 휴대폰도 인터넷 통신을 위한 단말로 변화하면서 스마트폰의 시대가 도래한 것이다. 3G, 3.5G 등 모바일 브로드밴드 발전으로 네트워크 대역폭이 확대되고, HSDPA, Wi-Fi, Bluetooth 등 다양한 통신 방식을 통해 언제, 어디서나 대용량의 데이터를 초고속으로 전송할 수 있게 되었다. 사용자의 증가한 데이터 서비스 이용 욕구를 충분히 충족시킬 만큼 모바일 네트워크가 고도화되었고, 풀 브라우징과 같은 기술의 발전으로 사용자의 무선 인터넷 데이터 사용이 용이해진 환경이 구축되었다. AT&T에 따르면 3G iPhone 사용자의 데이터 사용량은 기존 iPhone 사용자보다 평균 3배 이상 많은 것으로 나타났다.

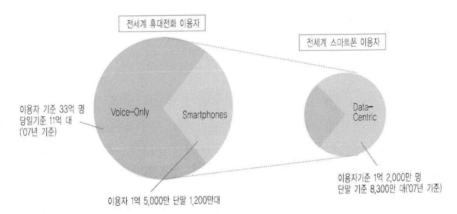

[그림 10.2] 스마트폰 사용자의 데이터 서비스 현황

Apple의 iPhone은 단말의 와이드 터치 스크린, 유저 인터페이스 등에 있어서 혁신을 선보이며, 단말의 한 단계 진일보한 모습을 보여주며 스마트폰 시장 성장의 견인차 역할을 하고 있다. iPhone의 뛰어나고 간단한 터치 스크인 기반의 유저 인터페이스가 성공 요인으로 나타남에 따라, 유저 인터페이스가 단말의 차별화 포인트로 각광받으며 대부분의 단말 제조사가 터치 스크린을 탑재한 단말을 선보이고 있거나 계획에 있다.

그리고 최근 출시되는 대부분의 스마트폰이 3인치 후반대의 LCD와 Qwerty 키보드를 탑재함으로써, 동영상, 모바일 웹 사용, 문자 입력 등이 용이해졌고, 스토리지의 소형화, 대용량화, 저가격화, 유선에서의 웹 사이트와 유사한 수준의 모바일 웹 서비스 이용이 가능한 풀 브라우징 서비스 지원, 고화소 카메라, 3D 영상 및 HD 영상이 가능한 높은 해상도, CPU 향상을 통한

---

7) 유지은, "스마트폰의 Key Enabler: 소프트웨어", SW Insight 정책리포트, 2009. 04.

처리 속도 개선 등 단말의 고기능화는 스마트폰 확산에 있어 가장 큰 기여를 했다고 볼 수 있다.

(2) 범용 운영 체제의 고도화를 통한 스마트폰 단말의 낮아진 진입 장벽

기존에는 휴대폰 모델에 따라 각각 다른 운영 체제를 가지고 개발 및 출시했기 때문에 많은 인력과 비용이 소요되었으나, 범용 운영 체제로 인해 휴대폰 개발 비용을 절감하고 개발 기간을 단축할 수 있게 되었다. 또한 범용 운영 체제는 표준화된 개발 환경이 공개되어 있어 개발사가 소프트웨어를 개발할 수 있고, 개발된 소프트웨어는 동일 운영 체제를 사용하는 모든 단말에서 호환성을 유지할 수 있게 해 준다. 이처럼 단말 생산 비용의 감소와 범용 운영 체제로 인해 스마트폰 시장의 진입 장벽이 낮아짐으로써 다양한 사업자가 참여하고 경쟁이 심화된 것도 스마트폰 시장이 부상하는데 큰 역할을 하게 된 것이다.

(3) 휴대폰의 경쟁력이 하드웨어에서 소프트웨어로 이동

기존의 휴대폰 산업은 LCD, MP3, 카메라 화소, 경량화 등 단말 자체가 가진 하드웨어의 진화를 통해 발전되어 왔다. 그러나 하드웨어 자체가 가진 부가가치가 떨어지고, 차별화가 점차 어려워지면서, 소프트웨어가 하드웨어의 보완재 역할을 함으로써 소프트웨어를 통한 차별화가 주목받게 되었다. 스마트폰에서의 소프트웨어는 크게 2가지로 볼 수 있는데, 다양한 애플리케이션과 이를 효과적으로 운용할 수 있는 고도의 소프트웨어 플랫폼이다. Nokia, Apple, RIM은 하드웨어 생산과 더불어 자체 운영 체제를 보유함으로써, 수직 통합 형태를 통해 경쟁력을 갖추고 있다.

10.1.3 스마트폰 응용프로그래밍 교육현황

스마트폰의 최대 장점은 응용개발이 기존 컴퓨터 프로그래밍과 유사하고 개발된 응용을 판매할 수 있는 시장이 존재한다는 점이다. 그 결과 iphone 응용의 경우, 10만개 이상의 응용이 개발되어 판매되고 있는 실정이다.

과거 PC가 처음 개발되었을 때와 유사하게 스마트폰을 위한 SW 시장이 폭발적으로 성장할 것이라고 판단한다면 초기 응용개발 단계에서 응용 개발 프로그래밍 교육을 확대하는 것이 전략적으로 유용하다고 할 것이다.

국외에서는 미국 스탠포드 대학에서 2009학년도 봄학기부터 iPhone Application 개발에 대한 강의를 제공하고 있다. MIT에서는 2009년 1월 11일부터 15일까지 5일간, 'Introduction to iPhone Application Programming'이라는 이름으로 iPhone Application 개발과 관련된 교육을 진행하였다. Objective-C, XCode and Debugging, Cocoa Touch View and Controller Classes, Interface Builder and Application Flow, Fetching and Storing Data: disk, database, and web services 등에 대한 교육이 진행되었다.

국내에서 역시, 스마트폰 애플리케이션 프로그래밍 교육이 진행되고 있는데, 대부분이 일시적으로 이루어지는 것으로 파악된다.

10.1.4 보고서의 목적 및 목표

본 보고서는 스마트폰의 정의, 기술 현황, 응용시장 현황, 응용개발 교육현황 등을 조사, 정리하여 기록한다. 이를 바탕으로 응용개발을 위한 교과과정, 운영형태 등을 제시한다.

10.1.2에서는 스마트폰 기술 현황에 대하여 정의하고 조사된 자료를 제시한다.

10.1.3에서는 스마트폰 플랫폼의 다양성을 제시하고 정리한다.

10.1.4에서 Appstore의 현황을 정리하고 기술하며 5장에서 스마트폰 응용개발을 위한 교육현황을 기술한다. 이를 바탕으로 6장에서 스마트폰 응용개발 교육원의 정의, 교과과정, 운영전략 등을 제안한다.

10.2 스마트폰 기술 및 시장동향

10.2.1 스마트폰의 포지셔닝[8]

스마트폰은 컴퓨팅 능력을 보유한 휴대폰이기 때문에 초기 등장 때부터 PC의 대체재가 될 것이라는 예상이 있었으며, 특히 컨버전스 환경에서 스마트폰은 컴퓨팅 능력과 이동성을 모두 가지고 있기 때문에 유무선 통합에 매우 적합한 단말로써 주목 받고 있다. 그러나 다양한 모바일 단말이 나타남에 따라, 스마트폰은 PC의 대체재보다는 2nd PC의 위치에서 MID (Mobile Internet Device), 넷북 등과 경쟁하고 있다.

MID는 UMPC보다 성능은 떨어지지만 크기와 전력 소비량이 더 작은 휴대용 디지털 단말을 의미하고, 넷북은 저전력, 저사양, 저가격의 초소형 노트북을 의미한다. 이동성 측면에서 스마트폰만큼 뛰어난 MID나 넷북은 VoIP를 통해 음성 통신도 가능해짐에 따라 스마트폰의 최대 경쟁자로 떠오르고 있다. MID는 스마트폰에 비해 큰 화면과 고해상도, 강력한 컴퓨팅 파워를

---

8) 유지은, "스마트폰의 Key Enabler: 소프트웨어", SW Insight 정책리포트, 2009. 04.

통한 멀티 미디어 처리 측면에서 강점이 있고, 넷북은 스마트폰 보다 고사양, 큰 화면, 쉬운 입력 환경 측면에서 이점이 있다. MID와 넷북이라는 강력한 경쟁자 틈에서도 스마트폰이 가진 가장 큰 경쟁력은 항상 전원이 켜져 있기 때문에 언제, 어디서나 사용이 자유롭다는 점이다. 반면, 스마트폰의 가장 큰 약점은 화면 크기, 화면 해상도, CPU였으나, 스마트폰의 성능이 날로 향상되고 있어 이러한 문제점들은 점차 해결되고 있다.

표 10.3 일반 휴대폰, 스마트폰, 넷북, MID 스펙 비교 (자료: 유지은, 2009)

일반폰	스마트폰	넷북/MID
〈	컴퓨팅 파워	〈
=	휴대성	〉
〈	무선 인터넷 지원: WCDMA, HSDPA, Wi-Fi 지원	〉
≤	무게: 100g 내외	〈
〈	가격	〈
〉	배터리 지속 시간: 24시간 이상	〉
≤	화면 크기: 2.5~3.8인치	〈

10.2.2 주요 스마트폰 단말 제조사 동향[9]

2008년 스마트폰 단말 시장에서는 당연 Apple이 전년 같은 기간 대비 두 배가 넘는 10.7%로 증가하면서 두각을 나타냈다. 스마트폰 전문 제조사인 HTC 또한 점점 시장 점유율을 확대하고 있으며, 삼성전자는 전년 같은 기간 대비 1.8%에서 4.2%로 늘어나면서 스마트폰 '빅5' 안에 처음으로 진입하였다. 반면 Nokia는 전년 같은 기간 대비 50.9%에 달하던 점유율이 40.8%로 크게 하락하였다.

주요 단말 제조사들의 스마트폰 라인업이 강화되고 있으며, 거의 모든 스마트폰이 대형 화면의 터치 스크린을 탑재하여, 간편하면서도 사용자 친화적인 유저 인터페이스를 추구하고 있다. GPS 탑재가 증가하고 있으며, LBS와 SNS를 활용한 단말 등 다양한 스마트폰이 출시되고 있다.

---

9) 유지은, "스마트폰의 Key Enabler: 소프트웨어", SW Insight 정책리포트, 2009. 04.

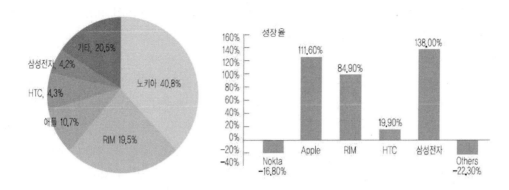

그림 10.3 전 세계 주요 스마트폰 제조사별 시장 점유율 현황 및 전년 같은 기간 대비 성장률 (2008년 4분기) (자료: 유지은, 2009)

단말 제조사와 운영 체제 사업자, 이동 통신 사업자, 서비스 제공 업체 등 관련 사업자들의 제휴 등이 활발히 이루어지고 있는데, LG 전자는 Microsoft와 모바일 컨버전스 포괄적 제휴를 통해 Windows Mobile 기반의 스마트폰을 2012년까지 50종 출시할 계획이며, Nokia도 세계 최대의 인터넷 전화 업체인 Skype와의 제휴를 통해 Skype 가입자들이 인터넷 접속이 가능한 스마트폰을 통해 어디서든 저렴한 인터넷 전화를 이용할 수 있도록 함으로써, 스마트폰 시장에서의 입지 강화에 노력하고 있다.

또한 기존에는 단말 제조사 별로 개인 시장을 타깃으로 하거나 기업 시장을 주요 공략층으로 하는 등으로 진행되었으나, 점차 상대의 시장까지 범위를 확장하고 있다. BlackBerry는 'BlackBerry Storm' 모델을 통해 기업 시장을 넘어 일반 개인 사용자 시장으로의 진출을 노력하고 있으며, 일반 개인 사용자 시장의 스마트폰 붐을 일으킨 Apple은 보안 기능을 강화하고 기업용 이메일 시스템과의 호환성 확보를 통해 기업 시장으로 진출을 노력하고 있다.

10.2.3 플랫폼 시장 전망[10]

(1) 하드웨어 플랫폼 시장 전망

기존의 이동통신 사업자와 단말 제조사의 단말 전략 관점이 디자인-폼 팩터(Design-Form Factor)였다면, 이제는 하드웨어 플랫폼-소프트웨어 플랫폼-컨텐트&서비스로 이어지는 수직 체계의 효율적 통합이 중요해지고 있다. 특히, 트라이버전스(Trivegence: 네트워크 상시 접속-하드웨어 플랫폼-소프트웨어 플랫폼-컨텐트&서비스가 하나로 연결되는 수직 통합 현상이 이동

---

10) ROA Group Korea, ROA Perspective Report in 2010: 2010 통신 시장 전망 보고서-단말 및 서비스 시장을 중심으로, 2010년 1월 8일.

통신 사업자 및 단말 제조사에게 중요시 되는 현상으로서, Apple 등이 자사 제품의 개발 전략에 채택하면서 부각되고 있음) 관점이 부각되면서 '시스템온칩'(SoC: System on Chip)을 이용한 통합 원 칩(One Chip)의 적용이 활성화되고 있다.

통합 원 칩 현상은 스마트폰이나 모바일 인터넷 디바이스 등을 주요 타깃으로 하는 '애플리케이션 프로세서'(Application Processor) 영역과 개별 단말이 커넥티드 디바이스화 되는데 핵심적 역할을 하는 '와이어리스 커넥티비티'(Wireless Connectivity) 영역으로 구분이 가능하다.

애플리케이션 프로세서에 있어 Qualcomm은 스마트폰, 스마트북을 겨냥하여, 스냅드래곤(Snapdragon)을 개발하였는데, 현재 3G + Wi-Fi + GPS + Bluetooth + Media Core + GPU + Mobile TV + HD 통합의 수준까지 구현하고 있다. 와이어리스 커넥티비티 영역 내에서도 CSR이나 Atheros와 같은 업체들이 해당 영역 내에서의 확장을 위해 노력하고 있는데, 기존에는 Bluetooth나 Wi-Fi 지원을 위해 개별 안테나와 베이스밴드가 필요했다면, 최근에는 멀티 안테나와 멀티 베이스밴드에 이들 커뮤니케이션 & 커넥티비티 기능을 집적하기 위한 노력이 진행 중이다. CSR의 경우에는 2009년에 Bluetooth + Low Energy Bluetooth + FM Radio + GPS + Wi-Fi 기능을 통합한 5 in 1 칩인 CSR9000을 발표하면서, 커뮤니케이션 & 커넥티비티 분야에서 뛰어난 SoC 집적도를 선보이며 업계를 선도하고 있다. 특히, 2009년 2월에는 SiRF를 인수하면서 GPS 분야로의 경쟁력을 확대하는 한편, 단말 활용 영역 또한 가전기기 분야 및 오토모티브 분야에 이르기까지 다양하게 확장해 나가고 있다.

(2) 소프트웨어 시장 전망

Apple은 iPhone을 통해 글로벌 시장을 비롯하여 국내에까지 자사 운영 체제의 영향력을 확대해 나가고 있으며, 이에 맞서 Google이 최초의 자체 개발 스마트폰인 Nexus One을 내놓으며, 본격적인 모바일 시장에서의 세력 확장에 나서고 있다. Apple과 Google의 경쟁이 이처럼 심화되고 있는 반면에 상대적으로 시장에서의 입지가 점차 약해지고 있는 세력도 있는데, Symbian과 Windows Mobile의 경우, 점차 그 입지를 잃어가고 있는 상황이다. 시장 점유율 60%가 넘던 Symbian의 스마트폰 운영 체제 시장 독주 체제는 2007년을 정점으로 점차 약화되어 가고 있는 추세이며, 이에 반해 Android는 2012년에 18%까지 성장할 것으로 예상되는데, 이는 클라우드 컴퓨팅 기반 확대, 관련 신규 어플리케이션 출시, 기업용 제품 출시, Android Market 운영, 채용 단말 수의 증가(2010년: 40여 종) 등 Google의 전방위적 지원과 전략에 기인한 것이라 할 수 있다.

ROA Group Korea는 국내에서 가장 큰 시장 점유율을 차지할 것으로 판단되는 오픈 운영 체제와 플랫폼이 무엇이 될 것으로 전망되는가에 대한 설문 조사를 통신 관련 업계 종사자 1,500여명을 대상으로 실시하였는데, 그 결과 Android 플랫폼이 가장 큰 시장 점유율을 차지할 것이라는 응답이 절반 이상인 54.6%를 차지했고, iPhone 운영 체제의 경우에는 27.7%의 응답자가 가장 큰 점유율을 차지할 것이라고 응답했다.

그러나 2010년 2월 15일, MWC 2010에서 Microsoft가 새로운 운영 체제인 'Windows Phone 7'을 전격적으로 발표하였는데, 기존 운영 체제 이름인 'Windows Mobile'을 버리고, Microsoft 제품에 통일성을 부여하던 시작 화면도 바꾸어 전혀 새로운 제품처럼 인식하도록 하고 있다. 'Windows Phone 7'은 Apple의 iPhone에서 작동하는 iTunes와 같이 소프트웨어 기반의 June을 통해 음악과 영상 등을 다양하면서도 간편하게 이용할 수 있고, 웹과 PC를 스마트폰과 연동시켜 사용자의 사진과 영상을 한 곳에 모아 볼 수 있도록 하였다. 또한 같은 날, Nokia와 Intel은 합작 운영 체제인 'MeeGo'를 발표했다. 'MeeGo'는 휴대용 컴퓨터, 넷북, 태블릿 PC, 미디어폰, 차량용 인포테인먼트 시스템 등 다양한 하드웨어를 지원하는 리눅스 기반의 소프트웨어 플랫폼으로 Nokia의 'Maemo'와 Intel의 'Moblin'을 통합하여 만들었다. 양사는 2010년 2분기에 MeeGo를 선보이며, 이를 적용한 스마트폰은 2010년 하반기에 출시될 예정이라도 밝혔다.[11]

이러한 자료들을 바탕으로 하여 판단해 보면, 2010년의 스마트폰 시장은 어느 때보다 치열한 양상이 펼쳐질 것으로 보인다.

[참고 자료] 스마트폰 운영 체제별 비교 (Windows Phone 7, MeeGo 포함)

(자료: 매일경제, 2010년 2월 16일)

운영 체제	업체/시기	개요	개방성	주요 단말
Windows Phone 7	Microsoft /2010년	- Windows Mobile 후속으로 출시 - Windows OS 개발 PC와의 연결성이 강점	개방적	삼성, LG, Sony Ericsson 등
MeeGo	Nokia&Intel /2010년	- Nokia의 'Maemo'와 Intel의 'Moblin'의 결합 - 리눅스 기반 오픈 소스 모델	개방적	삼성, LG, Sony Ericsson 등 예상
Android	Google /2008년	- 오픈 소스 기반 모바일 플랫폼 - 무료 라이센스 정책	개방적	삼성, LG, Motorola, Sony Ericsson, HTC
iPhone	Apple /2007년	- Apple의 독자 운영 체제 - App Store 주축으로 컨텐트 경쟁력이 최대 강점	폐쇄적	Apple

---

11) 황인혁 기자, 손재권 기자, "모바일 '전국 시대' … MS '윈도폰 7' 들고 애플·구글에 도전", 매일경제, 2010년 2월 16일.

Bada	삼성전자 /2009년	- 삼성전자의 독자 플랫폼 전략 - 추후 삼성의 모든 가전과 컨텐트 연결 시도	폐쇄적	삼성
Symbian	Nokia&Sony Ericsson& Motoroal /2000년	- 유럽 시장 중심 - Nokia의 주력 운영 체제	개방적	Nokia
BlackBerry	RIM /2000년	- 푸시 이메일 등 기업용 솔루션 강점	폐쇄적	RIM

10.2.4 스마트폰 시스템 지원 기술[12]

(1) 전력 관리 기술

모바일 단말에서 전력 소모를 줄이기 위한 방안으로 소프트웨어 수준에서의 전력 관리 기술을 고려해야 한다. 특히, 동적 CPU 클럭 속도 변경(Dynamic CPU Frequency Scaling)이나 동적인 운용 전압 변경(Dynamic Voltage Scaling) 등과 같은 기술의 적용을 위해 많은 노력이 요구된다.

배터리 충전 소프트웨어에서 중요한 요소는 배터리 충전 알고리듬인데, 지속적으로 현재 배터리 전압 상태를 파악하여 안정적인 전압 상태가 될 때까지 계속 충전을 해야 한다. 그리고 충전 시, 비정상적인 상황이나 예상치 못한 상황이 생길 것을 충분히 대비한 알고리듬을 구현해야 한다. 운영 체제 수준에서의 전력 관리는 전력 관리를 위한 기본 플랫폼과 전력 관리 전략 구현으로 나눌 수 있다. 전력 관리를 위한 기본 플랫폼은 전력 관리의 전략적 부분의 구현에 필요한 인터페이스 및 장치 제어부를 의미한다. 기본 플랫폼은 전력 관리가 가능한 장치의 장치 드라이버, CPU의 전력 소모 모드 전환을 위한 인터페이스, 전력 관리 기능을 응용 소프트웨어에서 사용할 수 있도록 하는 인터페이스, 그리고 전력 관리 전략을 구현하기 위한 기본 인터페이스 등이 포함된다. 전력 소모를 관리할 수 있는 요소는 각 장치의 전력 소모 모드, CPU의 구동 클럭 속도, 그리고 메모리 버스 속도 등 성능에 영향을 줄 수 있는 요소들이다. 전력 관리 전략 구현은 현재 간단한 수준을 벗어나지 못하고 있는데, 단순히 일정 시간 동안 각 장치들이 사용되지 않는 경우에 각 장치의 전력 소모 모드를 저전력 모드로 전환시키고, 특히 CPU가 수행할 작업이 일정 시간 없을 경우에 바로 유휴(Idle) 모드 또는 취침(Sleep) 모드로 CPU를 전환시키는 정도이다. 인텔에서 권장하는 전력 소모 관리 전략 중 현재 시스템에

---

12) 윤민홍, 김선자, "글로벌 모바일 단말 소프트웨어 플랫폼 동향", 전자통신동향분석, 제23권 제1호, pp. 44-53, 2008년 2월.

서 수행하는 작업이 계산량이 많은 작업에 해당하는지 또는 메모리 접근이 주가 되는 작업에 해당하는지 분류하여 상황에 맞게 시스템 설정을 변경하는 것이 있다. 계산량이 많은 작업으로 판단되는 경우에는 메모리 버스 속도는 낮추되 CPU 속도를 높여 작업을 빨리 끝내는 방향으로 유도하고, 메모리 접근이 많고 전송 데이터의 양이 많은 작업의 경우에는 CPU 속도는 최대한 낮추되 메모리 접근 속도를 최대한 높이는 방향으로 시스템 설정을 변경하는 전력 소모를 줄이는 것이다.

(2) Fast Boot 기술

단말의 부팅 시간에 영향을 주는 요소는 실행 메모리의 속도, 파일 시스템의 구성, 부팅에 필요한 시스템 응용들의 실행 속도, 부팅에 필요한 시스템 응용들의 실행 순서 등이다.

(3) XIP 기술

XIP는 플래시 메모리에서 응용 프로그램을 직접 실행하는 방법으로 이 방법을 사용하면 응용 프로그램 바이너리를 DRAM으로 복사하는 오버헤드를 제거하고 전력 소모를 줄일 수 있다는 장점을 가질 수 있다. 그러나 XIP를 사용하기 위해서는 파일 시스템 내에 응용 프로그램의 바이너리가 순차적으로 저장되어 있어야 하기 때문에 일반적으로 사용되는 플래시 메모리용 파일 시스템 상에서는 XIP를 구현할 수 없다.

(4) 멀티미디어 처리 기술

휴대 단말에서 멀티미디어 기능은 매우 중요한 기능 중 하나이다. MP3와 동영상은 물론, DMB와 음성 및 동영상 캡처 등도 지원해야 한다. 동영상 캡처를 위해서는 카메라 디바이스 드라이버, 동영상 입력 데이터의 전송을 위한 DMA, 캡처와 동시에 디스플레이를 하기 위한 디스플레이 부분 등을 고려해야 한다. 동영상 데이터를 재생하기 위해서는 인코딩 시에 수행했던 과정을 역으로 수행해야 하는데, 각 단계의 최적화도 고려해야 하며, 디스플레이를 위한 버퍼 관리도 고려해야 한다.

(5) OOM 처리 기술

OOM이란 잔여 메모리 용량이 지극히 부족한 상황을 말하는 것으로 휴대 단말에서는 이러한 상황을 특별하게 처리해야 한다. 잔여 메모리 용량이 부족하여 새로운 프로세스 진행이 불가능한 경우에는 이미 실행 중인 프로세스 중 중요도가 낮은 프로세스를 골라 실행을 중지시켜 잔여 메모리를 확보한 후에 새로운 작업을 개시하는 방식으로 OOM 상황을 처리하는 것이 일반적이다. Symbian에서는 OOM 처리 부분을 따로 정의하고 있어 사용자가 OOM 상황을

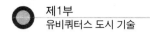
어떻게 처리할지 명시할 수 있다. 2차 저장 장치인 플래시 메모리의 접근 속도가 현저히 느려 일반적인 방식인 SWAP 영역을 2차 저장 장치에 구현하는 것이 사실상 불가능하기 때문에 OOM 처리 기술이 필요하다.

(6) GUI 플랫폼 및 미들웨어 기술

스마트폰에서의 GUI는 일반 데스크톱에서의 GUI와 달리 시스템의 각종 정보를 받아들이고 이에 대한 처리를 담당해야 한다. 예를 들어 통신 상황이나 배터리 상황 정보를 받아 화면에 표시해야 한다. 따라서 휴대 단말용 GUI 시스템에서는 이러한 시스템의 정보를 수집하는 매커니즘에 대한 정의가 필요하다.

10.2.5 모바일 2.0 기술 동향[13]

스마트폰과 개방형 플랫폼, 모바일 브로드밴드의 확산을 통해 모바일 환경은 다양한 컨텐트와 애플리케이션을 빠르고 자유롭게 활용하는 환경으로 발전해 가고 있다. 이를 통해 과거 모바일 환경이 읽기 전용(Read-Only)의 환경이었다면 이제는 자유롭게 읽고 쓰는(Read & Write) 진정한 의미에서의 모바일 2.0 환경이 되고 있다.

(1) 스마트폰 단말

2007년을 기점으로 2008년 이후로 모바일 분야에서 가장 많은 변화를 주도하고 있는 키워드는 '스마트폰'이다. 2007년 iPhone 2G와 2008년 iPhone 3G의 등장 이후 단순히 업무용 PDA 정도로 인식되던 스마트폰에 대해 획기적인 인식 개선이 이루어졌다. iPhone의 뛰어난 사용자 인터페이스와 지능형 처리를 위한 센서 기술들, 그리고 웹 브라우저와 인터넷 소프트웨어 기술들은 스마트폰에 대한 인식을 바꾸고 새로운 관점을 갖게 하면서 많은 변화들을 촉발시키기 시작했다.

---

13) 전종홍, 이승윤, "차세대 모바일 웹 애플리케이션 표준화 동향", 전자통신동향분석, 제25권 제1호, pp. 100-1132010년 2월.

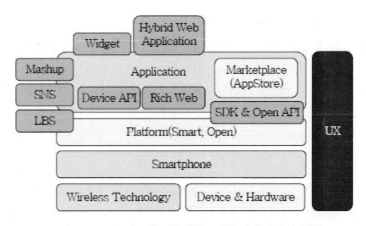

그림 10.4 스마트폰, 플랫폼, 애플리케이션의 변화

스마트폰의 성장은 세 가지 의미를 갖고 있는데, 1) 모바일 단말 시장이 스마트폰을 중심으로 하는 고급 시장과 일반 휴대폰의 시장으로 세분화, 2) 스마트폰의 확산과 함께 단순 음성 통화 위주의 단말에서 벗어나 인터넷 복합 단말기로 발전하면서 데이터 서비스 중심의 모바일 인터넷으로 발전, 3) 스마트한 단말 기능을 제공하기 위해 센서, 터치 스크린과 같은 지능형 유저 인터페이스 기술과 단말 기술, 지능형 처리 기술의 빠른 발전이 그것이다.

(2) 모바일 플랫폼

2008년 Apple이 iPhone 3G와 함께 iPhone 애플리케이션 개발용 SDK와 API를 공개하고, Google이 Android 플랫폼 개발을 시작하면서 모바일 플랫폼 기술 경쟁은 본격화되기 시작하였다.

Google은 OHA(Open Handset Alliance)를 중심으로 개방형 플랫폼의 개발을 선도하고 있다. OHA의 Android는 "Open Software, Open Device, Open Ecosystem"이라는 목적 아래 운영 시스템, 미들웨어, 사용자 인터페이스, 응용으로 구성되며, 자유로운 형태의 개방형 라이선스도 함께 제공되는 것이 특징이다. Apple의 SDK 공개와 개방형 안드로이드의 등장으로 Nokia의 Symbian도 개방형 플랫폼 경쟁에 뛰어들기 시작하였다. Nokia는 Symbian의 나머지 지분 52%를 인수하고, Symbian Foundation을 설립한 이후, 2~3년 이내에 오픈 플랫폼으로 공개하겠다는 계획을 발표하였다. 2008년 11월에 발표된 Symbian 오픈 소스화 일정에 따르면, 2010년 6월부터 소스 코드를 공개할 예정이다.

이처럼 플랫폼이 중요해지고 있는 이유는 수요와 공급 측면에서 살펴볼 수 있는데, 수요 측면에서는 단말이 지능화되고, 고도화되면서 고급 관리 기능이 요구된다는 점이고, 공급 측면 에서는 동일한 소프트웨어 플랫폼을 사용하는 환경간의 상호 호환성과 교류성이 높아지는

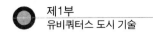

것과 같은 네트워크 효과를 기대할 수 있다는 점이다.

플랫폼 기술의 확산과 성장은 하드웨어의 종속성을 낮추고, 애플리케이션 개발 편의성을 높이며, 나아가 애플리케이션을 통해 사용 편의성을 높이고 있다. 결국 차세대 모바일 환경의 관건은 얼마나 진보적이고 진화된 다양한 모바일 애플리케이션을 제공 할 수 있는가를 결정짓는 모바일 플랫폼에 있다고 할 수 있을 것이다.

(3) UX

최근 직관적이고 혁신적인 인터페이스를 채택한 제품이 시장에서 성공하고 실감형 인터페이스가 각광을 받는 것처럼, 모바일 분야에서도 진보된 사용자 인터페이스를 위한 장치와 소프트웨어 기술이 주목을 받고 있다. iPhone의 등장 이후, 터치 인터페이스를 채용한 단말들이 급속히 확산되기 시작하고 있는데, Microsoft의 Windows Mobile 7 버전에서는 터치 스크린과 모션 센서 기반의 인터페이스를 기본으로 장착할 예정이며, 삼성전자와 LG 전자 등도 햅틱 (Haptic) 인터페이스와 터치 스크린을 활용한 다양한 휴대폰을 출시하고 있다.

멀티 터치 스크린 기능 외에도 근접 센서, 조도 센서, 가속도 센서와 같이 다양한 센서들을 단말에 내장하고 이를 이용하여 UX를 개선하려는 시도들도 함께 진행되고 있다.

인터페이스 기술에 대한 중요성이 높아지면서, 관련 특허 출원과 특허 분쟁도 증가 추세에 있다. Apple의 멀티 터치 분쟁 사례 등에서 예상할 수 있듯이 인터페이스 기술과 관련된 특허 분쟁의 소지는 점점 커지고 있다. Apple은 멀티 터치 이외에도 다양한 인터페이스 관련 특허를 지속적으로 출원하고 있고, PCT를 통해 특허를 다수 출원하고 있다는 사실만으로도, 향후 인터페이스 관련 기술 경쟁이 치열할 것임을 예상할 수 있다.

10.2.6 모바일 웹 애플리케이션 표준화[14)

(1) Native App. Vs. Web App.

2005년 이후로 웹 2.0의 성장과 함께 컨텐트 유통과 상거래 방식의 변화, 브라우징 방식의 변화, 웹 애플리케이션 환경의 변화, 서비스 제공 방식의 변화 등과 같은 변화와 함께 다양한 신규 응용과 기술들이 등장하기 시작하였다. 이 중에서도 가장 많은 변화를 일으킨 부분은 RSS/Atom 등의 XML 데이터 조각을 이용한 서비스 연동 기술과 AJAX와 같은 비동기식 처리 기술, 브라우저 및 JavaScript 가속화 기술, Open API와 Mash-Up 기술 분야 등이었고, 이러한 기술들을 종합하는 웹 애플리케이션 기술 분야에서 많은 발전이 있었다.

---

14) 전종홍, 이승윤, "차세대 모바일 웹 애플리케이션 표준화 동향", 전자통신동향분석, 제25권 제1호, pp. 100-113, 2010년 2월.

모바일 분야에서도 전통적인 VM 기반의 네이티브 응용(Native Application)과 더불어 웹 브라우저 기반의 웹 애플리케이션도 함께 발전해오고 있다. 일반적으로 네이티브 애플리케이션은 빠른 속도를 제공하고 단말의 기능들을 효과적으로 활용할 수 있다는 장점을 갖는 반면, 많은 단말을 지원해야 할 경우에 각각 별도 개발을 해야 한다는 문제점과 함께 애플리케이션의 재활용과 업그레이드 등이 용이하지 않다는 단점을 갖고 있다.

그러나 웹 애플리케이션의 경우에는 별도 설치 없이도 계속 업그레이드된 기능을 사용할 수 있고, Open API 등을 통해 손쉽게 Mash-Up 할 수 있도록 기능을 제공하는 등 재활용을 할 수 있다는 장점을 갖는 반면, 오프라인 처리와 단말의 특성 정보를 활용할 수 없고, 브라우저의 성능에 좌우되며 대용량의 처리 등에 한계를 갖는다는 단점을 갖고 있다.

이에 두 애플리케이션들의 장점을 가질 수 있도록 하며, 보다 빠르고 손쉽게 애플리케이션을 개발할 수 있도록 하기 위해 네이티브 애플리케이션과 웹 애플리케이션을 합성하는 하이브리드형 애플리케이션(Hybrid Application)들이 등장하고 있다. 최근 Apple의 iPhone, Google의 Android, Palm의 WebOS 등에서는 좀 더 빠르고, 손쉽게 하이브리드형 애플리케이션을 개발할 수 있도록 하는 웹 런타임(Web Runtime) 엔진들이 개발되어 활용되고 있다.

표 10.4 Native App., Web App., Hybrid App.의 비교 (자료: 전종홍, 이승윤, 2010)

	Native App.	Web App.	Hybrid App.
Graphic Performance	상	하	상
App Store 판매	가능	불가능	가능
Offline Mode	가능	일부 가능	가능
웹 서비스 Mash-Up	불가능	가능	가능
멀티 플랫폼 지원	어려움	용이	중간
스토리지	로컬	서버, 클라우드	모두
Device Capability 이용	용이	불가능 (개선중)	용이
다중 사용자 공동 작업	불가능	가능	가능
소프트웨어 갱신 방법	재설치	사용 중 수정	부분 재설치
애플리케이션 재활용성	소스/Lib 활용만	소스 및 SaaS로	모두
UI 제작 난이도	상	하	중
UI 표현 능력	상	하	중

(2) 차세대 웹 애플리케이션 표준

일반적으로 '웹 애플리케이션'이라는 용어는 HTTP를 통해 전달되는 웹 페이지(XHTML 또는 그 변이형과 CSS, ECMAScript로 구성되는)의 집합체들이 웹 브라우저 내에서 애플리케이션 같은 환경을 제공하는 것을 말한다. 즉, 웹 애플리케이션은 여러 페이지를 거치는 대화형 처리 절차를 가지며, 이를 위한 상태 유지와 데이터 유지를 필요로 한다는 점에서 단순한 웹 컨텐트와는 구분된다. 이 중에서도 '협의의 웹 애플리케이션'은 브라우저 상에서 동작되는 형태만을 고려하지만, '광의의 웹 애플리케이션'은 HTTP, (X)HTML, URI를 필수 동작 요소로 가지며, 브라우저뿐 아니라 독립 애플리케이션으로 동작하는 것도 포괄하는 개념으로 사용된다.

웹 애플리케이션을 효과적으로 개발할 수 있도록 하기 위한 차세대 웹 애플리케이션 기술 동향 중, W3C를 중심으로 진행되고 있는 핵심적인 다섯 가지 기술 표준화 동향은 다음과 같다.

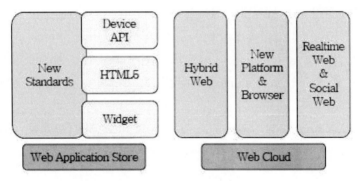

그림 10.5 차세대 모바일 웹 애플리케이션 기술 동향 (자료: 전종홍, 이승윤, 2010)

① HTML5와 새로운 마크업

웹 기술이 확산된 가장 큰 배경은 HTML이라는 언어를 이용하여 정보를 표현하고, 이를 다양한 단말의 브라우저에서 효과적으로 활용할 수 있다는 점에 있다. 1993년 HTML1.0 규격이 만들어지고 난 후, 1997년 HTML4.0과 1999년의 HTML4.01 규격이 만들어지기까지 웹 기술은 폭발적으로 성장하였다. 그러나 HTML 자체가 갖는 확장의 어려움으로 W3C에서는 1999년부터 좀 더 다양한 확장성을 가질 수 있도록 하기 위해서 XML을 기반으로 하는 새로운 XHTML1.0 개발을 추진하였고, 2009년까지 XHTML2.0 개발을 진행하여 왔다.

HTML은 단순함을 가졌으나 확장이 어려웠고, XHTML은 확장성은 좋았으나 지나치게 복잡하다는 단점을 가지고 있었다. 이러한 이유로 XHTML 표준화는 계속 지연이 되었고, 이에 다양한 기술적 진화 내역들을 흡수한 새로운 마크업 언어를 필요로 했던 업계 전문가들이 2004년 WHATWG을 구성하고 다양한 웹 애플리케이션에 효과적으로 사용할 수 있는 보다 단순하면서도 다양한 확장성을 갖는 HTML5.0 규격을 만들기 시작하였다. 이에 W3C는 2008년 새로운 HTML 규격을 만들기 위한 HTML WG을 구성하였고, WHATWG의 HTML5 규격을 기초로 한 새로운 표준안을 만들기 시작하였으며, 2009년에는 공식적으로 HTML5 표준화의 시작을 알리고, XHTML2.0 표준화 활동을 중단하였다.

HTML5는 HTML4와 XHTML1 문법과 호환되며 하위호환성을 고려하여 개발 중에 있다. 현재 표준 개발 중인 HTML5와 HTML4와의 차이에 대해서는 W3C의 기술문서로 정리되어 있으며, 주요 내용은 다음과 같다.

표 10.5 HTML5와 HTML4의 주요 차이점 (자료: 전종홍, 이승윤, 2010)

분류	내용
새로운 요소	section, article, aside, header, footer, nav, dialog, figure 등이 추가
새로운 속성	a와 area 요소에 media, ping, hreflang, rel 등을 추가하였고, 이 밖에 다양한 새로운 속성들이 추가
변경 요소	href, address, b, hr, l, label, menu, small, strong 등 요소의 의미를 변경
중단 요소	basefong, big, center, font, s, strike, tt, u, frame, frameset, noframes 등이 제외
중단 속성	HTML4에서 사용되던 속성 중 몇 개의 속성들의 사용을 중단
기타	2차원 그래픽 API 사용을 위한 canvas 요소 내장 비디오 및 오디오 재생을 위한 video 및 audio 요소 내장 스토리지와 데이터베이스 지원 기능 온라인/오프라인 이벤트 기능, 네트워크 API

HTML5 표준안은 아직 초안 상태로 앞으로도 많은 수정과 보완 작업이 필요할 것으로 예상되고 있지만, 현재 스펙을 기준으로 한 구현은 이미 대부분의 브라우저에서 구현되어 동작되고 있다. 이 밖에도 Google, Apple, Mozilla, Microsoft 등을 비롯한 많은 브라우저 개발사들은 브라우저 기능 개선과 함께 자사 규격을 표준에 반영하고 서비스 개발에 반영하기 위한 확장 노력을 병행하고 있다.

2009년 W3C에서는 HTML5 뿐 아니라 DOM3, CSS3, WAI-RIA, XSLT를 비롯한 Xpath, XQuery 등에 대한 많은 새로운 마크업 관련 표준 개발을 진행하였고, Google 등을 중심으로 하는 웹 애플리케이션 진영에서의 HTML5 기반의 다양한 시도들을 하고 있다는 점은 주목할 만하다. 특히 Geolocation API와 다양한 Device API 표준들이 개발되고 있고, HTML5가 웹 애플리케이션에 좀 더 초점을 맞추고 있다는 점은 HTML5를 중심으로 한 웹 애플리케이션 기술의 큰 변화를 예상하게 하는 점이다.

표 10.6 브라우저별 HTML5 지원 현황 (자료: 전종홍, 이승윤, 2010)

	Chrome	Firefox	Safari	Opera
Canvas	O	O	O	O
Video	O	O	O	O
Geolocation	O	O	O (iPhone)	O
AppCache	O	O	O	O (Mobile)
Database	O	O	O	O (Mobile)
Workers	O	O	O	O (Mobile)

② Device API

웹 애플리케이션이 갖는 가장 큰 단점 중 하나는 네이티브 애플리케이션과 달리 단말의 하드웨어와 관련되는 제어를 할 수 없다는 점이라 할 수 있다. 예를 들어, 간단한 애플리케이션을 통해 배터리의 잔량, 주소록의 주소 정보, 단말에 저장된 일정 정보 등을 활용하고자 해도 할 수 없다는 점은 치명적인 약점이었다. 이러한 웹 애플리케이션의 약점은 모바일 환경에서 더욱 치명적이라 할 수 있다. 데스크톱의 웹 애플리케이션과 달리 모바일 단말의 경우에는 많은 플랫폼으로 부터의 제약을 갖고 있지만, 반면에 더 다양하게 디바이스 기능들을 활용할 필요를 갖고 있어 단말 기능 접근에 대한 요구가 훨씬 크다고 할 수 있다.

이에 W3C에서는 2008년 12월 Device API와 관련되는 다양한 표준화 이슈들을 발굴하기 위해 관련 워크숍을 개최하였고, 워크숍 논의 결과를 기초로 WG 설립 작업을 진행하여 2009년 6월 DAP WG을 발족하게 되었다. 이에 앞서 OAA의 Mobile Device API, OMTP의 Bondi Activity, JIL 표준화 등으로 이어져 오면서 Device API 표준화에 대한 다양한 논의들이 이루어진 바가 있기 때문에 이러한 기존 작업 결과들이 W3C로 취합되는 형태가 되고 있다.

현재 W3C DAP WG은 OMTP의 Bondi 1.0 규격과 Nokia에서 제출한 Device API 규격들을 중심으로 1단계 표준화 활동을 2010년 말까지 마무리할 계획에 있으며, 8개 이상의 핵심 API 문서(Contact API, System Information and Events API, Camera API, User Interface API, Tasks API, Messaging API, Gallery API, File System API, Communication Log API, Device Interface)와 요구 사항 문서(Device API Requirements, Device API Policy Requirements)를 개발할 예정에 있다.

DAP WG는 2009년 11월, TPAC 회의에서 제1차 대면 회의를 개최하고, WG 활동과 관련한 전반적인 계획을 재조정하고, 본격적인 표준화 작업을 시작하였다. 또한 1단계 작업 범위를 확정하고, 향후 작업 일정을 위한 로드맵을 만들었으며, 주요 API들에 대한 우선 순위를 선별하고 표준화 작업을 진행 중에 있다. 우선 작업 대상으로는 현재 5개의 API(Contact API, Calendar API, Filesystem:File Writing API, Capture(audio/video) API, Messaging API)를 선정하여 우선 표준화 초안 작업 중에 있다.

표 10.7 주요 API의 표준화 작업 상황 (자료: 전종홍, 이승윤, 2010)

API	현재 상황
Contact API	2009년 10월에 1차 초안이 나온 상태로 2010년 9월 완료를 목표
Calendar API	2010년 1월 1차 초안 작성을 목표
File System API	2009년 12월 1차 초안을 기초로 2010년 9월 완료를 목표
Capture API	2009년 12월 1차 초안을 목표로 2010년 9월 완료를 목표
Messaging API	2009년 12월 1차 초안을 기초로 2010년 9월 완료를 목표

Device API와 중첩된 영역이지만, Geolocation API와 관련된 표준화는 DAP 구성 이전에 W3C의 Geolocation API WG을 통해 표준화가 마무리 단계에 있기 때문에 DAP WG의 활동 범위에서는 빠지게 되었다. 또한 Google이 제안하였던 Notification API는 웹 애플리케이션 WG으로 넘기고, 가로/세로 전환 및 가속 센싱과 관련되는 API는 Geolocation WG으로 넘겨서 작업하기로 하였다.

Device API와 관련된 표준화는 W3C DAP WG을 중심으로 진행하되, OMTP Bondi와 JIL 등 다양한 조직들에서 적극적이고 빠른 표준화를 진행할 예정으로 있어 앞으로 많은 논의와 빠른 진행이 예상되고 있다. 또한 모바일 웹 애플리케이션과 관련하여 가장 많은 영향을 미칠 수 있는 표준으로, 2010년 W3C DAP의 1단계 표준화가 완료되고 다양한 모바일 브라우저에서 구현된다면 훨씬 강력한 기능을 제공하는 다양한 모바일 웹 애플리케이션이 등장할 것으로 예상된다.

③ Web Application Standard

W3C는 2006년 Rich Web Client Activity를 시작하며 Web Application WG과 Web API WG을 만들어 표준화 작업을 진행하다, 2008년 Web Application WG으로 통합하여 표준화 작업을 진행해오고 있다. 현재 약 20여 개 이상의 Web Application 관련 표준안들이 Web Application WG 내에서 검토되고 협의 중에 있으며, 여기에는 XHR, Widget, Web IDL, Web Socket API, CORS 등이 포함되어 있다. 이 밖에도 HTML5 규격과 연관된 Web Storage, Web Workers, Data-Cache API, DOM Level 3 Events 등도 작업 대상으로 포함되어 있다.

표 10.8 WebApps WG 작업 문서 현황 (자료: 전종홍, 이승윤, 2010)

Name of Spec	Last Publication	Type
Cross-Origin Resource Sharing (CORS)	2009-03-17	WD
DataCache API	2009-10-29	FPWD
DOM Level 3 Events	2009-09-03	WD
Element Traversal	2008-12-22	REC
File API	2009-11-17	FPWD
Indexed Database API	2009-09-29	FPWD
Progress Events	2008-05-21	WD
Selectors API	2008-11-14	LC #2
Server-Sent Events	2009-10-29	WD
Web SQL Database	2009-10-29	WD
Web IDL	2008-12-19	WD
We Sockets API	2009-10-29	WD
Web Storage	2009-10-29	WD
Web Workers	2009-10-29	WD
XBL2 Spec	2007-03-16	CR
XBL2 Printer	2007-07-18	WD
XmlHttpRequest	2009-11-19	LCWD
XmlHttpRequest Level 2	2009-08-20	WD

표 10.9 Web Application WG의 주요 표준화 활동 (자료: 전종홍, 이승윤, 2010)

표준화 대상	내용
XHR	XHR은 AJAX와 같은 비동기식 웹 애플리케이션 개발 기법의 핵심 요소, 서버와 클라이언트 사이의 데이터 전송을 위한 기능을 정의 XHR 1.0 버전은 최종 초안으로 조만간 권고안 제정 단계로 진입할 예정으로 있으며, 이러한 XHR 1.0을 확장하는 XHR 2.0 표준에 대한 초안 작업을 진행 중
Web IDL	Web IDL은 브라우저에서 구현되어 웹 상에서 인터페이스를 설명하기 위한 용도로 사용될 수 있는 IDL (인터페이스 정의 언어)을 정의 인터페이스의 정의와 더불어, 인터페이스와 ECMAScript, 그리고 자바 바인딩에 대한 명료한 적합성 요구 사항을 제공하는 데 이용
Web Socket	웹 소켓 API 규격에서는 원격 서버와의 양방향을 가능하도록 하는 웹 소켓을 이용하는 웹 페이지를 가능하도록 API를 정의 웹 소켓에 대한 규격은 IETF에서 표준화 작업을 진행 중
Web Storage	웹 저장소 규격에서는 웹 클라이언트 내에 구조화된 키-값 쌍 데이터의 영구적 데이터 저장을 위한 API를 정의

Web Workers	웹 워커 규격에서는 웹 애플리케이션 작성자가 메인 페이지 내에서 병렬적으로 스크립트 백그라운드 작업을 생성하여 실행할 수 있도록 하는 API를 정의
DataCache API	데이터 캐시 API 규격에서는 정적/동적 응답을 이용하는 HTTP 리소스 요청에 대한 오프라인 제공을 위한 API를 정의 연관된 규격은 HTML5 내의 AppCache 규격

Web Application WG의 작업 표준 현황에서 알 수 있듯이, 다수의 웹 애플리케이션 관련 규격들이 개발되고 있다. 특히 주로 HTML5와 관련하여 스토리지 처리, 백그라운드 처리, 소켓 처리, 비동기 데이터 처리 등과 같은 새로운 규격들이 개발 중에 있다는 것은 향후 차세대 웹 애플리케이션의 기능과 형태에 많은 변화가 있을 것을 나타내는 것이라 할 수 있다.

④ Widget

'위젯'(Widget)이란 용어에 대해 아직 다양한 정의와 인식의 차이들이 있기는 하지만, 일반적으로 '사용자 기기 또는 모바일 단말에 다운로드 하거나 설치할 수 있으며, 간편히 쓸 수 있도록 만든 작은 창(Window) 형태의 응용' 개념으로 정의되고 있다. 위젯은 그 실행 유형과 구동 플랫폼, 구동 방식에 따라 다양한 유형으로 구분되는데, 보통 웹 위젯은 웹 기술을 사용하여 구동되는 위젯 형태를 의미하며, 모바일 위젯은 모바일 단말에서 구동되는 위젯을 의미한다. 위젯 표준화에 대한 필요성은 2006년부터 제기되기 시작하였다. 위젯에 대한 관심이 높아지고 다양한 위젯 플랫폼들이 개발되면서, 위젯 플랫폼 간의 위젯 호환성을 높이고, 기 개발된 위젯 애플리케이션들을 공유하여 사용할 있도록 하자는 필요성이 제기되었기 때문이다. 예를 들어 A사가 개발한 위젯과 B사가 개발한 위젯 정의에 사용되는 마크업 언어가 틀리고, 구동 방법이 달랐기에 상호 호환되는 동작을 할 수 없었기 때문이다. 이에 2007년부터 W3C의 웹 애플리케이션 WG을 중심으로 표준화 작업이 시작되었다. 초기에는 단순히 2개의 표준안(위젯 요구 사항과 위젯 언어) 작성 계획으로 출발하였지만, 위젯 아키텍처 참조 모델을 기초로 9개 문서로 나누어 현재 작업 중에 있다.

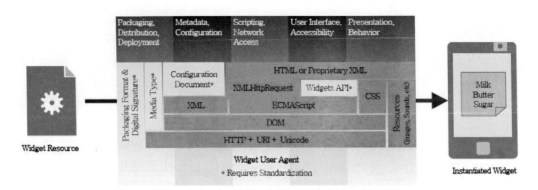

그림 10.6 W3C의 웹 위젯 기술 구성도 (자료: 전종홍, 이승윤, 2010)

9개의 문서는 Widget 1.0 Landscape(위젯 관련 규격 및 제품 등을 총괄 정리: WG Note로 2010년 완성 예정), Widget 1.0 Requirements(위젯 표준화에 관한 요구 사항들을 총괄 정리: 2010년 초안 완료 예정), WPC(위젯 배포를 위한 패키징 및 환경 설정 규격: 2010년 중 권고안 예정), Widget 1.0: Digital Signatures(안전한 위젯 리소스 배포를 위한 전자 서명 규격: 2010년 권고안 예정), Widget 1.0: Widget Interface(위젯 데이터 메타 데이터 액세스를 위한 API 규격: 2010년 권고안 예정), Widgets 1.0: Updates(위젯 버전 관리를 위한 규격: 2010년 초안 완료 예정), WARP(위젯으로부터의 네트워크 액세스 제어를 위한 보안 모델 규격: 2010년 초안 완료 예정), Widgets 1.0: Widget URIs(위젯 URI 스킴 규격: 2010년 최종 초안 완료 예정), Widgets 1.0: View Models Media Feature(뷰 모델과 표현 모드에 대한 규격: 2010년 최종 초안 완료 예정)으로 구성된다.

이 밖에도 다국어 환경을 위한 Widget I18N, 위젯 상호 호환성 검증을 위한 테스트 슈트 등과 같은 새로운 규격들에 대한 논의들도 진행되고 있다. 앞으로 또한 HTML5를 비롯하여 오프라인 처리를 위한 웹 스토리지, 웹 애플리케이션을 위한 Web Worker, Web Socket, Device API 등의 규격이 발전함에 따라 위젯의 응용 범위와 용도도 지속적으로 확장되고 개선될 것으로 보인다. 이를 통해 데스크톱, 모바일, 정보 가전의 위젯 환경을 아우르는 통합 위젯 표준화에 대한 요구 또한 증가할 것으로 예상된다.

⑤ Mobile Web Application Best Practices

지난 1999년 웹에서 아이디어를 얻어 만들었던 WAP 환경이 발전하지 못했던 가장 근본적인 이유가 폐쇄적 서비스와 비 표준화된 환경인 것을 통해 볼 때, 모바일 웹 활성화를 위해서는 모바일 웹 표준화가 필수적이다.

2005년부터 시작한 W3C MWI Activity에서는 유무선 환경에 상관없이 일관된 웹 사용 환경을 만들기 위한 모바일OK 표준화를 추진하였고, 이를 통해 다양한 문제점들을 해소하면서 상호 호환성 있는 모바일 웹 환경을 만들기 위해서 노력해오고 있다. 그 문제점으로는 1) 사용자들은 모바일 단말을 이용하여 손쉽게 다양한 웹 컨텐트를 볼 수 없음, 2) 개발자들은 각각 서로 다른 이동 통신 사업자와 단말에 맞도록 웹 컨텐트를 수작업으로 만들고 유지 보수하는 등 많은 비용을 들여야 함, 3) 이동 통신 사업자들은 다수의 고유 규격들을 사용함으로써, 웹 컨텐트와 애플리케이션 간의 호환성이 없고, 중복 개발해야 하는 문제를 가짐, 4) 컨텐트 제공자는 단말의 성능과 기능에 대한 특성 정보를 공유할 수 없기 때문에 단말 적응형 응용을 만들고 제공할 수 없음, 5) 모바일 브라우저가 필요한 웹 표준을 구현하지 않고 있거나, 상호 호환되지 않는 방식으로 구현하고 있어, 호환성이 없음, 6) W3C의 MWBP 워킹 그룹은 2005년부터 2007년까지의 1단계 작업을 통해 모바일 웹을 위한 기술적 모범 사례 표준화를 진행하였고, 2008년부터는 모바일 웹 애플리케이션 호환성 확보를 위한 베스트 프랙티스 표준과 관련 기술 표준을 만들기 시작하여, 현재 두 개의 표준안(CT Guideline 1.0: 웹 컨텐트 변환 시에 동작하는 컨텐트 변화 서버와 프록시의 동작 방식과 그 결과에 대한 표준, MWABP: 모바일 웹 애플리케이션의 개발 및 활용에 대한 베스트 프랙티스 표준)을 개발하고 있다. 특히, MWABP 표준에서는 모바일 단말 상에서 구동되는 '모바일 웹 애플리케이션'의 개발과 배포에 관한 베스트 프랙티스들을 정리하는 것을 목적으로 하고 있는데, 기존의 MWBP는 정적인 문서와 컨텐트를 중심으로 하는 베스트 프랙티스를 정리하였다면, MWABP에서는 동적인 모바일 웹 애플리케이션에 초점을 맞춘 베스트 프랙티스들을 정리하고 있다. 또한 MWABP에서는 기존 표준인 MWBP 1.0과 차별성을 갖는 새로운 베스트 프랙티스를 중심으로, 애플리케이션 데이터 (대부분의 애플리케이션은 다양한 형태의 데이터를 저장해야 하는데, 이러한 웹 애플리케이션의 데이터와 관련된 적절한 기술 및 기법에 관한 베스트 프랙티스), 보안 및 프라이버시 (신뢰성 있는 정보 사용과 프라이버시 보호를 위한 베스트 프랙티스), 사용자 인식 및 제어 (애플리케이션의 동작 방식에 관해 사용자가 편리하고 효과적으로 인식하고 제어할 수 있도록 하기 위한 베스트 프랙티스), 사용자 경험 (복잡한 상호 작용을 단순화 시키고 최적의 사용자 경험을 제공하기 위해 고려해야 할 베스트 프랙티스), 단말 기능 활용 등과 관련된 총 39개 정도의 베스트 프랙티스들을 정리하고 있다.

2010년 중에 최종 표준안으로 확정될 예정인 모바일 웹 애플리케이션 베스트 프랙티스는 다양한 모바일 웹 애플리케이션과 관련된 베스트 프랙티스를 정리하였다는데 그 의의가 있으며, 앞으로 모바일 웹 애플리케이션의 확산과 함께 모바일 웹 애플리케이션의 개발/활용과 관련하여 중요한 기초 가이드로 활용될 것으로 예상된다.

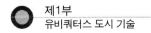

⑥ 국내 표준화 동향

국내의 모바일 웹 표준화는 TTA PG605(웹 프로젝트 그룹)와 산하의 WG6051(모바일 웹 실무반)에서 진행하고 있고, 모바일 웹 2.0 포럼에서 모바일OK 표준화를 포함한 다양한 모바일 웹 표준화를 추진하고 있다.

모바일OK 표준화의 경우, 2008년까지 진행되었던 표준화 및 시범 사업 방향이 모바일 웹 컨텐트 호환성에 초점을 맞추었다면, 2009년부터는 모바일 웹 애플리케이션 중심 표준화 및 이를 기반으로 하는 2단계(2010년 3단계) 모바일OK 표준화를 추진 중에 있다. 모바일 웹 2.0 포럼에서는 모바일OK 컨텐트 표준 이외에도, 모바일OK 애플리케이션 표준화, Device API, 위젯 표준화, 한국형 MWABP 표준 개발 등을 진행하고 있다.

이 밖에도 모바일 웹 2.0 포럼은 차세대 모바일 웹 애플리케이션과 모바일 2.0 분야의 국내/국제 표준화를 선도하기 위해, 주요 표준화 이슈 발굴과 협력을 위한 MWAC를 개최하고 있으며, W3C MWI 멤버 등으로 활동하며 국내의 다양한 기업과 포럼 등과의 표준화 협력을 강화하고 있다.

10.2.7 스마트폰과 Wi-Fi [15)]

이동 통신 기술의 발전으로 인하여 기존에는 고정된 장소에서만 사용이 가능하던 인터넷 서비스를 위치에 구애받지 않고 이동 중에도 이용할 수 있게 되었다. 하지만 기존 이동 통신망을 이용할 경우에 수반되는 상대적으로 높은 비용이 이동 통신망을 통한 인터넷의 접속을 저해하는 요인으로 작용하고 있는 것 또한 사실이다. 그런데 이러한 상황에서 스마트폰에 이동 통신 이외에도 Wi-Fi 접속 기능이 기본 장착되어 출시됨에 따라, 국내에서도 이에 대한 관심이 증가하고 있는데, Wi-Fi가 적용된 스마트폰은 상대적인 빠른 속도와 저비용이라는 장점을 바탕으로 기존 유선 인터넷과 유사한 환경을 제공하고 있다. 특히 검색, 이메일, 대용량 데이터 등을 이용할 때 상대적으로 고비용이 드는 이동통신 네트워크 대신 Wi-Fi를 사용하는 추세가 강화되고 있다.

---

15) 김민식, 정현준, "스마트폰 Wi-Fi 적용에 대한 시사점", 정보통신정책연구원, 2009년 5월 1일.

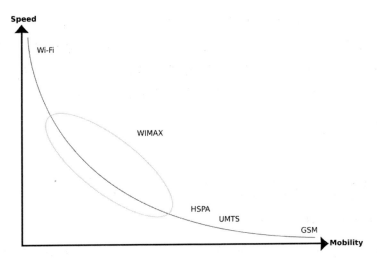

그림 10.7 무선 시스템에서의 속도와 이동성 비교 (자료: 김현식, 정현준, 2009)

현재 이동 통신과 Wi-Fi를 모두 지원하는 스마트폰은 2008년 약 6천만 대로 세계 휴대폰 단말의 약 4.7% 수준이나, 2012년에는 약 5억 7천만 대로 세계 이동 전화 단말의 약 31.5% 수준에 이를 전망이다.[16] 스마트폰의 Wi-Fi 적용을 촉진하고 있는 요인으로는 1) 무선 인터넷을 빠른 속도에 저비용으로 이용하려는 이용자의 증가, 2) Wi-Fi를 이용할 수 있는 접속 인프라의 증가, 3) Wi-Fi 기술의 지속적인 개선, 4) Wi-Fi를 활용하는 신규 모바일 애플리케이션 증가, 5) 이동 통신망과 Wi-Fi 망 간 역할 분담을 통한 모바일 시장 활성화 등을 제시할 수 있다.

그러나 이러한 긍정적인 전망의 이면에는 몇 가지 제한적 요인들이 존재하는데, 1) Wi-Fi 서비스가 기존 이동 통신망을 통한 음성 및 데이터 서비스와 일부 대체 관계에 있어 이동 통신 사업자는 Wi-Fi 지원 이동 전화 단말기 보급에 미온적일 수 있고, 2) 보안에 대한 문제와 더불어 Wi-Fi 기능 이용에 있어 이용자 측면에서 복잡한 Setting 및 Log-in 과정, 이동시 Access Point간 Handover 문제가 있으며, 3) Wi-Fi 서비스 제공 지역에서만 사용할 수 있다는 한계가 존재하며, 4) Wi-Fi 기능을 탑재하고 있는 스마트폰의 가격 자체가 비싼 편이며, 5)배터리 효율성 문제 등으로 인하여 스마트폰에서 Wi-Fi 활용이 제한되는 측면들이 그것이다.

결과적으로 스마트폰에 Wi-Fi가 적용되는 것은 과거 폐쇄적인 무선 인터넷 접근 방향에 개방화를 촉진하고 있으며, 기존 이동 통신망과 보완적인 구조로 발전시키는 유무선 통합 서비스의 활성화를 촉진시키고 있다. 또한 장기적으로 스마트폰의 가격 및 이동 통신의 데이터

---

16) ABI Research는 Wi-Fi와 이동 통신을 모두 지원하는 듀얼 모드 스마트폰의 출하량이 2010년 말에는 2008년 1월에 비해 2배로 증가할 것이고, 이러한 성장세는 2013년까지 유지될 것으로 예상하고 있으며, 2014년까지 전체 스마트 폰에서 Wi-Fi를 탑재한 듀얼 모드 단말 비중이 90%로 증가할 것으로 전망하고 있다.

이용료가 하락하여, 이동 통신망을 통한 각종 데이터 수요가 급증하게 되는 것을 전제로 하면, 이동 통신 사업자는 이동 통신망의 트래픽 부담 문제를 해결하기 위해 Wi-Fi를 활용할 가능성이 크다. 이때, 단말의 액세스 망의 문제와 더불어, 백홀 (Backhaul)17) 용량 확보의 문제가 중요한데, Wi-Fi는 이동통신망의 트래픽 부하 문제를 효과적으로 분산시켜 백홀 문제를 완화할 수 있는 해결책이 될 것이다.

10.2.8 스마트폰 애플리케이션의 활용 기회18)

(1) 디지털 컨텐트 판매 채널로 활용

애플리케이션 마켓의 가장 일반적인 활용 방안은 대부분의 모바일 애플리케이션 개발 업체가 주목하고 있듯이, 모바일 애플리케이션의 판매 채널이다. 그러나 최근 등록되는 애플리케이션을 살펴보면 다수의 e-Book을 묶은 애플리케이션, 이미지를 묶은 만화 또는 화보집, e-Book과 Audio를 묶은 교육 프로그램 등 컨텐트를 애플리케이션으로 판매하려는 움직임이 있다. 이처럼 애플리케이션 마켓은 모바일 애플리케이션 뿐만 아니라 e-Book, 음반, 영화 등 디지털 컨텐트 전반에 대해 판매할 수 있는 채널로 확장되고 있다고 보여진다. 특히, iPhone OS 3.0에서 추가된 애플리케이션 내 판매 (In-App Purchase) 기능은 이러한 디지털 판매를 더욱 용이하게 하고 있다.

애플리케이션 내 판매 기능이란, Apple App Store 상에서 뿐만 아니라 사용자가 다운로드 받은 모바일 애플리케이션을 통해서도 개발자가 디지털 컨텐트를 쉽게 판매할 수 있도록 Apple이 결제를 대행해주는 기능이다. 예를 들어 App Store를 통해 판매된 e-Book 애플리케이션 내에서 e-Book을 판매하는 행위, 게임 애플리케이션 내에서 게임 아이템을 판매하는 행위가 그것에 해당한다.

---

17) 백홀(Backhaul)은 여러 가지 의미로 사용되고 있는데, 기본적으로 전체 네트워크 구조의 경계에서 백본 망과 서브 네트워크 (엑세스 망)를 연결하는 구간을 의미한다. 모바일 백홀은 간선망이라고도 불리며, 이동 통신망의 기지국에서 백본망까지 연결하는 구간의 설비를 의미한다.

18) 김종대, "모바일 시장에 부는 기회의 바람, 앱스토어", LG Business Insight, 2009년 8월 19일.

그림 10.8　디지털 컨텐트 판매 사례 (자료: 김종대, 2009)

(2) 비즈니스 확장을 위한 무료 배포 채널로 활용

애플리케이션 마켓을 판매 외에 단순한 배포 용도로도 유용하게 활용할 수 있다. 스마트폰 사용자라면 대부분 애플리케이션 마켓을 사용할 것이 분명하기 때문에 애플리케이션 마켓의 방문자 수가 일정 수준의 홈페이지의 방문자 수를 능가할 것으로 예상된다. 또한 애플리케이션 마켓은 PC에서 스마트폰으로 옮기는 불편함 없이 스마트폰에 바로 다운로드 받을 수 있다는 장점이 있다. 게다가 무료 판매되는 애플리케이션인 경우에 애플리케이션 마켓에 대한 활용을 마다할 이유는 없을 것이다.

애플리케이션 마켓을 배포 채널로 활용하는 데는 애플리케이션 개발에 익숙한 인터넷 기업들이 가장 선도적이다. 이들은 인터넷 비즈니스를 모바일 영역으로 확장하고자 모바일 애플리케이션을 개발하여 애플리케리션 마켓을 통해 배포하고 있다. 소셜 네트워크 서비스 대표 기업인 Facebook, Twitter, Online Shopping 업체인 e-Bay, Amazon 등에서 모바일 애플리케이션을 배포하고 있으며, NHN에서도 이미 Naver의 모바일 웹 버전이 존재함에도 불구하고 지도, 오픈캐스트, 웹툰, 실시간 검색어 등 주요 서비스를 모바일 애플리케이션으로 제작하여 애플리케이션 마켓을 통해 배포하고 있다.

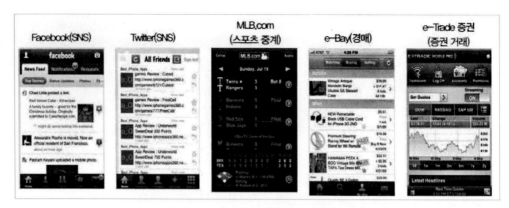

그림 10.9 모바일 영역으로 비즈니스를 확장한 사례

(3) 차별적 서비스 제공을 위한 무료 배포 채널로 활용

가장 활발한 움직임을 보이는 것은 당연히 인터넷 기업이지만, 非 인터넷 기업 중에서도 몇몇 기업은 차별적 서비스를 제공하기 위해 모바일 애플리케이션을 개발하여 제공하고 있다. Nike의 경우, 오프라인으로 이루어지는 트레이닝 프로그램의 동영상을 전송하여 보여주고 개인 별 프로그램의 진도를 체크하면서 친구들과 비교해 볼 수 있는 모바일 애플리케이션을 개발하여 제공하고 있으며, Fedex는 배송한 물건을 추적하는 애플리케이션을, Bank of America는 모바일 뱅킹 애플리케이션을, AP는 뉴스를 읽을 뿐만 아니라 독자가 직접 뉴스를 작성하여 보낼 수도 있는 애플리케이션을 제공하고 있다. 이러한 애플리케이션들을 통해 제공되는 차별적 서비스는 독자적으로 기업의 매출액을 증대시키지는 못한다 하더라도, 해당 기업의 제품 또는 서비스와 결합하여 고객 가치를 높이는 역할을 하게 된다.

그림 10.10 모바일 애플리케이션을 활용한 차별적 서비스 사례

(4) 마케팅을 위한 무료 배포 채널로 활용

웹 상에서의 비즈니스와 전혀 관계가 없는 기업이라 하더라도 최소한 각 기업의 홈페이지는 제공하고 있는 것처럼, 모바일 애플리케이션을 활용한 비즈니스 확장 또는 차별적 서비스 제공의 여지가 거의 없는 기업이라 하더라도 마케팅에 모바일 애플리케이션을 이용하는 것은 고려할 수 있다. 샤넬이나 구찌는 기업의 최근 소식 및 신제품 정보 제공, 주변의 샤넬 매장 안내 등을 위한 애플리케이션을 제공하였으며, 폭스바겐이나 지포는 간단한 게임을 통해 자사의 제품을 알렸다.

소비자 이용 패턴의 차이로 인해 단순 비교는 어렵겠지만, 최근 마케팅 채널로 각광 받고 있는 Twitter가 2009년 5월 기준 가입자는 3천 2백만 명, 월 방문자는 1천 9백만 명 수준인 것과 비교할 때, Apple App Store의 경우 이미 4천 8백만 명 가량의 사용자를 확보하고 있으며, 월 방문자 수도 1천만 명 이상으로 추정되고 있어, 애플리케이션 마켓 역시 마케팅 채널로서 상당한 가치를 보유하고 있다고 보여 진다. 또한 애플리케이션 마켓을 통한 마케팅은 모바일 애플리케이션 개발 비용만 부담하면 배포는 무료로 할 수 있어 비용 효율적인 마케팅 채널이라 할 수 있다. 게다가 단순한 텍스트 메시지 또는 이미지 뿐만 아니라 동영상, 게임 등의 컨텐트까지 제공할 수 있어서 신제품 등의 체험 마케팅에 효과적인 채널이 될 수 있다. 스마트폰의 확산과 더불어 애플리케이션 마켓 사용자의 확대가 예상되는 만큼 마케팅 채널로서의 가치는 현재보다 미래에 더욱 높아질 것으로 기대된다.

그림 10.11 마케팅을 위한 모바일 애플리케이션 사례

(5) 애플리케이션 거래 현황[19]

게임이 애플리케이션 거래의 가장 큰 비중을 차지하고 있는데, 2009년 8월 기준으로 Apple App Store에 등록된 67,280개의 애플리케이션 중 게임은 12,103개(18%)로 가장 큰 비중을 차지하고 있다. 다운로드 순위가 높은 유료 애플리케이션들만 볼 경우, Top 15 유료 애플리케이션 중 게임은 9개로서, 다른 유형의 애플리케이션들을 압도하고 있다.

---

19) 김기태, "모바일 애플리케이션 마켓의 확산 동향과 전망", 산업은행, 2009.

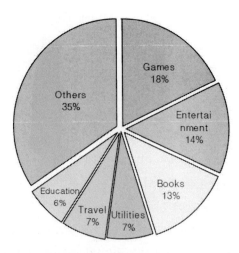

그림 10.12 Apple App Store 애플리케이션 유형별 비중 (자료: 김기태, 2009)

표 10.10 Top 15 애플리케이션 (2009년 8월 기준) (자료: 김기태, 2009)

RANK	Application	Category	Price
1	The Moron Test	Entertainment	$0.99
2	Camera Zoom v1.1	Photography	$0.99
3	Fight Control	Games	$0.99
4	iFitness	Healthcare&Fitness	$1.99
5	StoneLoops! of Jurassica	Games	$0.99
6	Bejeweled 2	Games	$2.99
7	Pocket God	Entertainment	$0.99
8	Sally's Spa	Games	$0.99
9	ColorSplash	Photography	$1.99
10	F.A.S.T -Fleet Air Superiority Trining!	Games	$0.99
11	Fast & Furious The Game	Games	$1.99
12	emoji iEmoji icons -get smiley, emoticon keyboard	Social Networking	$0.99
13	Flick Fishing	Games	$0.99
14	Bloons	Games	$0.99
15	StickWars	Games	$0.99

10.2.9 국내 스마트폰 소비자 실태 현황[20]

(1) 스마트폰 구매 목적

스마트폰을 구입한 경험이 있는 소비자의 연령층은 20대(54%)가 가장 높게 나타났으며, 30대(23%), 10대(14%) 순으로 조사되었다.

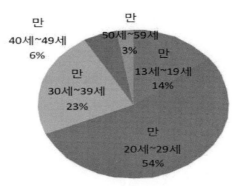

그림 10.13 스마트폰 구입 연령 분포 (자료: 정지범, 2009)

스마트폰을 구입한 이유로는 터치스크린(41.7%), 풍부한 애플리케이션 사용(25.0%), 신제품에 대한 사용 의도(11.1%) 등의 높은 비중을 차지하고 있는 것으로 조사되었다.

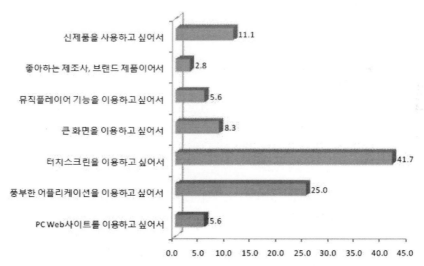

그림 10.14 스마트폰 구입 이유 분포 (자료: 정지범, 2009)

---

20) 정지범, "이동 통신 이슈 리포트: 2009년 국내 휴대폰 이용 현황 실태 조사", 2009년 12월 28일.
　　본 설문 조사는 2009년 10월부터 11월까지 2개월 간, 정보통신연구진흥원 정보 서비스단 통계 분석팀과 SK 마케팅&컴퍼니의 공동 조사를 통해 진행되었고, 2008년 통계청의 인구 구성비에 따라 표본을 구성하였으며, 전체 응답자는 1,000명임.

(2) 스마트폰에 대한 인식

스마트폰 사용 경험이 있는 소비자들의 구입 이유로는 큰 화면(30.6%), 터치스크린 (19.4%), 기능의 다양성(13.9%) 순으로 나타났으며, 스마트폰 사용 경험이 없는 소비자들도 유사한 순으로 나타났다. 스마트폰 사용 경험이 있는 소비자들도 스마트폰의 가장 큰 특징인 무선 인터넷의 자유로운 사용 등과 같은 고유 기능 등이 구매 결정에 커다란 영향을 미치지는 못하는 것으로 조사되었다.

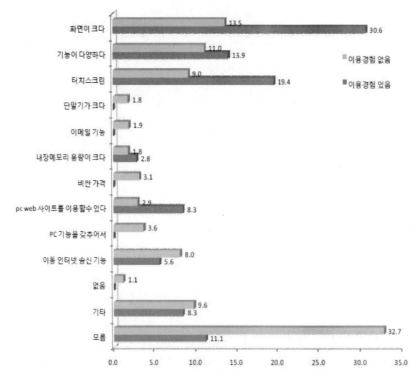

그림 10.15 스마트폰 구입 이유 (사용 경험 有 Vs. 사용 경험 無) (자료: 정지범, 2009)

스마트폰의 주요 기능에 대한 인식도 조사에서도 사용 경험이 있는 소비자의 41.7%, 사용 경험이 없는 소비자의 16.5%가 터치 스크린을 스마트폰의 대표 기능이라고 응답하고 있어, 현재 대부분의 국내 휴대폰 사용자들은 스마트폰과 일반 휴대폰을 구분하지 못하고 있는 것으로 나타났다.

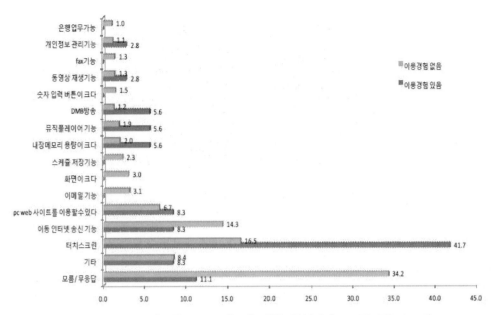

그림 10.16 스마트폰 주요 기능에 대한 인식 (자료: 정지범, 2009)

(3) 소비자의 구매 성향

국내 휴대폰 소비자의 구매 스타일 유형을 '유행 선도형 소비자', '다수 수용적 소비자', '품질 수용적 소비자', '경제적 소비자', '정보 의존적 소비자' 등 5개 유형으로 구분하면, 국내 휴대폰 소비자의 구매 스타일 분포는 '유행 선도형 소비자'(23.0%), '다수 수용적 소비자'(26.2%), '품질 수용적 소비자'(21.0%), '경제적 소비자'(14.8%), '정보 의존적 소비자'(15.0%)의 비중으로 나타났다.

표 10.11 소비자 구매 성향 분류 (자료: 정지범, 2009)

구분	유형	내용
Segment 1	유행 선도형 소비자	가격은 고려하지 않으며, 최신 기능, 유행을 추구
Segment 2	다수 수용적 소비자	최신 기능, 유행과는 상관없이 익숙한 제품을 선호
Segment 3	품질 수용적 소비자	최신 기능, 유행과는 상관없이 제품의 품질, 성능 중시
Segment 4	경제적 소비자	제품 구입 시, 가격을 중시
Segment 5	정보 의존적 소비자	사전에 제품에 대한 정보를 미리 알아보고 구매

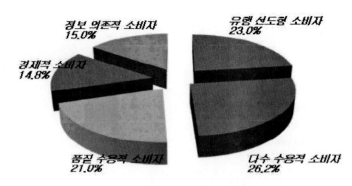

그림 10.17 소비자 수매 성향 분포도 (자료: 정지범, 2009)

국내 휴대폰 소비자의 5가지 구매 스타일에 따른 스마트폰, PDA, 일반 휴대폰 구매 의향 선호도 조사에서는 유행 선도적 소비자는 스마트폰, 다수 추종적 소비자는 일반 휴대폰, 경제적 소비자는 PDA를 보다 선호하는 것으로 나타났다.

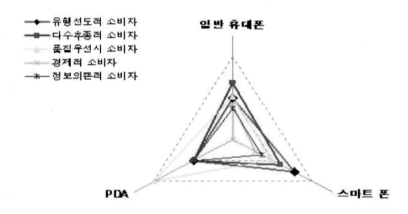

그림 10.18 소비 성향별 향후 구입 의향 휴대폰 (자료: 정지범, 2009)

향후 구입 브랜드별 소비 성향 분석 결과, 삼성전자는 다수를 추종하는 소비자가 상대적으로 높게 나타났으며, LG 전자는 정보 의존적 소비자, Apple은 다수 수용적, Motorola는 유행 선도적 소비자 분포가 타 브랜드보다 다소 높게 나타났다.

스마트폰 사용 경험자의 구매에 대한 태도 조사에서는 77.2%의 사용자들이 스마트폰을 구매한 것에 대해 후회하지 않고 있는 것으로 나타났다.

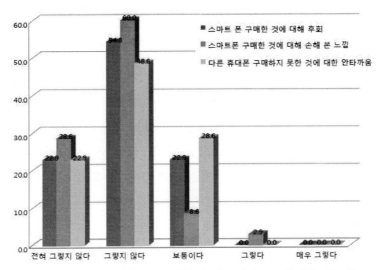

그림 10.19 스마트폰 구매자의 태도 (자료: 정지범, 2009)

10.3 **스마트폰 플랫폼**

10.3.1 스마트폰 플랫폼 비교[21]

현재까지 가장 높은 시장 점유율을 차지하고 있는 Symbian은 유럽의 주요 단말 제조 업체들의 공동 투자로 만들어진 스마트폰을 위한 운영 체제이다. Symbian 운영 체제는 기본적으로 마이크로 커널 기반의 경량 운영 체제 구조를 갖추고 있고, 네트워크 기능을 포함한 대부분의 기능이 마이크로 커널 상의 서버의 형태로 존재한다. Symbian 운영 체제의 잘 정의된 OEM Adaptation Layer는 하드웨어 구성 요소에 대한 지원 소프트웨어 및 통신 프로토콜 부분을 지원하기 위한 인터페이스 소프트웨어 부분 등이 서버 모듈의 형태로 정의되어 있어 다른 부분에 대한 고려 없이 비교적 독립적으로 새로운 하드웨어에 Symbian을 탑재할 수 있도록 돕는다. Symbian은 C++를 기본 언어로 하고 있으며, OPL, Python 등의 언어도 지원하며 최근엔 J2ME도 지원한다.

Apple의 iPhone은 소프트웨어적인 특징보다 버튼이 없는 터치스크린으로만 동작하는 폰으로 관심을 끌었다. 멀티 터치스크린이 가능한 480×320 해상도의 3.5인치 LCD는 두 손가락을 사용한 다양한 UI를 가능하게 하고, 가속도계와 접근탐지 센서를 활용하여 편의 기능을 제공한

---

21) 윤민홍, 김선자, "글로벌 모바일 단말 소프트웨어 플랫폼 동향", 전자통신동향분석, 제23권 제1호, pp. 44-53, 2008년 2월.

다. iPhone은 MAC OS X를 사용하는데, 이 플랫폼은 FreeBSD 기반의 Darwin을 바탕으로 풍부한 멀티미디어 기능과 그래픽스 기능을 제공한 UI를 내세우고 있다.

Android는 기존의 WIPI, BREW, GVM 등과 같은 모바일 디바이스를 위한 플랫폼으로서, 운영 체제, 미들웨어, 키 애플리케이션들을 포함하는 모바일 디바이스를 위한 소프트웨어 집합인 것이다. 애플리케이션들은 Java 프로그래밍 언어로 작성해야 하고, Dalvik 위에서 실행되는데, Dalvik은 Google이 만든 가상 머신으로서, Linux 커널의 최상위 영역에서 동작하게 된다. Android는 애플리케이션 프레임워크를 제공하고, 모바일 디바이스를 위해 최적화된 Dalvik을 제공하며, 최적화된 그래픽, SQLite, 다양한 파일 형태의 미디어를 지원하는 등의 특징을 가지고 있다.[22] Android의 아키텍처는 아래의 그림과 같이 나타낼 수 있다.

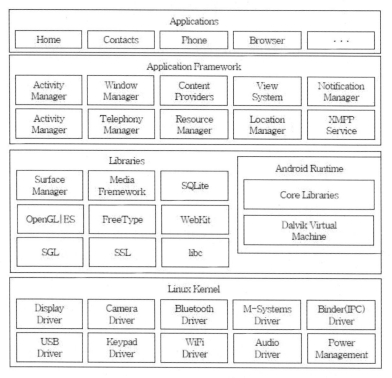

그림 10.20 Android 아키텍처 (자료: 윤민홍, 김선자, 2008)

Android 아키텍처는 '애플리케이션'(Android에서는 이메일을 확인할 수 있는 클라이언트, SMS 프로그램, 캘린더, 지도, 브라우저, 주소록 등을 키 애플리케이션으로 제공하며, 모든 애플리케이션은 Java 언어로 작성됨.), '애플리케이션 프레임워크'(Android에서는 애플리케이션이 사용하는 프레임워크를 제공하는데, 애플리케이션을 개발하기 위한 각종 클래스와 메소

---

22) 김정훈, "구글의 안드로이드와 안드로이드 마켓", 주간기술동향, 통권 1391호, pp. 13-30, 2009년 4월 8일.

드들이 제공됨.), '라이브러리'(시스템 C 라이브러리, 미디어 라이브러리, Surface 관리자, LibWebCore, 2D 그래픽 엔진, 3D 라이브러리, 경량화된 관계형 데이터베이스 엔진 등이 라이브러리 형태로 제공됨.), '안드로이드 런타임'(Android는 자바의 핵심 라이브러리 기능들을 대부분 포함하고 있고, 모든 Android 애플리케이션은 Dalvik 가상 머신 내에 자신의 인스턴스를 가지고 동작함. Dalvik에서는 최소 메모리만을 사용하도록 최적화된 Dalvik Executable (.dex) 포맷의 파일들을 실행하는데, Dalvik VM은 자바 언어 컴파일러에 의해 컴파일된 클래스를 'dx'라는 도구에 의에 .dex 포맷으로 변환시켜 실행함.), '리눅스 커널'(Android 플랫폼은 보안, 메모리 관리, 프로세스 관리, 네트워크 관리, 드라이버 모델 등의 핵심 서비스를 리눅스에 기초하여 구현되었는데, 이 리눅스 커널은 하드웨어와 나머지 소프트웨어 스택 간의 추상화된 계층 역할을 수행함)로 구성된다.

Windows Mobile은 다양한 제품군으로 다양한 디바이스를 지원한다. Windows Mobile 계열은 C, C++, C#을 지원하며 데스크톱에 탑재되는 Windows와 상당부분 동일한 API를 제공하여 쉽고 빠른 개발 환경을 제공한다. Symbian과 마찬가지로 오랫동안 사용되어 안정성과 성능이 검증된 플랫폼으로 기본 라이브러리부터 UI까지 풍부한 기능을 제공하는 것이 특징이다.

표 10.12 스마트폰 플랫폼 비교

	Mac OS X	Android	RIM OS	Symbian	Windows Mobile
개발사	Apple	Google	RIM	Nokia	Microsoft
Language	Object-C	Java	Java	C++, Java and etc.	C++, C# and etc.
Platform	Cocoa	Java SE + ext	Java Me + ext	Java Me	.NET CF
특징	• 기존 Mac 데스크톱의 UI를 적용 • UI가 편리하나, 어플리케이션의 멀티 태스킹 미지원	• 스마트폰 운영체제 중 유일하게 무료 플랫폼을 선언 • 어플리케이션의 멀티 태스킹이 가능하지만, 보안이 취약	• 기업용으로 특화된 운영 체제 • 푸시 이메일 서비스가 가능하고, 강력한 보안 기능	• 저렴한 운영 체제 가격 책정으로 기반 확장 • 기본적으로 제공되는 어플리케이션의 성능이 뛰어나지만, 보안 취약	• 오피스, 아웃룩 등을 사용할 수 있으나, 라이센스 비용이 높으며, 구동 속도가 느리고, 다른 운영 체제와의 호환 제한
시장 점유율 (2009년 3분기)	17.8%	3.5%	20.6%	46.2%	8.8%

[참고 자료] 스마트폰 운영 체제 비교 (자료: www.gizmodo.com)

	iPhone 3.0	Android (T-Mo G1)	BlackBerry 4.6+	Windows Mobile 6.5
Apps Running in Background	No	Yes	Yes	Yes
Background Notification	Yes	Yes	Yes	Yes
Push Mail	Yes	Yes	Yes	Yes
Multi-touch Interface	Yes	Maybe	Yes	Maybe
Capacitive Screen Support	Yes	Yes	Yes	No
Stereo Bluetooth	Yes	Yes	Yes	Yes
Flash Support in Browser	No	No	No	Yes
Data Tethering Capable*	Yes	Maybe	Yes	Yes
Mass Storage Mode	No	Yes	Yes	Yes
Video Recording	No	Yes	Yes	Yes
Turn-By-Turn Navigation	Yes	Yes	Yes	Yes
Copy and Paste	Yes	Yes	Yes	Yes
Universal Search	Yes	No	No	Yes
MMS Messaging	Yes	Yes	Yes	Yes
WebKit Browser	Yes	Yes	No	No
Application Market	Yes	Yes	Yes	Yes
Open Source OS	No	Yes	No	No

* Dependent on carrier, and where permitted, usually requires extra data charges.

10.3.2 스마트폰 플랫폼의 장단점

(1) 스마트폰 플랫폼별 장점과 특성

스마트폰의 사용을 통해 사용자는 멀티 태스킹, 멀티미디어, 통신 등 기능이 우수한 단말을 사용하게 되고, 다양한 애플리케이션을 통해 서비스에 대한 니즈를 만족시킬 수 있게 되며, 자유로운 타 단말과의 연동이 가능해진다. 이동 통신 사업자는 신규 서비스 런칭 기간이 단축되고, 사업자 테스트를 위한 비용이 절감되며, 애플리케이션 다운로드 등으로 ARPU가 높아지는 효과를 누릴 수 있다. 그리고 단말 제조사는 플랫폼 사용에 따른 소프트웨어 재활용 극대화로 개발비가 절감되고, 제3자(Third Party)를 통한 애플리케이션 확보가 용이해져, 단말의 가치를 증가시킬 수 있는 기회를 가지게 된다.[23]

표 10.13 스마트폰 운영 체제의 분야별 경쟁력 및 주요 특징 (자료: STARBASE, 2009)

구분		Mac OS X	Android	RIM	Symbian	Windows Mobile
이동 통신 사업자 관점	이통사 ARPU 증대 기여	3**	3	2	1	1
	컨텐트 Profit Sharing	No	Yes	No	협의 중 (Ovi)	N/A
	신규 가입자 Churn-In* 효과	4	3	3	2	2
개발 관점	자사 독점/공유	자사 독점	공유	자사 독점	공유	공유
	오픈 소스 여부	No	Yes	No	Yes	No
	UI 및 Apps Customizing	N/A (독점)	3	N/A (독점)	2	1
단말 벤더 관점	지원 벤더	Apple	HTC, Motorola, Acer, Samsung, LG, Huawei, Sony Ericsson, Dell, Phillips	RIM	Nokia, Samsung, Sony Ericsson	Motorola, Samsung, LG, Sony Ericsson, HTC, Palm
	라이센스 Fee	N/A (독점)	무료	N/A (독점)	무료/$10	%10~15

* Churn-In: 기존에 이용 중인 타 이동 통신 사업자를 해지한 후에 가입하는 것을 의미함.
** 숫자로 표기된 경우, 그 숫자가 높을수록 해당 영역에서 상대적으로 우수함을 의미함.

---

23) 김민식, 정현준, "휴대폰 산업의 탈추격형 대응 전략: 스마트폰을 중심으로", 정보통신정책연구원, 2010년 1월 16일.

(2) iPhone이 이동 통신 사업자의 실적에 미친 영향[24]

Apple의 iPhone은 높은 고객만족도[25]를 기반으로 하여, 이동 통신 사업자에 대해 강한 교섭력을 가지고 있는 것이 사실이다. 그렇다면 iPhone이 이동 통신 사업자의 실적에는 어떠한 영향을 미쳤는가?

① 미국 AT&T

미국의 통신 회사인 AT&T의 2009년 1분기 매출과 순수익은 각각 전년도 같은 기간과 비교하여 1%, 9%씩 하락한 305억 7,000만 달러와 31억 달러로 집계되었다. 그러나 여기서 주목해야 할 점은 유선 사업부, 전화번호부 사업부 등의 저조한 실적과는 달리 이동 통신 사업부는 AT&T에서 미국 내 독점 판매 중이었던(2010년 내 독점 계약 종료 예정) iPhone의 판매 호조에 힘입어 비교적 안정적인 성장세를 보였다는 점이다. AT&T의 유선 사업부, 전화번호부 사업부 등 다른 분야에서 매출이 감소한 반면 AT&T 이동 통신 사업부는 2007년 6월 아이폰을 선보인 이후 계속되는 성장세를 보이고 있다. 2009년 1분기에는 116억 4,000만 달러의 매출을 기록하며, 전년 동기 9.8%의 성장세를 기록하였다.

표 10.14 AT&T 영업 실적

(단위: 백만 달러)

	2007				2008				2009
	1분기	2분기	3분기	4분기	1분기	2분기	3분기	4분기	1분기
이동통신	9,070	9,513	9,834	10,151	10,605	10,894	11,227	11,523	11,646
유선	10,455	10,378	10,164	9,801	9,693	9,519	9,313	8,796	8,506
인터넷	5,655	5,746	5,880	5,925	5,927	6,054	6,144	6,203	6,250
전화번호부	1,022	1,155	1,240	1,389	1,389	1,383	1,333	1,302	1,249
기타	2,767	2,686	3,014	3,083	3,076	3,016	3,325	3,252	2,920
총 매출액	28,969	29,478	30,132	30,349	30,744	30,866	31,342	31,076	30,571
순수익	2,848	2,904	3,063	3,136	3,461	3,772	3,230	2,404	3,126

---

24) 이선영, "아이폰이 이동통신사 실적에 미치는 영향", 정보통신정책연구원, 2009년 6월 16일.
25) J.D Power에 의하면 iPhone은 비즈니스 무선 스마트폰 사용자들을 대상으로 한 고객 만족도 조사에서 1,000점 만점에 811점으로 1위로 선정되었다. 그 뒤를 LG(776점), RIM(759점)이 뒤따르고 있다. 고객들이 iPhone에 높은 점수를 주는 부분은 쉬운 작동법과 디자인의 우수성 등이다.

AT&T 이동 통신의 가입자 수 역시 계속해서 증가 추세이며, 시장 점유율 또한 매년 증가하는 추세인데, AT&T는 2009년 4분기에만 270만 명의 신규 가입자를 유치했다[26]. 또한 AT&T는 iPhone 가입자 중 약 40%가 다른 이동 통신 사업자로부터 이동한 고객이라고 밝히고 있다. iPhone 효과로 주목할 만한 또 한 가지의 부분은 데이터 수익이다. Apple은 특정 통신사에 독점적 판매 권리를 주는 대신 수익 배분을 요구하는 정책을 펴고 있는 것으로 알려져 이동 통신 사업자의 수익성에 대한 우려도 제기된 바 있으나, 실제로는 iPhone 사용자의 데이터 사용량이 많아 Apple과의 수익 배분을 고려한다 하더라도 충분한 수익을 올릴 수 있는데, 이는 AT&T의 ARPU 추이를 보면 명확하게 알 수 있다. 2009년 1분기 데이터 ARPU는 13.64달러로 전년도 같은 기간의 10.80달러와 비교해 보았을 때, 큰 폭으로 상승한 것을 알 수 있다.

② 캐나다 Rogers Wireless

캐나다의 Rogers Communications는 이동 통신, 집 전화 서비스, 케이블 TV, 인터넷 등의 서비스를 제공하는 캐나다 제1위의 통신 회사이다. 캐나다의 Rogers Wireless는 2008년 7월에 iPhone 3G를 출시하였는데, iPhone 출시 이후 2008년 하반기 동안 약 38만 5천 대의 iPhone 단말 가입자를 확보했는데, 이 중 35%가 신규 가입자이고, 65%가 기존 가입자들이 iPhone으로 기기 변경을 한 경우이다. iPhone 가입자들의 대부분이 음성과 월 데이터 패키지에 높은 가입률을 보이고 있기 때문에 iPhone 가입자들은 전체 이동 통신 가입자 수를 기반으로 한 평균 ARPU에 상회하는 월별 ARPU를 기록하고 있다.

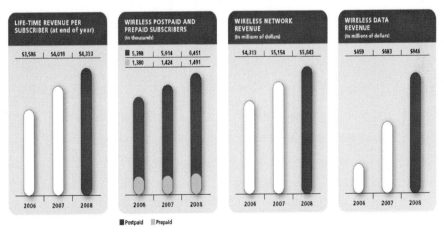

그림 10.21 Rogers Wireless의 영업 실적 (자료: 이선영, 2009)

---

26) 안회권 기자, "AT&T, 아이폰 고맙다…4분기 순익 26%↑", 아이뉴스 24, 2010년 1월 29일.

실제로 2009년 1분기 Rogers Wireless의 영업 실적에서 스마트폰이 가지는 영향력은 컸는데, 음성 전용 단말의 저조한 판매에 의한 실적 부진을 스마트폰과 무선 랩탑 가입자들의 증가로 인한 가입자 수의 증가가 상쇄해 주는 구조를 보였다.

③ 호주 Optus

싱가포르에 기반하고 호주, 방글라데시 등 총 7개국의 시장에 진출해 있는 SingTel Telecommunications LTD.의 호주 자회사인 Optus는 2009년 1분기에 iPhone 3G가 창출한 수요 때문에 좋은 영업 실적을 달성할 수 있었다. Optus의 모바일 사업부는 2009년 1분기 약 17%의 매출 증가를 기록했고, 15만 6천명의 신규 가입자를 확보했다.

④ 일본 Softbank Corp.

일본에서는 일본 제3위의 이동 통신 사업자인 Softbank가 Apple과의 독점 계약을 통해 2008년 7월 일본 시장에 iPhone 3G를 출시했다. 그러나 기대와는 달리 일본 시장에서는 그다지 성공적인 성과를 내지 못하고 있다. 이에 대해서는 일본 토종 단말을 선호하는 일본 휴대폰 시장의 특징과 일본인들에게 어필할 만한 기능을 갖추지 못했다는 것, 일본에서 적절한 마케팅 포인트를 찾지 못한 것 등을 원인으로 보고 있다. 특히, 연간 5,000만 대의 판매가 형성되는 세계 최대의 휴대폰 수요지 중 하나인 일본에는 10개 이상의 일본 토종 단말 생산 업체가 있는데, 토종 기업들에서 만들어진 일본 토종 단말에 대한 수요가 매우 높다. 세계 1위의 Nokia가 일본 시장 점유율이 1% 미만인데 반해, 일본 기업인 Sharp의 점유율은 25%에 달하고 있다는 점이 이를 잘 뒷받침 해주고 있다.

⑤ 인도

인도에서 iPhone이 공급되기 시작한 것은 2008년 8월 Vodafone과 Bharti Airtel의 두 이동 통신 사업자에 의해서이다. 일본과 마찬가지로 인도 시장에서 iPhone은 그다지 성공적이지 못한 실적을 보이고 있는데, 이에 대해서는 인도 시장에서 꾸준한 인기를 끌고 있는 Nokia의 위치, iPhone의 고가격, iPhone을 음성 통화를 하거나 문자 메시지를 주고받는 정도의 휴대폰 으로 인식하는 인도 사람들의 IT 문화 등을 원인으로 보고 있다.

(3) 이동 통신 사업의 Value Chain 변화[27]

스마트폰 시장의 성장은 이동 통신 산업의 업계 구조에 큰 변화를 가져오고 있다. 이동 통신 산업은 단말기, 네트워크, 서비스 및 컨텐트 등 3개 요소로 구성되어 있는데, 그동안은

---

27) 권기덕, "스마트폰이 IT 시장에 미치는 영향", SW Insight 정책리포트, 2009. 04.

단말기와 네트워크 영역 중심으로 발전되어 왔으며, PC 산업이 그러했듯이, 소프트웨어와 서비스 기업의 발전은 미비했다.

그러나 스마트폰의 부상으로 단말 자체의 경쟁력 못지 않게 서비스 플랫폼의 차별화를 통한 컨텐트, 소프트웨어 확보가 중요한 경쟁 포인트로 부상하고 있으며, 향후 시장을 주도하는 업체는 단말, 소프트웨어, 관련 서비스 등을 아우르는 총체적인 서비스 경험을 제공하는 기업이 될 것이다.

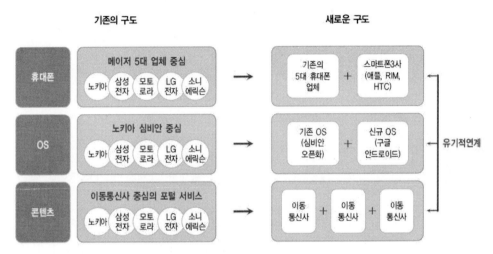

그림 10.22 휴대폰 업계 구조 재편 방향 (자료: 권기덕, 2009)

10.3.3 스마트폰 단말 동향

(1) 2010년 2월 현재, 국내 스마트폰 Hot Item 비교

표 10.15 국내 스마트폰 스펙 비교

제품	T-OMNIA 2	iPhone 3GS	XT720 모토로이
이동사	SKT	KT	SKT
기본 형태	Full Touch Bar	Full Touch Bar	Full Touch Bar
운영 체제	Windows Mobile 6.1 Pro (6.5 Pro 업그레이드 예정)	Mac OS X	Android 2.0 (2.1 업그레이드 예정)
터치 방식	감압식	정전식	정전식
LCD 크기	3.7인치	3.5인치	3.5인치
LCD 종류	AMOLED	HVGA TFT LCD	WVGA TFT LCD

LCD 해상도	480×800	320×480	480×854
배터리 용량	1,500mAh	1,220mAh	1,400mAh
무선 인터넷 기능	지원	지원	지원
영상 전화	지원	미지원	지원
외장 메모리	MicroSD (최대 16G)	미지원	기본 8G (최대 32G)
DMB	지상파	미지원	지상파
Wi-Fi	지원	지원	지원
GPS	지원	지원	지원
Application Market	T Store	App Store	Android Market

(2) Google Nexus One 출시 동향[28]

그동안 Google폰이라 함은 Google의 Android 운영 체제를 탑재한 스마트폰으로 알려졌다. 그러나 Google이 2010년 1월 5일자로 미국에서 'Nexus One'이라는 이름으로 자사 브랜드의 스마트폰을 출시함에 따라 실질적인 Google폰이 탄생하게 되었다. SK 텔레콤에서는 Google의 Android 운영 체제가 탑재된 스마트폰을 출시하였고, 이에 KT도 Nexus One 도입을 검토 중인 것으로 드러났다.

① Nexus One의 특징

2009년 말 Google에서 자사 브랜드로 스마트폰을 출시한다는 소문이 올해 들어서자 'Nexus One'이라는 이름으로 현실이 되어 나타났다. 2010년 1월 6일 Google에 의하면 Nexus One은 현재 출시된 제품의 단일명이 아닌, 앞으로 Google폰이라는 자사 브랜드로 출시될 스마트폰 시리즈의 총칭이라고 밝혀졌다. 조만간 미국의 Verizon과 영국의 보다폰을 통해 CDMA 버전도 출시될 것이며, 이 경우 현재 판매중인 UMTS/GSM 버전의 Nexus One과는 달리 잠금 (Locked) 방식으로만 판매될 것으로 전해졌다. 운영체계는 Google의 Android 운영 체제의 최신 버전인 Android 2.1을 최초로 탑재하였으며, iPhone 보다 두께는 더 얇고 가벼우며, 스크린은 3.7인치 AMOLED 터치 스크린으로 iPhone보다 조금 더 크다. 이외에도 500만 화소의 카메라가 탑재되어 있으며 메인 프로세서는 퀄컴의 QSD 8250 1GHz이며, 1,400mAh의 배터리를 장착하고 있다. 또한 Nexus One은 이동 통신 사업자의 협조 없이 만들어진 Google의 독자적인 단말기로

---

28) 이주영, "구글 넥서스 원(Nexus One) 출시 동향", 정보통신정책연구원, 2010년 1월 16일.

서 이동 통신 사업자의 서비스와 경쟁할 수 있는 모바일 VoIP 등 다양한 서비스가 탑재 가능하며 음성 인식 기능과 Google 맵스, Facebook 등 온라인 서비스와의 통합 기술이 돋보이며, 무료로 GPS 서비스도 이용할 수 있다. 그러나 Nexus One은 iPhone과 달리 테더링[29])과 멀티 터치를 지원하지 않으며, 내장 메모리가 512MB에 불과하여 애플리케이션 저장에 한계가 있다는 약점이 있다.

② 단말기 유통 구조의 변화

3G 서비스는 GSM방식의 단말기에 SIM 카드를 장착하여 사용하게 되면서 소비자들이 단말기 제조사로부터 자신이 원하는 단말기를 구입하고, 원하는 이동 통신 사업자의 SIM 카드를 단말기에 장착하는 방식이 가능하다. 이는 이동 통신 사업자를 통해서 단말을 구입하였던 기존의 유통방식과는 전혀 다른 것으로 3G 서비스의 활성화는 단말기 제조사의 유통망 강화를 가져와 이동 통신 사업자 중심의 단말 판매 방식이 단말기 제조사를 통해 이루어지게 될 가능성을 열어 주었다.

3G 서비스를 제공할 수 있는 단말인 iPhone의 경우 Apple 매장에서 직접 구입하는 것이 가능하다. 그러나 지금까지 iPhone 조차도 사실상 이동 통신 사업자를 선택하는 것은 불가능하였다. 그러나 Nexus One의 판매 방식은 Google이 자사의 Phone Store에서 잠금 해제(Unlock) 상태로 판매하여 이동 통신 사업자와의 서비스 계약 없이 소비자들은 단말기 구입 후 자신이 원하는 이동 통신 사업자의 서비스를 선택할 수 있게 되었다. 이러한 Google폰의 판매 방식은 향후 휴대폰 시장에 적지 않은 파장을 발생시킬 것으로 예상되고 있다.

다만, 현재 미국에서의 Nexus의 판매 가격은 잠금 해제의 경우 529달러이지만, T-Mobile과의 2년 약정 계약 시, 보조금을 지원받아 179달러에 구입할 수 있다. 또한 잠금 해제 방식인 경우에도 현재 모든 네트워크에 대해 개방적이지는 않으며, AT&T의 EDGE 데이터 네트워크에서만 사용가능하다. 이에 Google은 가능한 네트워크 확장을 위해 이동통신사를 확대하기 위한 전략을 세울 것으로 판단된다. 만약 Google의 Nexus One이 국내에 출시된다면 국내 이동 통신 사업자 중심의 폐쇄적인 유통 구조를 변화시킬 수 있는 좋은 촉매제가 될 것으로 전망된다.

③ 구 버전 Android폰 탑재 스마트폰 판매자들에 위협 요소

스마트폰 분야에서 Microsoft의 'Windows Mobile'에 대항하여 Google에서 2007년 개발하여 선보인 운영 체제인 Android는 리눅스 운영 체제를 기반으로 설계되었으며, 오픈 소스라는

---

29) 테더링은 무선 인터넷에 연결된 휴대폰이 중계기 역할을 하여 주변의 다른 기기들이 인터넷을 사용할 수 있도록 하는 서비스이다.

강점이 있어 누구나 제한 없이 Android 플랫폼을 이용하여 프로그램을 만들 수 있다. Nexus 출시 이전에 흔히 Google폰이라고 불려왔던 Google의 Android 운영 체제 구 버전을 탑재한 스마트폰과는 달리 Nexus One에는 Android 최신 버전인 2.1이 탑재되어 있는데, 이 버전이 다른 버전과 차별화되는 강력한 요소로는 음성 인식 기능과 라이브 월페이퍼, 확장된 홈 스크린 (3패널에서 5패널로 확장), 새로운 홈 패널 네비게이션 시스템, 3G 포토 갤러리, 새롭게 디자인 된 앱 드로워(Drawer) 등이다. 특히 모든 텍스트 영역에 음성으로 입력(Typing)이 가능하여 사용자들은 이메일이나 네비게이션의 루트를 음성으로 직접 입력할 수 있게 되었다. 또한 프로세서의 속도와 RAM 및 ROM 메모리도 기존 Android폰인 HTX Hero와 T-Mobile G1에 비해 2배 가량 향상되었다. 이로 인해 기존 버전이 탑재된 스마트폰이 Nexus One에 비해 열등하다고 사용자들에게 인식되어, 기존 Android 탑재 스마트폰 판매자들에게 위협적인 요소 가 될 수 있다. 최근까지 Android 운영 체제의 가장 최신 버전을 탑재하였던 스마트폰인 Motorola Droid는 Verizon Wireless에 의해 지난해 하반기부터 제공되었는데, Android 2.0.1버 전이 탑재되어 GPS 기능과 향상된 인터페이스를 선보였지만, 이번에 Google에 의해 출시된 Nexus One의 2.1버전에 비하면 열등한 운영 체제가 되었다.

게다가 구형 Android 폰에 Android 2.1 버전을 다운받아 업데이트하기 위해서는 예상보다 시간이 더 걸릴 것으로 알려지고 있으며, 경우에 따라서는 속도 향상이 제한적일 수도 있는 것으로 밝혀졌다. 그러나 이러한 요소들로 인해 오히려 최신 버전을 선호하는 사용자들에 의해 Nexus One이 활성화 될 수도 있으나, 장기적으로는 Android 운영 체제의 업데이트 방식과 는 달리 새로운 버전이 나오면 수일 이내에 업데이트 설치가 가능한 iPhone으로 사용자 들의 선택이 옮겨갈 수 있는 가능성이 있다.

표 10.16 Nexus One, Droid, iPhone의 특징 비교

	Nexus One	Motorola Droid	Apple iPhone 3GS
운영 체제	Android 2.1	Android 2.0.1	iPhone OS
프로세서	1GHz Snapdragon	ARM Cortex A8 550MHz	ARM Cortex A8 600MHz
메모리	512MB onboard, 4GB MicroSD card, 32GB expandable, 512MB RAM	133MB onboard, 16GB MicroSD Card, 32GB expandable, 256MB RAM	16/32GB onboard, 256MB RAM
배터리	1,400mAh	1,400mAh(BP6X)	1,219mAh
크기/두께/무게	119×59.8×11.5mm, 130g	115.8×60×13.7mm, 165g	115.5×62.1×12.3mm, 135g

액정 크기	3.7인치 Widescreen WVGA AMOLED Touchscreen 800×480 Pixels	3.2인치 TFT Capacitive Touchscreen 480×854 Pixels	3.5인치 TFT Capacitive Touchscreen 320×480 Pixels
카메라	5 Megapixel 30 VGA fps Video Dual LED Flash	5 Megapixel 30 VGA fps Video Dual LED Flash	3.15 Megapixel WVGA 25 fps Video Dual LED Flash
블루투스	v2.1, with EDR	v2.1, with A2DP	v2.1, with A2DP
가격	EUR 370 USD 530	EUR 480 USD 690	EUR 620 USD 890
출시일	2010년 1분기	2009년 4분기	2009년 2분기

④ Google의 소매 시장으로의 진출

Nexus One의 출시는 Google이 지금까지 운영 체제인 Android 공급만을 주도하는데 그치지 않고, 직접 스마트폰의 설계와 판매를 통해 소매시장으로 진출하는 계기가 되었다. 시장에서는 Google이 소매 시장으로 직접 진출한 것에 대해 PC 위주의 컴퓨팅 환경에서 모바일로 이행해 가는 과정 중 스마트폰 시장을 통해 모바일 광고 시장에서의 선점을 놓치지 않기 위한 전략으로 비쳐지고 있다. 그러나 Google의 Nexus One의 소매 시장 진출 방식에 대해서는 iPhone과 비교하여 볼 때 잘못된 전략을 선택하고 있다고 보는 시각이 있다. 즉 iPhone이 Apple Store와 AT&T 판매 대리점에서 오프라인으로 판매되는데 반해, Nexus One은 오직 Google의 온라인 스토어를 통해서만 구입이 가능하여 소비자들은 Nexus One을 주문하고도 얼마간의 배달 기간을 거쳐야만 입수할 수 있다. 이는 Apple의 iPhone 출시 당시 Apple Store에 길게 늘어선 줄과 iPhone 구매자들이 iPhone을 오픈하는 장면의 동영상을 올리는 등 사용자들 스스로가 iPhone의 광고자가 되게 하는 시각적인 효과를 Nexus One의 판매 방식으로는 얻을 수 없음을 의미한다.

(3) 국내 스마트폰 단말 최신 동향

2010년 2월 4일, 삼성전자가 Google의 Android를 탑재한 스마트폰(모델명 SHW-M1005)을 공개하였으며, 2월 말에서 3월 초 사이에 SK 텔레콤을 통해 공식 출시될 예정이다. Google Android 2.1을 채택하였으며(모토로이는 Android 2.0을 채택), 'Context A8' 기반의 800MHz CPU를 탑재하여 빠른 구동 속도를 장점으로 내세웠으며, 3.7인치 WVGA(480×800) AMOLED 를 탑재하여 화질이 선명하고, 감압식이 아닌 정전식 터치 방식을 사용하여 터치감을 향상시켰

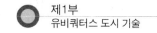
다. 그리고 802.11 n을 지원하는 무선 랜 모듈을 장착하여 Wi-Fi 속도를 향상시켰고, 전면부에 카메라를 탑재하여 Android폰 최초로 영상 통화 기능을 지원함.

10.3.4 플랫폼별 개발환경 및 개발자 등록

(1) Apple 플랫폼

① 개발환경

iPhone Application을 개발하기 위해서 가장 먼저 준비해야 할 것은 'Mac OS X 10.5.4 이상이 설치된 매킨토시'(2009년 6월에 발표된 SDK 3.0을 설치하기 위해서는 OS X 10.5.8 이상이 요구됨), 'iPhone SDK와 개발 프로그램'(http://developer.apple.com/iphone/), 'iPhone 또는 iPod Touch'이다.

SDK를 이용해서 개발하고 장치에서 테스트하기 전에 다음과 같은 과정을 거쳐야 하고, 이는 iPhone Developer Program Portal에서 만들 수 있으며, 여기서 팀 구성 아래에 1) Certificates(인증서), 2) Devices(개발에서 사용할 장치를 등록), 3) App IDs(애플리케이션 ID), 4) Provisioning(서명), 5) Distribution(배포)의 내용을 직접 설정해야 한다.

개발용과 배포용으로 구분되는 Certificate는 프로그램 개발자를 구분하며, 프로그램 테스트 및 배포에서 애플리케이션 서명에 사용된다. Certificate는 개발자 프로그램 가입 시, 사용한 이메일 주소를 이용해 생성할 수 있다. Device 메뉴에서는 개발용 iPhone 또는 iPod Touch를 등록하는데, 이곳에서 사용하는 아이디(Identifier)는 40바이트 문자열로서, 이것은 iTunes 장치 선택 메뉴의 Summary 탭에 있는 Serial number 부분을 클릭하면 알 수 있다. App IDs는 개발한 프로그램끼리 정보를 공유할 때에 사용되는데, 여러 관리 프로그램을 만들었다면 그 공통 암호를 사용하게 할 수 있다. 즉, App ID를 같게 하면 암호를 공유할 수 있다. Provisioning은 인증서, 장치 등록, App ID 등의 정보를 하나로 묶은 프로비전 프로파일로 만들게 하는데, 이후에 프로그램을 다운로드하고 실행하는 것이 가능해진다. 이 프로비전을 생성했으면 Xcode에서 Organizer 창에 등록을 한다.

② 개발자 등록

iPhone 개발자 프로그램은 '개인용'(Standard Program, 애플리케이션을 개발해서 판매하는 것을 목적으로 함)과 '업체용'(Enterprise Program, 500명 이상의 직원을 둔 업체에서 자체 사용할 애플리케이션을 개발하는 것을 목적으로 함) 두 가지가 존재한다. '개인용'은 99달러를 지불하면 홈페이지에서 등록할 수 있는데, 다시 '개인'과 '기업' 구분을 선택해야 한다. 이 때, 개인 개발자라 하더라도 공동으로 팀 작업을 하는 경우에는 기업으로 선택해야 한다.

'Standard Program'에서 개인이 아닌 기업을 선택하면, 팀 관리를 할 수 있는데, 팀원은 Team Agent, Team Admin, Team Member로 구성된다. 개발자로 가입하고 iPhone SDK Dev Center (http://developer.apple.com/iphone/)에 로그인을 하면 된다. iPhone Developer Program Portal에서 팀 관리, 인증서, 장치 관리, App ID, 프로비전, 배포 서비스를 제공하게 되고, iTunes Connect는 판매, 세금, 재무 보고서 등의 서비스를 제공한다.

(2) 안드로이드 플랫폼

Android Application 개발을 위해서는 다음과 같은 사항이 요구된다.

① Supported Operating Systems

Windows XP (32-bit) or Vista (32- or 64-bit)

Mac OS X 10.4.8 or later (x86 only)

Linux (tested on Linux Ubuntu Hardy Heron): 64-bit distributions must be capable of running 32-bit applications. For information about how to add support for 32-bit applications, see the Ubuntu Linux installation notes.

② Supported Development Environments

Eclipse IDE

- Eclipse 3.4 (Ganymede) or 3.5 (Galileo)
  - Note: Eclipse 3.3 has not been tested with the latest version of ADT and support can no longer be guaranteed. We suggest you upgrade to Eclipse 3.4 or 3.5.
  - Recommended Eclipse IDE packages: Eclipse IDE for Java EE Developers, Eclipse IDE for Java Developers, Eclipse for RCP/Plug-in Developers, or Eclipse Classic (3.5.1+)
  - Eclipse JDT plugin (included in most Eclipse IDE packages)
- JDK 5 or JDK 6 (JRE alone is not sufficient)
- Android Development Tools plugin (optional)
- Not compatible with Gnu Compiler for Java (gcj)

Other development environments or IDEs

- JDK 5 or JDK 6 (JRE alone is not sufficient)
- Apache Ant 1.6.5 or later for Linux and Mac, 1.7 or later for Windows
- Not compatible with Gnu Compiler for Java (gcj)

③ Hardware requirements

For the base SDK package, at least 600MB of available disk space. For each platform
downloaded into the SDK, an additional 100MB is needed.

Android 개발 환경을 세팅하기 위해 필요한 파일은 아래의 세 가지이다.

• JDK - http://java.sun.com/javase/downloads/index.jsp
• Android SDK - http://developer.android.com/sdk/index.html
• Eclipse - http://www.eclipse.org/downloads/

Android Application의 개발자 등록은 http://market.android.com/publish에서 할 수 있으
며, 25달러의 비용이 필요하다.

(3) Symbian 플랫폼

Symbian Application 개발을 위해서는 다음과 같은 사항이 요구된다.
  - 윈도우 XP 32bit, 램 2GB, 하드디스크 4~5GB
  - ActivePerl 5.6.1.638 윈도우용 (S60_5th_Edition_SDK_v1_0에는 반드시 이 버전만 사용)
  - ADT (Application Development Toolkit) v1.4
  - S60_5th_Edition_SDK_v1_0_en.zip
  - Qt-sdk-win-opensource-2010.01
관련 파일은 http://developer.symbian.org/에서 다운로드 받을 수 있다.

Symbian Application 개발자 등록은 https://publish.ovi.com/info/에서 할 수 있으며, 50
유로의 비용이 필요하다.

(4) Windows Mobile 플랫폼

Windows Mobile Application 개발을 위해서는 다음과 같은 사항이 요구된다.
  - Windows XP (ActiveSync 4.5를 반드시 설치해야 함), Vista (6.1로 업데이트), 7
  - Visual Studio 2008 설치
    (http://www.microsoft.com/downloads/details.aspx?FamilyID=83c3a1ec-ed72-4a79-8
    961-25635db0192b&DisplayLang=ko)
  - Visual Studio 2008 Service Pack 1 (.NET 프레임워크 3.5 및 Windows Mobile 개발
    컴포넌트를 업데이트 할 수 있음)

210

(http://www.microsoft.com/downloads/details.aspx?FamilyID=fbee1648-7106-44a7-96
49-6d9f6d58056e&DisplayLang=ko)
- Windows Mobile 6 Professional Edition SDK
(http://www.microsoft.com/downloads/details.aspx?FamilyID=06111a3a-a651-4745-8
8ef-3d48091a390b&DisplayLang=en)
- Windows Mobile 6 Emulator Localization Images (Windows Mobile 6 Professional
Edition SDK에서는 한글이 지원되지 않기 때문에 필요)
(http://www.microsoft.com/downloads/details.aspx?FamilyID=38c46aa8-1dd7-426f-a9
13-4f370a65a582&DisplayLang=en
- Microsoft Virtual PC 2007 Service Pack 1
(http://www.microsoft.com/downloads/details.aspx?displaylang=en&FamilyID=28c97
d22-6eb8-4a09-a7f7-f6c7a1f000b5)

Windows Mobile Application 개발자 등록은 http://developer.windowsphone.com/
Default.aspx에서 할 수 있으며, 99달러의 비용이 필요하다.

10.4 스마트폰 애플리케이션 마켓

10.4.1 스마트폰 애플리케이션 마켓 개요 및 의의[30]

범용 운영 체제를 사용하는 스마트폰의 특성 상, 사용자가 원하는 다양한 소프트웨어를 신속하게 전달하기 위한 소프트웨어 조달 체계는 핵심 경쟁력 중 하나의 요소일 것이다. 이에 소프트웨어 개발에 제3의 개발자들을 참여시킴으로써, 다양한 소프트웨어를 사용자들에게 제공할 수 있는 애플리케이션 마켓이 빠르게 확산되고 있다.

(1) 애플리케이션 마켓의 전략적 의미와 환경 변화

① 모바일 산업 구조의 변화

기존의 모바일 산업 환경은 회소 자원인 주파수와 네트워크를 보유한 이동 통신 사업자에 의해 주도되는 폐쇄적인 환경이었다. 따라서 애플리케이션의 유통을 위해서는 이동 통신 사업자의 사전 승인이 요구되었고, 사용자들은 이동 통신 사업자가 허용하는 컨텐츠에 대해서만

---

30) 정제호, "스마트폰 마켓 플레이스, 도전과 기회", SW Insight 정책리포트, 2009년 10월.

접근이 가능했다.

또한 모바일 소프트웨어 시장이 국가별로, 이동 통신 사업자별로 분절되어 있었기 때문에 개발자들은 이동 통신 사업자 별로 서로 다른 스펙에 맞추어 애플리케이션을 개발해야 했다. 이에 개발자들의 마케팅도 애플리케이션 유통에 대한 절대적인 통제권을 가진 개별 이동 통신 사업자들을 대상으로 수행되었다.

그러나 범용 운영 체제가 탑재된 스마트폰이 확대되고, Wi-Fi와 같은 우회 경로가 만들어짐에 따라 이동 통신 사업자의 사전 승인 없이도 원하는 애플리케이션을 자유롭게 유통시킬 수 있는 애플리케이션 마켓이 등장하게 되었다. 개발자들도 이동 통신 사업자 별로 상이한 사양과 다양한 단말 기종을 개별적으로 지원해야만 했던 환경에서 벗어나, 글로벌하게 통합된 하나의 시장을 통해 판매할 수 있게 되었다.

즉, 개발자들이 이동 통신 사업자의 종속에서 벗어나 광범위한 소프트웨어 유통의 자유를 얻고, 사용자들도 이동 통신 사업자의 폐쇄 정책(Walled Garden)을 벗어나 원하는 애플리케이션을 선택할 수 있는 환경이 만들어지면서, 이동 통신 사업자에 의해 주도되었던 폐쇄적인 모바일 산업 환경이 사용자 중심의 개방적인 환경으로 변화하고 있는 것이다.

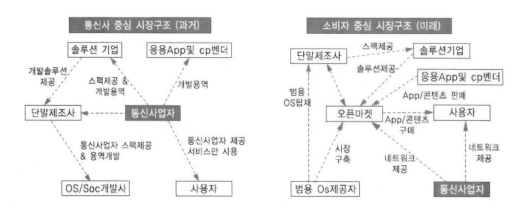

그림 10.23   모바일 산업 환경의 변화 (자료: 정제호, 2009)

② '네트워크+주파수'에서 '플랫폼+소프트웨어'로

범용 운영 체제 탑재는 모바일 환경을 플랫폼 위에 원하는 소프트웨어를 설치하여 사용하는 PC 환경과 같이 변화시킨다. 즉, 어떠한 소프트웨어를 설치하느냐에 따라 스마트폰이 네비게이션으로, e-Book으로, 일정 관리 도구로 기능할 수 있다는 것이다. 이러한 환경은 '네트워크+주파수'에 의해 주도되었던 모바일 산업 환경의 헤게모니를 PC 산업 환경과 같이 '플랫폼+소프트웨어로'로 변화시키고 있는 것이다.

PC 산업 환경은 운영 체제로서의 플랫폼과 그 플랫폼을 지원하는 애플리케이션에 의해 결정된다. Microsoft가 플랫폼을 장악할 수 있었던 이유도 플랫폼을 지원하는 광범위한 애플리케이션 환경 때문이다. 이에 플랫폼을 보유한 스마트폰 기업들은 사용자가 원하는 다양한 애플리케이션을 제공함으로써, 광범위한 애플리케이션 환경을 구축하고자 노력하고 있다. 이에 폐쇄적인 파트너쉽을 통해 조달하는 소프트웨어 유통 채널에 한계를 느낀 기업들은 PC 기반 산업 환경에서와 마찬가지로 제3의 개발자들을 활용하여 소프트웨어를 조달하고자 하는 모습을 보이고 있다. 플랫폼을 개방하고, 개발 환경을 제공함으로써 제3의 개발자들을 유인하는 애플리케이션 마켓 모델이 등장하게 된 것이다. 이러한 의미에서 애플리케이션 마켓은 새로운 모바일 생태계의 헤게모니를 주도하는데 필수적인 신속한 소프트웨어 조달 체계 구축을 위한 사업자들의 전략적 선택인 것이다.

③ 경쟁 구조의 변화

과거 이동 통신 시장의 경쟁은 서비스와 단말로 이원화되어 있었다. 그러나 서비스와 단말로 이원화되어 있던 모바일 시장의 경쟁 구조가 애플리케이션 마켓을 중심으로 충돌하면서, 사업 영역별로 이루어졌던 '분절된 경쟁'이 플랫폼, 컨텐트가 연계되는 '통합 경쟁'으로 발전하고 있다.

기존 이동 통신 사업자의 주된 경쟁력은 이동 통신 서비스 그 자체였으며, 이를 위해 네트워크 확충과 주파수 확보에 열중했다. 단말 제조사 역시 단말 그 자체의 성능에 열중하여, 카메라 화소를 높이고, DMB, MP3 등의 기능을 장착하고, 풀터치 유저 인터페이스를 제공하는 등의 노력을 했다.

그러나 단말에 탑재되는 소프트웨어에 대한 사용자의 선택이 가능해지며, 단말의 경쟁력이 단말 그 자체를 넘어서 탑재되는 소프트웨어의 경쟁력과 연계되고 있다. 즉, 단말 그 자체의 기능뿐만 아니라, 그 단말을 통해 이용 가능한 서비스가 중요해 지면서, 단순한 기능성에 초점을 맞추었던 하드웨어 중심의 경쟁은 소프트웨어와 단말이 하나의 선택지로 연계되는 새로운 경쟁 구도를 나타나게 하였다. 이에 따라 단말 제조사 역시 하드웨어를 넘어, 플랫폼과 단말, 컨텐츠를 하나의 가치 사슬로 통합하는 전략을 추진 중이며, 애플리케이션 마켓은 이러한 전략의 결과물인 것이다.

(2) 애플리케이션 마켓의 개방적 구조[31]

개발자가 애플리케이션을 개발한 후 원하는 가격표를 붙여서 애플리케이션 마켓에 올려 놓으면, 사용자는 자신이 원하는 애플리케이션을 구매하고, 구매한 애플리케이션은 사용자의

---

31) 김종대, "모바일 시장에 부는 기회의 바람, 앱스토어", LG Business Insight, 2009년 8월 19일.

스마트폰으로 설치된다. 그리고 애플리케이션의 판매 수익은 개발자를 포함한 이해 관계자가 일정 비율로 분배하게 되는데, 이는 Nate, ez-i 등 현재까지 국내 모바일 애플리케이션 시장의 대부분을 차지하는 이동 통신 사업자 중심의 유통 방식과 크게 다르지 않다.

그러나 애플리케이션을 개발 하더라도 대형 개발 업체 또는 지속적으로 애플리케이션을 공급해오던 업체 외에는 판매가 불가능하다거나 설혹 가능하더라도 판매까지는 오랜 시간이 걸리던 기존의 이동 통신 사업자 중심 유통 방식과 달리, 애플리케이션 마켓의 유통 방식은 소프트웨어 개발 키트(SDK: Software Development Kit)가 공개되어 있어 누구나 자유롭게 애플리케이션을 개발할 수 있으며, 개발 즉시 애플리케이션의 등록 및 판매를 요청할 수 있다. 또한 작동 오류, 저작권 침해, 불건전한 내용 등 애플리케이션 품질 상의 결정적 결함이 없다면 대부분 등록 및 판매가 허가된다. 이러한 점이 애플리케이션 마켓의 유통 구조와 기존 이동 통신 사업자 중심 유통 구조와의 결정적 차이점이라 할 수 있다.

결국 이러한 애플리케이션 마켓의 개방성은 개발자의 진입 장벽을 크게 낮춤과 동시에 개발 에서부터 판매까지 소요되는 비용 및 기간을 획기적으로 낮추었으며, 결과적으로 소규모 개발 업체 및 개인 개발자들의 적극적인 참여를 이끌어내게 된 것이다.

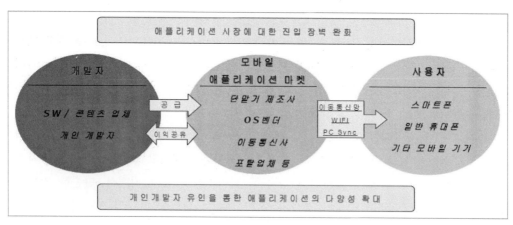

그림 10.24 스마트폰 애플리케이션 마켓의 구조 (자료: 김기태, 2009)

10.4.2 스마트폰 애플리케이션 마켓의 시장성[32)

(1) 스마트폰 애플리케이션 마켓의 유형

현재, Apple을 포함하여 Nokia, 삼성전자, LG전자, Sony Ericsson, RIM, Palm 등 대다수의 주요 스마트폰 단말 제조사와 Google, Microsoft 등 Mobile 운영 체제 개발 업체, Vodafone,

---

32) 김종대, "모바일 시장에 부는 기회의 바람, 앱스토어", LG Business Insight, 2009년 8월 19일.

T-Mobile, O2, Verizon 등 이동 통신 사업자들이 애플리케이션 마켓을 오픈하였거나 오픈 예정에 있다. 이렇게 다양한 업체에서 추진되고 있는 애플리케이션 마켓들은 공통적으로 개발자 측면의 개방성을 나타내고 있지만, 사용자 측면의 개방성에서는 일부 차이점을 보이고 있는데, 이를 기준으로 폐쇄형, 부분 개방형, 완전 개방형의 세 가지로 분류할 수 있다.

폐쇄형의 대표적인 사례는 Apple인데, Apple은 자사의 단말을 구매한 고객만이 자사의 애플리케이션 마켓을 이용할 수 있도록 하고 있을 뿐만 아니라, 타사의 애플리케이션 마켓을 통해서는 애플리케이션을 다운로드 받을 수 없도록 하고 있다.

부분 개방형은 주로 자체 운영 체제를 보유한 스마트폰 단말 제조사 또는 모바일 운영 체제 개발 업체들이 추구하고 있는 형태이다. 자사의 고객 외에는 자사의 애플리케이션 마켓을 이용할 수 없도록 하고 있으나, 자사의 고객이 타 애플리케이션 마켓에서 애플리케이션을 다운로드 받는 것을 억지로 막지는 않고 있다.

완전 개방형은 전문 애플리케이션 마켓 또는 일부의 이동 통신 사업자 및 자체 모바일 운영 체제가 없는 스마트폰 단말 제조사에서 추진되고 있는 형태인데, 자사의 고객이 타 애플리케이션 마켓에서 애플리케이션을 다운로드 받는 것을 막지 않을 뿐만 아니라 타사의 고객도 얼마든지 자사의 애플리케이션 마켓에 접근하여 애플리케이션을 다운로드 받을 수 있도록 하고 있다. 예를 들어 최근 오픈한 LG 전자의 애플리케이션 마켓은 어떤 스마트폰 단말 제조사의 사용자라도 애플리케이션을 다운로드 받을 수 있고 LG 전자의 스마트폰 사용자는 타사의 애플리케이션 마켓에서도 애플리케이션을 다운로드 받을 수 있다.

위와 같은 애플리케이션 마켓의 형태 중, 폐쇄형은 자사의 애플리케이션 마켓에서 애플리케이션을 구매할 수 밖에 없기 때문에 고정적인 수요를 확보할 수 있다는 장점이 있는 반면 차별적 가치가 없다면 사용자를 모으기 어렵다는 한계가 존재한다. 반대로 부분 개방형 또는 완전 개방형은 사용자를 모으기에는 용이하지만, 사용자가 자사의 애플리케이션 마켓에서 애플리케이션을 구매할 것이라는 보장이 없다는 한계가 존재하는 것이다.

(2) 애플리케이션 마켓의 사업성

현존하는 가장 성공한 애플리케이션 마켓인 Apple의 애플리케이션 마켓에 대해서도 독자적인 비즈니스인가 아니면 iPhone을 판매하기 위한 마케팅 수단인가에 대해서는 많은 논란이 존재하는 것이 사실이다. Pinch Media의 조사 결과, 전체 다운로드 중 약 12%만이 유료 다운로드인 것으로 나타났으며, O'Reilly의 조사 결과, 유료 애플리케이션 중 판매량 기준 상위 100개의 평균 가격이 약 2억 8천만 달러인 것으로 나타났다. 이를 토대로 계산해 볼 때, Apple의 애플리케이션 마켓에서 1년간 판매된 애플리케이션의 총 판매 금액은 약 5억 달러일 것으로 추산되며, '개발자:Apple=7:3'의 수익 배분 기준을 고려할 때 Apple의 매출로 인식되는 부분은

1억 6천만 달러 가량일 것으로 보인다. 이는 Apple이 같은 기간 동안 iPhone으로 벌어들인 총 매출액 52억 6천만 달러와 비교할 때 3% 수준에 불과하다는 것을 고려하면, 현재 시점에서는 수익 사업이라고 보기에는 약한 측면이 있다.

하지만 Gartner 등 여러 리서치 기관의 예측처럼 향후 스마트폰의 급속한 보급이 진행된다면, 그리고 모든 스마트폰 사용자들이 iPhone 사용자처럼 애플리케이션 마켓을 보편적 서비스로 사용하게 된다면, 2013년경에는 전 세계에서 약 158억 달러의 애플리케이션이 판매되고, 47억 달러 가량의 수수료 매출을 올릴 수 있는 애플리케이션 마켓 시장이 열릴 것으로 전망된다.

10.4.3 스마트폰 애플리케이션 마켓 현황[33)]

주요 모바일 애플리케이션 마켓의 특징은 주로 자사가 보유하고 있는 범용 운영 체제 기반의 표준 플랫폼(또는 이를 기반으로 하는 Eco System)을 바탕으로 형성해 나가고 있으며, 자사가 보유하고 있는 강점과 연계시켜 다수의 시장 참여자들의 참여를 유인함으로써, 애플리케이션 마켓의 성공을 담보할 수 있는 Critical Mass(임계 수준 확보)에 초점을 두고 있다. 또한 애플리케이션 마켓 활성화를 통한 개발자, 소비자 증가, 플랫폼 확대는 서로 선순환 구조를 이루면서 Win-Win하는 모바일 생태계를 구축해 나가고 있다.

(1) Apple의 App Store

Apple의 'App Store'는 2008년 7월에 오픈한 이래로 등록된 애플리케이션 수만 3만 8천 개에 이르며, 현재 10억 건 이상의 다운로드 수를 기록하고 있고, 1억 6천만 달러 매출을 달성한 것으로 예상되고 있다. Apple의 경우 기존에 시장을 형성하고 있던 iPod 및 iTunes를 중심으로 충성도(Loyalty) 높은 가입자 기반을 보유하고 있는 상황에서 이를 App Store로 전이시킴으로써, 다수의 개발자들을 App Store로 유인하고 있다. 이렇게 다양한 아이디어를 가진 개발자들의 애플리케이션 마켓 참여는 사용자들을 유인함으로써, Apple의 주력 제품인 iPhone, iPod의 판매 확대로 연계시키는 선순환 구조를 형성하고 있다. 또한 Apple은 이미 통합된 형태의 우수한 개발 툴 (SDK)을 보유하고 있으며, 이를 개발자들에게 공개하고 매 버전별로 업그레이드하여 제공함으로써, 개발자들이 쉽게 Apple의 플랫폼 위에서 개발할 수 있도록 지원하고 있다. 한편 사용자에게는 Wi-Fi 및 PC-Sync 등의 전송 채널(Side-Loading)을 제공함으로써, App Store에서 낮은 비용으로 다양한 애플리케이션을 이용할 수 있는 유인책을 제공하고 있다. 위와 같은 Apple의 핵심 역량은 Apple의 App Store를 선호하는 개발자 및

---

33) 권지인, "국내외 모바일 애플리케이션 마켓 현황 분석", 세상을 이어주는 통신 연합, 2009.

사용자를 만들어 냈으며, App Store 시장 확대에 기반이 되고 있다.

그림 10.25 Apple App Store의 핵심 역량 (자료: 권지인, 2009)

(2) Google의 Android Market

Apple의 App Store에 대응할 수 있는 수준의 서비스로 가장 먼저 공개된 것은 오픈 소스 운영 체제 'Android'로 모바일 시장을 공략 중인 Google이다. Google은 2008년 10월 'Android Market'을 오픈하였으며, 2009년 2월에 유료화로 전환하여 애플리케이션 판매를 시작하였다. Google의 등록 애플리케이션 수는 아직 적으나, Google이 유선 인터넷 상에서 보유하고 있던 핵심 역량은 모바일 애플리케이션 마켓 활성화에 중요한 성공 요인으로 작용할 것으로 보인다. Google은 Apple과 마찬가지로 이미 유선 인터넷 상에서 다수의 열성 사용자들을 형성하고 있다. 또한 Google의 대표적 웹 애플리케이션인 'Google Map'의 존재는 모바일 애플리케이션 마켓에 진입하고자 하는 개발자들에게 다양한 활용 가능성을 기대할 수 있도록 하여, Android Market으로의 참여를 이끌 수 있게 하고 있다. 그리고 Google의 Android 플랫폼은 JAVA 기반 개발 언어를 활용하고 있기 때문에 기존 JAVA 개발자 풀을 확보할 수 있다는 장점을 가지고 있으며, Android 플랫폼이 제공하는 개발 도구인 '이클립스'(Eclipse) 역시 편리한 개발 환경을 제공하고 있어 다수의 개발자를 끌어 모을 수 있는 유인책이 될 것으로 보인다.

그림 10.26 Google Android Market의 핵심 역량 (자료: 권지인, 2009)

(3) Microsoft의 Windows Marketplace for Mobile

2009년 10월에 오픈한 Microsoft의 'Windows Marketplace for Mobile'의 경우는 이미 유선 인터넷 환경에서 Windows를 통한 플랫폼 장악력을 보유하고 있으며, 다수의 강력한 Windows 기반 애플리케이션을 가지고 있어, 기존 Windows 기반의 개발자들을 Windows Marketplace for Mobile로 끌어들임으로써, 무선 환경에서의 플랫폼 장악력을 이어가고자 하고 있다. 그리고 기존 데스크톱 상의 Windows와 상당 부분 동일한 API를 제공하여, 쉽고 빠른 개발 환경을 제공할 수 있으며, 유무선 동일한 플랫폼 사용으로 유무선을 연동시킨 애플리케이션 개발 역시 용이할 수 있다는 장점을 가지고 있다. 또한 Microsoft 역시 유선 환경에서의 개발 노하우 및 SDK를 보유하고 있어, Apple이나 Google 못지않은 편리한 개발 환경을 제공함으로써, 개발자들을 유인할 수 있다.

그림 10.27 Microsoft Windows Marketplace for Mobile의 핵심 역량

(4) Nokia의 Ovi Store

전 세계 단말기 1위 사업자인 Nokia는 2009년5월, 'Ovi Store'를 9개국 시장에 정식 출시하고, 게임, 비디오, 위젯, 팟 캐스트, 개인화 컨텐트, 위치 기반 애플리케이션 등을 제공하고 있다. Nokia의 경우, 2008년 2분기 기준으로 57.1%의 스마트폰 시장 점유율을 가지고 있기 때문에 대규모의 사용자 접점을 보유하고 있으며, 자사 단말에 탑재된 Symbian 플랫폼의 확산은 Ovi Store 활성화의 핵심 역량이 될 것으로 보인다. 특히 Nokia는 Symbian을 오픈 소스화 함으로써, 자사 단말뿐만 아니라 다양한 단말의 플랫폼으로 작동함으로써, Ovi Store 활용 기반을 확대하고자 하고 있다. 또한 Nokia는 Navteq 인수를 통해 Map을 확보함으로써, 단말의 GPS와 Map을 활용한 다양한 애플리케이션 개발의 토대를 마련해 놓고 있다.

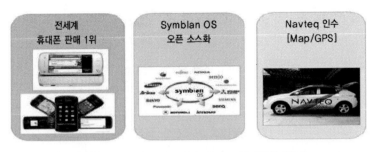

그림 10.28 Nokia Ovi Store의 핵심 역량

표 10.17 주요 애플리케이션 마켓의 특징 (자료: 정제호, 2009)

어플리케이션 마켓	OS	특징	수익 배분
App Store (Apple)	Mac OS X	• 3G iPhone 출시와 함께 2008년 7월 오픈함. • 어플리케이션의 통제권을 갖는 폐쇄적 운영 형태를 가지고 있음. • 개발자가 등록을 하기 위해 연 $99를 지불해야 함.	개발자:Apple=7:3
Android Market (Google)	Android	• T-Mobile의 G1폰 출시와 함께 2008년 10월 오픈함. • 개발자와 통신사 중심의 개방적 운영 형태를 가지고 있음.	개발자:이통사=7:3
BlackBerry App World (RIM)	RIM OS	• 2009년 3월 오픈함. • 사용자 휴대폰과 호환되는 어플리케이션 검색이 가능함. • 이통사가 등록 컨텐트를 결정하며, RIM의 승인은 요구되지 않음.	개발자:RIM=8:2
Ovi Store (Nokia)	Symbian S40/S60	• 2009년 5월에 정식으로 오픈함.	개발자:Nokia=7:3
Windows Marketplace for Mobile (Microsoft)	Windows Mobile 6.5 (Windows Phone 7 발표)	• 2009년 10월 오픈함. • Windows Live ID로 휴대폰과 PC에서 구입이 가능함. • 20,000개 이상의 기존 Windows Mobile 어플리케이션과 연계됨.	개발자:MS=7:3

최근 애플리케이션 마켓에서 주목해야 할 점은 그동안 애플리케이션 마켓에 유보적이었던 보다폰, O2, Verizon Wireless 등과 같은 이동 통신 사업자들이 진출하고 있다는 것인데, 이들의 애플리케이션 마켓의 진출은 네트워크를 통해 유지해왔던 컨텐트에 대한 통제권이 약화되

고, 글로벌 마켓을 통한 애플리케이션의 유통이 빠르게 증가하는데 따른 불가피한 선택으로 볼 수 있다.

특히 2010년 2월 15일, MWC에서 전 세계 대표적인 24개 이동 통신 사업자가 참여하는 도매 애플리케이션 커뮤니티인 WAC(Wholesale App Community)를 창설한다고 발표하였다. WAC는 국내의 SK 텔레콤, KT를 비롯하여, AT&T, Verizon, FT, DT, NTT 도코모, 텔레포니카, 텔레콤이탈리아, 보다폰, 차이나유니콤 등 전 세계 이동 통신 가입자의 70% 이상을 보유한 상위 24개 이동 통신 사업자가 주도하였다. WAC는 도매 시장 개념으로 전 세계 이동 통신 사업자가 자사 애플리케이션 마켓과 연동하여 세계 각지에서 개발된 애플리케이션을 동시에 공급받을 수 있게 하는 것이 특징이다. 기존 애플리케이션 마켓이 스마트폰에서만 운용되었다면, WAC는 스마트폰을 중심을 일반 휴대폰에서도 이용할 수 있도록 하고, 향후 그 영역을 PC와 TV로까지 확대하겠다는 계획을 가지고 있다.[34]

10.4.4 Apple Appstore 현황 및 분석

총 20가지의 카탈로그에 10여만개의 응용을 보유하고 있다. 카탈로그의 종류는 아래와 같다.

1. Books / 2. Business / 3. Education / 4. Entertainment / 5. Finance / 6. Healthcare&Fitness / 7. Lifestyle / 8. Medical / 9. Music / 10. Navigation / 11. News / 12. Photography / 13. Productivity / 14. Reference / 15. Social Networking / 16. Sports / 17. Travel / 19. Utilities / 20. Weather

각각의 카탈로그에서 한국인에게 친숙한 대표적인 응용을 소개하였다.

(1) Books (총 879페이지, App수 약 17,580개)

① 정재승의 도전무한지식

MBC FM 라디오〈정재승의 도전 무한지식〉의 내용을 그대로 담아 세상 모든 궁금증에 대한 속 시원한 해결책을 준다. 책의 주요내용은 다이어트, 돈쓰지 말고 무의식으로 하자. 하품은 왜 눈치 없이 튀어나오는 걸까? 고추장은 고체일까 액체일까?

'꼬르륵' 소리는 마른 사람이 더 크다 등 총 143개의 생활 속 상식과 지식, 과학적 호기심, 궁금증 등이 있다.

---

34) 황인혁, 손재권 기자, "애플 능가할 '슈퍼 앱스토어'", 매일경제, 2010년 2월 15일.

그림 10.29

② NIV한영(개역개정판) 성경

그림 10.30

한영성경은 한글 개역개정성경과 영문 NIV성경을 동시에 대조하여 읽을 수 있다.
쉬운 성경 찾기 방법으로 빠르게 성경을 찾아서 읽을 수 있으며 영문 성경과 대조하여 읽을
수 있어서 좀 더 쉽게 성경을 이해 할 수 있다. 또한 성경을 통한 영어 학습에도 도움이
될 수 있다.

• 특징 : 한글 개역개정성경 66권 내장, 영문 NIV성경 66권 내장, 한글/영문 대조 읽기 지원, 빠른
  성경 찾기.

③ FF13 - PerfectGuide

그림 10.31

인기게임인 파이널 판타지13의 가이드북이다. 완벽공략으로 사소한 대화 하나하나까지 완벽하게 번역되어 있다.

④ Touch Text Reader

그림 10.32

Touch Text Reader는 Text와 RTF(Rich Text Format)파일을 보여줄 수 있는 어플리케이션이다. Text와 RTF파일을 보기 위해선 Touch Finder를 통해서 .txt, .rft파일들을 Touch Text Reader에 업로드 해야 한다.

• 특징 : 큰 파일의 텍스트문서를 읽을 수 있고, 여러 종류의 인코딩을 지원한다. 인코딩 우선순위를 지정할 수 있고 가로모드 지원한다. 폰트 크기조절도 가능하다.

⑤ MCB – The Princess and the Pea (MCB = Mobile Children's Books)

그림 10.33

2세~6세의 어린이들을 위한 어플리케이션이다. 영어, 독일어, 러시아로 번역이 되어 있고, 12가지색으로 구성진 그림책이다.

The Princess and the Pea는 안드로셈의 공주와 완두콩이라는 동화이다. 멋있는 왕자가 진짜 공주를 찾는 이야기이다.

• 특징 : 아이들의 엄마나 아빠가 동화의 내용을 녹음해 아이들에게 동화책을 보는 동시에 녹음된 음성을 들을 수 있다. 페이지를 쉽게 찾을 수 있고, 읽기 쉽고 텍스트 사이즈를 확대 할 수 있다.

(2) Business (총 171페이지 App 수 약 3,420개)

① WorldCard Mobile(명함 리더기 및 명함 스캐너)

그림 10.34

iPhone 3GS전용 명함 리더기 및 인맥관리 시스템

아이폰의 내장카메라를 통해서 명함을 인식하는 시스템이다. 명함 자체를 커버 플로우로 조작 할 수 있다.

내장 카메라로 명함을 찍어 인식하면 이름, 회사, 직책, 회사주소 및 전화번호등 인식을 하게 돼서 보기 쉽게 정리해 준다.

② TurboScan : intelligent scanner

그림 10.35

아이폰 내장카메라로 문서를 사진으로 찍어 사진을 불러와 사용할 부분을 선택하고 농도를 선택하여 저장할 수 있다.

TurboScan 프로그램은 영수증, 화이트보드에 써 있는 글씨, 문서, 명함 등을 카메라로 찍어 PDF파일 또는 JPEG파일로 만들 수 있다. 사진보다는 텍스트 인식률이 좋다.

③ iFax

그림 10.36

설명 이 프로그램은 아이폰으로 팩스를 보낼 수 있는 어플리케이션이다.

인터넷을 통해 팩스를 보낼 수 있고, 미국 내에 있는 팩스번호만 가능하다.

(3) Education (총 451페이지, App 수 약 9020개)

① 북앤딕 – 오바마 연설(Book&Dic – Obama Speeches)

그림 10.37

대중을 위한 오바마의 연설문은 간결하고 알기 쉬운 문장으로 구성되어 있어 영어를 배우는 사람들에게는 좋은 학습기회를 제공한다. 지구 온난화, 빈곤 퇴치, 실업 및 인종문제, 교육 및 의료정책 등 현대 미국 사회의 쟁점들에 대한 다양한 주제와 주장들이 포함되어 있기 때문에 연설을 읽고 듣는 것만으로도 각종 국제적 이슈들에 대한 해박한 지식을 얻을 수 있다. 오바마의 대통령 출마/당선 연설, 노벨평화상 수상 소감 등 2004년부터 2010년까지 총 47개의 연설의 스크립트 전문을 수록하고 있다. 실제 오바마의 육성 및 동영상을 제공하여 연설 현장의 감동을 그대로 느낄 수 있도록 하였다.

- 특징 : 47개의 연설의 전문 스크립트 수록 및 육성 mp3내장, 동영상 링크 기능 제공으로 손쉬운 동영상 감상 가능, 본문에서 터치로 단어 해석 제공, 편한 독서를 위한 글읽기 옵션 제공, 모르는 단어에 대한 단어장 추가 및 게임을 통한 학습 능력.

② 암기짱 – FlashCard Master

설명 원하는 단어장을 만들어 암기 할 수 있는 통합 암기 프로그램이다.

구구단, 수도이름, 초등학교 영어 단어, 중학교 영어 단어, 고등학교 영어 단어, 일본어 히라카나, 일본어 카타카나, 일본어 기초단어, 일본어 JLPT 1급 단어, 일본어 JLPT 2급 단어, 일본어 JLPT 3급 단어, 천자문, 한자 1급~8급의 단어장이 제공된다.

- 특징 : 음성파일 업로드 및 음성 재생, 단어장을 사용한 퀴즈, 틀린 퀴즈 다시 풀기, 다양한 웹사전 지원.

그림 10.38

③ Star Walk - 5 stars astronomy guide

그림 10.39

설명 별 관측 응용 프로그램으로 모든 별, 별자리, 행성 및 메시에 목록이 달 위상, 위키피디아 링크, 관측할 천체의 타임 머신과 함께 포함되어 있다.

• 특징 : APOD(오늘의 천문 사진), 3D 지구 뷰, Star Spotter가 있는 디지털 나침반, 3GS iPhone은 폰을 기울이면 Star Spotter 기능이 활성화 된다.

④ 김PD의 스피드 자동번역 Lite Update(Korean - English Translator)

설명 iPhone/iPod Touch용 번역 프로그램. 원하는 단어 또는 문장을 입력하시면 빠르게 번역해 보여준다.

• 특징 : 한-영, 영-한 전환기능, 단어·어휘·문장 번역, 긴 문장 번역시 텍스트 페이즈 스크롤 기능, 하루 번역 1000번으로 제한, 네트워크가 연결 된 상태에서만 번역이 가능.

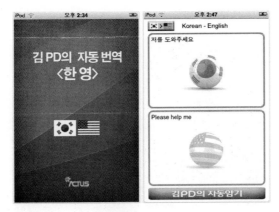

그림 10.40

(4) Entertainment (총 838페이지, App 수 약 16,760개)

① Booooly!(불리)

설명 두뇌퍼즐 게임. Wi-Fisk Bluetooth를 통해 다른 사람과 멀티 플레이 가능.
같은 색으로 묶여져 있는 원으로된 캐릭터들을 누르면 터지게 되는데, 다른 사람과 멀티 플레이를 할 경우 내가 터트린 캐릭터의 수만큼 상대방 화면에는 그 수만큼 쌓이게 되어 끝까지 다 차게 되면 지는 게임이다.

② 헬키드(HELLKID) : hook & jump

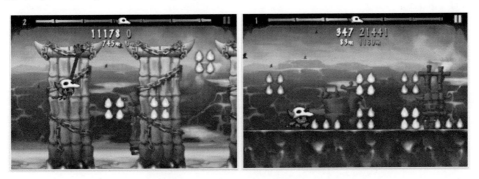

설명 점프하려면 화면터치, 점프도중, 후킹하려면 한번 더 터치하고, 터치한 상태를 유지한다.
공중에서 토치한 손을 놓는 시점에서 공중제비를 돕는다.

- 특징 : [영혼의 계곡] : 12단계로 점점 빨라지는 스테이지, [절망의 계곡] : 끝없이 계속해서 달려가는 스테이지, 글로벌 랭킹 지원, 38개의 업적/호칭 제공/ 트위터/페이스 북 스코어 자랑하기, 6개국어 지원(한국어 영어 일본어 프랑스어 독일어 러시아어)

③ 무서운 카메라 – '사진기'의 상식을 깨다!

그림 10.42

무서운 카메라를 구입한 후 다른 사람에게 카메라로 인물 사진을 찍어달라고 부탁하고 셔터가 눌러지는 순간 괴물이 비명을 지르면서 찍은 사람에겐 공포를 그리고 당신에겐 큰 웃음을 선사하는 어플리케이션이다. 특히 평소에 강한 척 대범한 척 하는 사람에게 시도해 보기 좋은 어플리케이션이다.

• 특징 : 어둡고 조용한 곳에서 할수록 상대는 많이 놀람. 사진을 찍을 때 마이크를 손으로 막지 않게 한다.

④ 레알 사다리

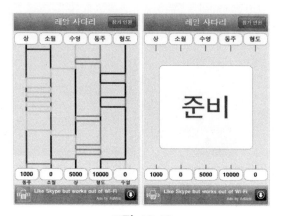

그림 10.43

사다리 게임 어플리케이션이다. 2~10인까지 설정할 수 있다.

228

(5) Finance (총 100페이지 App 수 약 2000개)

① 보안카드/신용카드/통장관리 - 노른자

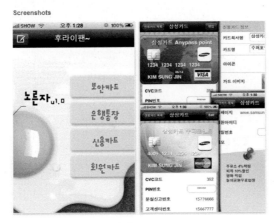

그림 10.44

설명 카드나 은행통장 등을 소지하고 있는 사람이라면 핸드폰에 카드에 대한 정보를 모두
입력하고 카드 분실시 해지할려고 카드번호를 찾을 필요 없이 핸드폰에 저장된 카드번호를
가지고 해지를 할 수 있다. 보안강화하기 위해 비밀번호 10회 오류시 모든 데이터가 삭제되고,
계좌 비밀번호 등을 조회 할때는 비밀번호를 한번 더 확인하도록 업데이트될 예정.

② Money Agent Pro(Finance App)

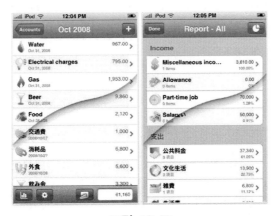

그림 10.45

설명 가계부 프로그램이다.
매월 새로운 계정을 등록해 수입과 지출 항목을 입력해 주면 당신의 수입과 지출을 한눈에

확인할 수 있고 각각의 카테고리별로 통계 데이터도 확인할 수 있다. 수입과 지출이 많이 있을지를 확인할 수 있도록 그래프도 제공된다.

③ MyStocks

그림 10.46

설명 주식 시세를 실시간으로 확인 할 수 있는 어플리케이션이다.
KOSPI, KOSPI 200, KOSDAQ, 세계 인덱스. KOSPI/KOSDAQ 상장사의 주식 시세를 알려준다.

MyStocks에서 앞으로 업그레이드 할 계획부분
수익률 %이외 액수 등으로 볼 수 있도록 수정, 개별종목 화면 refresh 기능 추가. 자신의 수익률 등 계산 기능 추가, 관심지수에 각종 지표도 추가 가능하도록, 관심종목, 목록 저장 & 로드 기능, ELW종목 추가, 그래프 종류 추가 및 가로보기 지원, 종목 순서 오류 수정, 호가창 보기 기능 추가 예정.

(6) Healthcare&Fitness (총 155페이지 App 수 약 3100개)

① Sleep Cycle alarm clock

설명 수면 패턴을 분석해 주는 알람시계다. 오른쪽 사진처럼 아이폰을 바닥을 향하도록 해서 잠을 잔다. 그러면 잠을 자는 동안 뒤척이는 중력의 변화를 그래프로 표시를 하게 되는 어플이다. 왼쪽 사진에서 그래프 좌측부분을 보다 시피 Awake - Dreaming - Deep Sleep 이렇게 3단계로 구분이 되는데 언제 잠자리에 들었고 언제 일어났는지 하루 총 수면시간이 얼마나 되는지(Total time) 평균 수면시간은 얼마이고 어느 정도 누적된 양인지를 보여주게 된다. 아침에 몸이 개운치 않은 날은 실제로 그래프가 요동을 쳤고 짧은 시간을 잤어도 몸이 개운한 날은 총 수면 시간동안 Deep Sleep한 걸 볼 수 있다.

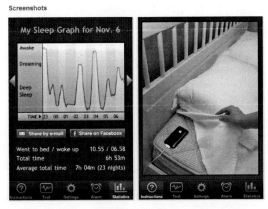

그림 10.47

② 금연모니터 – mySmoking

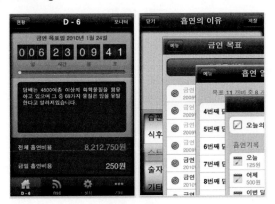

그림 10.48

설명 금연모니터는 흡연자의 상황에 맞는 3가지 모드를 제공한다. 지겨운 담배 지금 바로 끊고 싶은 분들을 위한 '금연모드', 금연의 필요성을 느끼지만 아직 준비가 되지 않은 흡연자를 위한 'D 데이 모드' 그리고 흡연자의 흡연 패턴을 분석하고 흡연 일정을 관리할 수 있는 애연가를 위한 '모니터 모드' 이렇게 있다.

• 특징 : 각 모드의 진행 상황을 모니터로 쉽게 확인, 희망 구매 목록을 통한 금연 동기 부여, 금연 계산기, 흡연의 이유 분석, 하루 흡연 목표치 설정 및 일정 관리, RSS Feed 리더.

③ 칼로리 균형

설명 기존의 섭취/소모 칼로리 데이터들을 사용자 마음대로 검색, 추가, 삭제, 초기화 할 수 있다. 음식 종류별 섭취량에 맞는 칼로리 정보를 볼 수 있다. 운동 종류별 시간당 체중에 맞는 칼로리 정보를 볼 수 있다. 운동 종류별 시간당 체중에 맞는 칼로리 정보를 볼 수 있다.

섭취 칼로리와 소모 칼로리의 계산을 쉽게 할 수 있다. 자기가 즐겨먹는 과자에 대한 데이터가 없는 경우 직접 등록해서 사용할 수 있다.

그림 10.49

④ 혈도

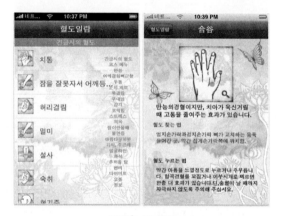

그림 10.50

설명 증상별로 혈도의 위치와 자극방법을 소개해 준다. 눈의 피로, 어깨 결림, 다이어트 등을 위한 코스도 있다.

- 특징 : 증상일람에는 치통, 잠을 잘못잤을 때, 허리결림, 차멀미, 설사, 숙취, 현기증, 이명, 과식, 어깨 결림, 두통, 눈의 피로, 목결림, 구내염, 감기, 코막힘, 스트레스, 의욕증진, 숙면, 불면증 해소, 요통 등이 있다.

⑤ 성형견적

그림 10.51

설명 눈 성형에서부터 코성형, 얼굴성형, 보톡스까지 34개의 미용성형을 살펴보고 본인이 원하는 시술을 체크해 볼 수 있는 어플리케이션이다. 압구정 성형외과들의 평균가로 산출된 성형 견적을 무료로 받아볼 수 있다. 친구와 서로 견적을 내보며 평가를 해보기도 하고, 무료로 전문의료진의 상담도 받을 수 있다.

⑥ 무료진동맛사지기

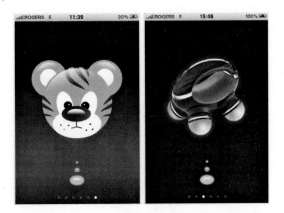

그림 10.52

설명 진동모드 6가지 중에서 선택할 수 있다. 변경 진동 패턴이 다른 요구를 충족시킬 수 있다. 진동 및 애니메이션 동기화 할 수 있다. 평생 무료 업데이트. 지원 언어 : 독일어, 일본어, 한국어, 프랑스어, 중국어, 이탈리아어.

⑦ CalorieDowner − 칼로리다우너

그림 10.53

설명 그날 섭취한 음식의 칼로리를 검색할 수 있다. 해당음식을 선택한 후 줄넘기/만보기 등을 선택한다. 줄넘기를 선택한 경우 칼로리를 소비하기 위해 몇 회의 줄넘기를 해야하는지 나타내준다. 시작버튼을 누른 후 아이폰을 손에 쥔 채 줄넘기를 시작한다. 시작버튼을 누른 후 아이폰을 손에 쥔 채 줄넘기를 시작한다. 목표횟수만큼 줄넘기를 하였을 경우 트위터로 운동한 내역을 등록할 수 있다. 만보기도 비슷한 방식으로 동작한다.

(7) Lifestyle (총 419페이지 App 수 약 8,380개)

① Momento

그림 10.54

설명 기본적으로 일기장 어플리케이션이라고 생각하면 된다. 고급스러운 디자인의 일기장, 자신의 Twitter, Facebook, Filckr, Last.fm 의 글이나 사진도 동기화가 가능하다. 굳이 일기장을 쓰지 않아도, 트위터를 쓰고 있다면 자신의 트윗이 시간별로 잘 정리되어 이쁜 일기장이 탄생하게 된다. Filckr에 올린 사진도 자동으로 첨부되고, 물론 자신이 따로 올릴 수도 있다.

② 누구세요? – 밤이 무서워?!

그림 10.55

설명 여성들을 위한 어플리케이션이다. 낯선 사람이 갑자기 초인종을 눌렀을 때, 여자 혼자 있다는 것을 티내기 싫을 때 유용하게 사용할 수 있다. 급한 상황에서 일일이 찾지 않도록 상황별로 구분되어 총 158문장으로 구성됐다. 남자친구를 대신해 남성 목소리로 대답을 하게 하고, 옆에 남자가 있는 척 말 상대가 되어주고 한다. 그것마저 힘들거나 멀리 있는 사람에게도 알려야 할 때 아이폰의 한계를 뛰어넘는 무지막지한 싸이렌 소리가 울려퍼질 수 있다. 애인이나 친구, 가족이 직접 녹음할 수 있는 녹음 기능 갖춤.
그 외 난감한 상황과 재미있는 상황에 유용하게 쓰일 수 있는 몇 가지 보너스 상황이 있다.

③ 폭탄주

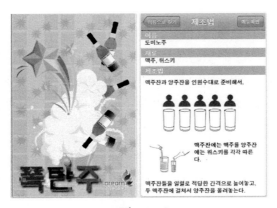

그림 10.56

설명 폭탄주는 특별히 음주 모임에 어울리는 다양한 혼합주의 제조법과 즐기는 방법을 소개하는 어플리케이션이다. 현란하고 까다로운 재료들로 고민할 필요없이 그저 흔한 맥주, 위스키나 보드카 등이면 충분하다. 모두 31개의 폭탄주가 제조법과 즐기는 법에 관한 상세한 도해와 함께 수록되어 있다.

④ EggMon

그림 10.57

설명 에그몬은 바코드를 이용한 가격 및 상품 정보 검색 어플리케이션이다. 가격 비교, 상품 정보, 사용 후기 등을 언제 어디서나 빠르고 편리하게 찾아볼 수 있다. 높은 바코드 인식률, 간결한 원터치 UI.

• 특징 : 에그몬을 키고 아이폰 내장카메라로 바코드를 찍으면 상품에 대한 가격과 정보를 알려준다. 거꾸로 찍거나 살짝 스쳐지나가도 인식이 된다. 국내외 도서 전부, 주요 마트에서 판매되는 상품에 충실한 검색 서비스를 제공한다. 수입 및 해외에서 구입 가능한 다양한 상품에 대한 가격 정보도 제공된다.

⑤ 오마이셰프 – 레시피 검색

설명 냉장고 속 재료로 만들 수 있는 요리를 찾아주는 어플리케이션이다. 장을 볼 때, 선택한 메뉴에 필요한 재료들을 클릭 한번으로 구매목록에 담아서 하나씩 체크하면서 장을 볼 수 있다. 최고의 블로거 셰프들의 엄선된 레시피를 인터넷 연결 없이도 빠르게 검색할 수 있다.

그림 10.58

⑥ MagicSleep Lite

그림 10.59

설명 트래블 슬립(Magic Sleep)은 놀라울 정도로 효과적인 수면보조 제품으로 모든 지역의 여행자들에게 적합하다. 최신 심리음향, 물리적 모델링, 디지털 신호 프로세싱을 사용하여 트래블 슬립(Travel Sleep)은 마치 자궁 속에서 있는 것과 같이 인간에게 가장 효과적이고 편안한 수면 환경을 만들어 준다. 효과는 즉각적이며 곧 깊고, 편안한 잠에 빠져들 것이다. 헤드폰 또는 외부 스피커와 사용하면 좋다.

⑦ 대리운전 APP

설명 대리운전 APP는 각 지역에서 가장 믿을 수 있는 업체를 선정하여 대리운전 서비스를 이용할 수 있도록 연결해 주는 어플리케이션이다.

그림 10.60

- 기능 :

Home – 중앙의 버튼을 실행하면 간편하게 해당 지역에 서비스가 가능한 대리운전 전문 업체에 연결한다. 음주 상태에서 사용하기 쉽도록 간단한 인터페이스로 만들어 졌으며, 불필요한 로딩이 없어 빠르게 대리운전을 호출 할 수 있다.

Game – 술자리에서 사용할 수 있는 게임기능을 추가하였다.

Map – 현재 위치를 모르실 경우, 지도에 표시되는 주소를 대리기사님께 알려드릴 수 있다.

Event – 대리운전업체에서 제공하는 다양한 이벤트에 참여할 수 있다.

(8) Medical (총 96페이지 App 수 약 1,920개)

① 시력검사

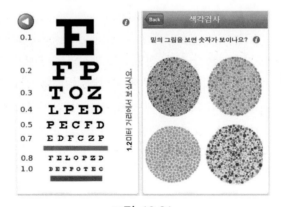

그림 10.61

설명 현대인은 매일 컴퓨터 모니터, TV를 보면서 눈을 혹사 시키고, 밤에는 밝은 전등 빛에 장시간 노출되며 잦은 야근, 늦은 수면 시간은 눈이 쉴 시간을 주지 않는다. 시간 날 때 시력검사 해 볼 수 있는 어플리케이션이다.
* 기능 : 시력검사, 색맹/색각검사, 난시검사, 망막검사가 있다.

② uHear

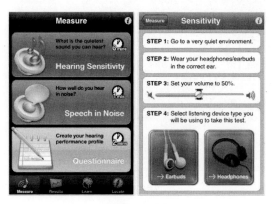

그림 10.62

설명 hearing Sensitivity 와 Speech in Noise 두 가지 테스트가 있다. 비프음이 들리면 화면을 터치하면 된다. 테스트는 3분정도 걸리고 결과가 도출된다. 실제로 병원에서 하는 테스트와 동일하지만 제대로 된 청력검사는 병원에서 하는 것이 좋다.

(9) Music (총 258페이지 App 수 약 5,160개)

① Ocarina

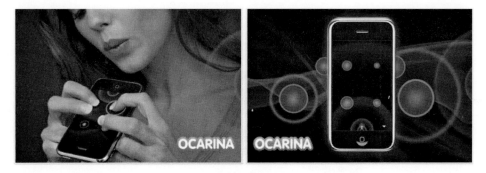

그림 10.63

설명 실제 오카리나의 소리를 연주할 수 있다. 아이폰의 우측 마이크 쪽으로 바람을 불면 소리가 난다.
* 특징 : 세계의 각각 다른 사람들이 연주하는 음악을 실시간으로 들을 수 있다.

(10) Navigation (총 174페이지 App 수 3,480개)

① iKorway korean Subway

그림 10.64

설명 역을 터치하면 6가지 기능을 선택할 수 있게 되어 있다. 역정보, 메모, 주변 버스, 출발/
도착역 선택, 노선도로 돌아가기, 지도보기.

출발역과 도착역을 입력하면 현재 시간에서 가장 가까운 열차편 시작을 알려주고, 운임요금,
남은 열차 시간과 도착예정시간이 나온다. 위치정보를 활용하여 현 위치에서 가장 가까운
역을 찾아주는 기능도 있다. 이 어플리케이션의 단점은 용량이 크다는 것.

② 주유정보

그림 10.65

설명 주변 지역 주유소의 가격과 위치를 조회 할 수 있다. 실시간으로 조회되는 주유소 가격으로 정확한 가격이 표시된다. 현 위치에서 검색시 주유소간 거리 및 방향 표시를 해준다. 휘발유, 경유, LPG 가격표시 및 원하는 유종으로 정렬가능하다. 주유소 검색으로 주거래 주유소만 표시 가능

③ BikeMateGPS

그림 10.66

설명 BikeMateGPS는 자전거 라이딩을 즐기는 분들을 위한 어플리케이션이다. 저장된 이동경로 데이터를 불러 들여 Google 맵을 통해 어떤 경로로 이동을 했는지 확인을 할 수 있으며 불러들인 경로에서 다시 라이딩을 해 기록 경쟁을 할 수 있어 같은 코스에 대한 다양한 경험을 할 수 있다. BikeMateGPS를 사용하여 라이딩을 하면 라이딩 한 시간, 거리, 평균 속도, 최고 속도, 현재 속도 그리고 라이딩 동안의 소모 칼로리를 확인을 하고 저장을 할 수 있어 좀 더 자전거 라이딩의 경험을 관리하여 보다 효과적인 라이딩을 할 수 있다.

(11) News (총 177페이지 App 수 약 3,540개)

① 전자신문

설명 국내 최대의 정보통신 전문 일간지인 '전자신문'을 언제 어디서나 아이폰에서 볼 수 있도록 만든 어플리케이션이다. IT/컴퓨터, 경제, 생활/문화의 세 개의 섹션으로 이루어져 있으면 각각의 IT/컴퓨터 섹션은 IT 일반, 컴퓨터/인터넷, 휴대폰의 서브 섹션으로 나뉘어져 있다. Photo 섹션, 원하는 기사만 볼 수 있는 북마크 기능, 검색 기능이 있다.

그림 10.67

(12) Photography (총 132페이지 App 수 약 2,640개)

① ClassicPan − 빈티지 파노라마 카메라

그림 10.68

설명 오래된 필름 파노라마 카메라의 감성을 실린 어플리케이션이다. 디자인과 조작감, 결과물 등 모든 것이 예전 135포맷 필름 카메라에 맞춰 제작되었다.

9:4비율의 파노라마 형태의 사진을 촬영한다.

8가지의 필름별 효과를 제공한다.

- high Quality Negative Film : 일반적인 네가필름 현상효과
- high Quality Positive Film : 일반적인 슬라이드 필름현상효과로 람부가 더 짙고 명부도 더 강조됨.
- high Quality B/W Film : 일반적인 흑백필름 현상효과
- Sepia Film : 세피아 색상의 현상효과
- Desaturated Film : 채도가 약한 슬라이드 필름 현상 효과
- high Speed B/W Film : 고감도 흑백필름 현상효과로 입자감이 있고 명부가 더 밝게, 암부가 더 짙게 표시됨.

- high Quality Vivid Film : 채도가 강한 슬라이드 필름현상효과
- Vintage Damaged Film : 색이 바랜 낡은 사진 효과

② moreBeaute(Skin retouch)

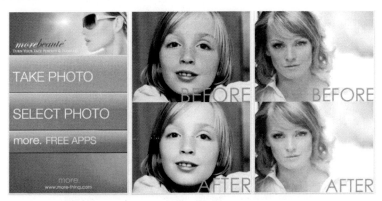

그림 10.69

설명 사진을 찍어서 피부를 뽀샤시 하게 만들어 주는 간단한 사진 필터, 효과넣기 어플리케이션이다. 사진찍고, 원하는 만큼 뽀샤시 효과를 조정해서 넣을 수 있다.
before와 after 기능이 효과를 넣었을 때와 비교를 할 수 있다.

(13) Productivity (총 164페이지 App 수 3,280개)

① 어썸노트

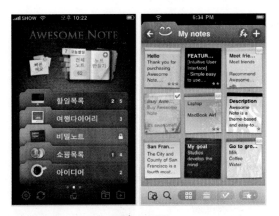

그림 10.70

설명 노트와 일정관리를 하나로 할 수 있는 노트 어플리케이션이다. 다양한 폴더 아이콘과 색상, 폰트, 그리고 멋진 노트 배경들로 나만의 스타일로 노트를 만들 수 있다.

• 특징 : 사진 첨부기능, 구글 Docs 및 에버노트와의 완전한 동기화, 전화번호, 웹주소, 이메일 주소
클릭 기능, 패스코드 보호, 일정관리, 노트검색, 빠른 메모(포스트잇 스타일)

② Discover

그림 10.71

설명 모바일 파일 매니저 어플리케이션이다. 동일 대역의 무슨 네트워크(무선 공유기를 사용
하는 경우) 상에서 웹 브라우저를 통해 아이폰의 Documents 디렉토리에 접속할 수 있는 프로
그램이다. public과 private 디렉토리를 제공하는데 public은 IP주소만 알면 누구나 접속할 수
있다. private은 아이디와 비밀번호를 알아야만 접속을 할 수 있다.

(14) Reference (총 270 페이지 App 수 5,400개)

① YBM Eglish Korean English Dictionary – All in All

그림 10.72

• 설명 : 통합 사전으로서 최대의 표제어, 어휘, 예문 등 수록. 널리 통용되는 약어와 약자, 세계의 주요 지명 등도 많이 수록되어 있다. 일상생활에서 늘 쓰이는 순 우리말과 한자어를 중심으로 고투적인 어구, 신어, 상용 외래어 등 문법적인 요소까지 수록되어 있다.

(15) Social Networking (총 119페이지 App 수 약 2,380개)

① WhatsApp Messenger

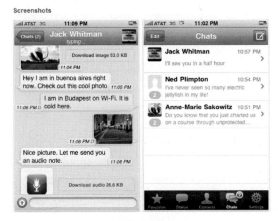

그림 10.73

설명 아이폰의 push기능을 이용해서 마치 휴대폰의 문자메시지와 같은 작동을 하는 어플이다. 메신저라고 보면 된다. 이 어플을 사용하기 위해선 push기능을 활성화 시켜야 하므로 그 만큼의 베터리 소모도 감안해야 한다. 무선랜이 되는 곳이라면 무제한으로 문자를 보낼 수 있다.

(16) Sports (총 261페이지 App 수 약 5,220개)

① i스윙

그림 10.74

설명 내장된 레코더로 간단히 골프 스윙을 촬영하여 슬로우 모션 반복 재상 또는 새로운 Motion Echo 설정으로 스윙을 프레임별로 리플레이 할 수 있다. iSwing의 터치 스크린 선 그리기 툴을 사용하여 테이크 어웨이, 팔로 스루, 몸의 각도, 팔의 자세 등을 분석할 수 있다.

(17) Travel (총 387페이지 App 수 약 7,740개)

① iPlane – 인천국제공항운항정보

그림 10.75

설명 인천 국제 공항 리얼 타임 운항 정보를 알려준다. 항공편 출발 및 도착 시간, 목적지, 상태, 터미널 게이트 정보를 아이폰과 아이팟 터치와 동기화가 된다. 1주일 비행 상태를 표시해 준다.

② 윙버스 서울맛집 – Wingbus Seoul Restaurant

그림 10.76

설명 윙버스 서울맛집은 사용자들의 평가를 기반으로 믿을 수 있는 맛집 정보를 제공하는 서비스이다. 윙버스 편집진과 블로거 추천으로 선정된 1300여 곳의 서울 맛집 정보가 사용자들의 평가/리뷰/사진과 함께 제공된다. 한식/일식/중식/양식 등 다양한 테마별로 찾아볼 수 있다.

(19) Utilities (총 449페이지 App 수 약 8,980개)

① RemoteX 7

그림 10.77

설명 유무선 통합 공유기 사용자에 한해 별도의 설정없이 자동으로 PC와 연결되어 편하게 사용할 수 있다. 아이폰과 아이팟 터치용 어플리케이션으로 PC에 설치된 7가지 프로그램들을 WiFi를 통해 원격으로 제어할 수 있다.

원격제어 대상 프로그램으로는 곰플레이어, KMP플레이어, 다음 팟플레이어, 윈도 미디어 플레이어, 윈엠프, XBMC, Microsoft Power Point 2007이 있다.

RemoteX를 통해 PC의 전원을 켜고 끌 수 있다.

② 아이피 추적기

설명 방문자의 아이피 주소를 이용하여 나라, 도시, 위도 그리고 경도를 알아내도록 도와주며 그 정보를 이용하여 지도상에 표시해 준다. 아이피 정보만 알고 있다면 아이피 추적기를 이용하여 그 사람의 위치 정보를 알아낼 수 있다.

그림 10.78

③ PDF Word Excel File Viewer

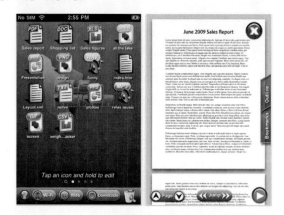

그림 10.79

설명 컴퓨터에 있는 워드, PDF, 엑셀 파워포인트 문서 등을 옮겨 놓고 아이폰, 아이팟터치에서 열어보는 어플리케이션이다. 상대적으로 저렴한 가격에 인터넷 페이지도 저장할 수 있다는 장점이 있다. 디자인도 아이콘 형식이라 깔끔해 보인다.

(20) Weather (총 29페이지 App 수 약 580개)

① 지역 날씨(Local Weather)

설명 Local Weather은 현재 기상조건과 현지 기상예보와 함께 전 세계의 실시간 기상 지도를 보여준다. 줌과 스크롤하면 기상조건이 실시간으로 업데이트 되며 현재 기상조건 아이콘과 온도가 지도의 오른쪽에 표시된다.

그림 10.80

10.4.5 스마트폰 애플리케이션 마켓 전략

(1) 주요 스마트폰 애플리케이션 마켓 전략[35]

다양한 사업자들이 애플리케이션 마켓 시장에 진입하여, 비즈니스를 수행하고 있으나 보유 중인 자원과 태생적 배경에 따라 각기 다른 전략을 가지고 있다.

Apple, Nokia, RIM과 같이 단말과 플랫폼을 모두 보유한 기업은 단말과 운영 체제에 최적화 된 개발 환경을 제공하면서, '단말+플랫폼+컨텐트'의 수직 연동 전략을 추진 중이다. 특히, Apple과 RIM은 혁신적인 단말과 컨텐트를 무기로 폐쇄적인 플랫폼 전략을 수행하고 있는 반면, 후발 주자인 Nokia는 플랫폼인 Symbian을 오픈 소스화하면서 플랫폼을 기반으로 하는 환경 확산에 주력하고 있다.

Apple과 같은 단말과 수직 연동시킨 폐쇄적인 플랫폼 전략은 단말의 종류에 따른 추가 개발의 부담이 적어 개발자에게 편안한 개발 환경을 제공한다. 그러나 이로 인한 단말 라인업의 제한은 중장기적으로 단말 수요자의 외면을 초래할 수 있다. 경쟁자들이 지속적으로 혁신적인 단말을 출시하고, 유사한 애플리케이션 마켓을 구축하고 있는 상황에서 소수의 단말에 의존하는 폐쇄적인 플랫폼 전략의 지속 가능성이 관건인 것이다.

플랫폼만을 보유한 MS, Google[36] 등은 플랫폼의 영향력 확대를 위해 이동 통신 사업자와 단말 사업자와의 전략적 제휴를 추진 중이다. 이들은 단말 부분의 역량은 부족하지만, 모바일에 서 활용 가능한 강력한 웹 기반 서비스(예: 지도 서비스, 모바일 애드센스 등)들을 보유하고 있다. 이들은 보유한 웹 기반 서비스의 표준 API 확산과 연계하여 자신들이 지원하는 플랫폼의

---

35) 정제호, "스마트폰 마켓 플레이스, 도전과 기회", SW Insight 정책리포트, 2009년 10월.
36) Google은 2010년 1월 5일자로, 'Nexus One'이라는 이름의 자사 브랜드 스마트폰을 출시하였는데, 대만의 HTC가 제조하였고, Google이 직접 하드웨어와 소프트웨어를 설계하였고, 자사 온라인 몰을 통해 직접 판매한다.

확대를 모색 중이다.

그러나 다양한 대안 플랫폼이 등장하는 상황에서 단말 제조사와 이동 통신 사업자를 유인할 수 있는 지속적인 이슈 발굴에 실패할 경우에 시장 점유율 하락으로 이어질 수 있다. 실제로 많은 주목을 받았던 Microsoft의 'Windows Mobile'의 시장 점유율은 Apple, RIM 등에 밀려 지속적으로 하락하고 있다. 플랫폼은 없으나, 단말을 보유한 삼성전자[37]와 LG 전자 등 단말 제조사들은 주요 플랫폼을 탑재한 단말을 출시하면서, 단말 자체의 경쟁력 강화에 중심을 주고 있다.

그러나 애플리케이션 마켓에서의 복수 플랫폼과 다양한 단말 라인업에 따른 개발자 부담으로 인해 마켓 활성화에 적지 않은 어려움이 예상된다. 특히, 단말 유통에 이동 통신 사업자의 영향력이 여전한 상황에서 이동 통신 사업자의 영향력을 벗어나는 독자적인 애플리케이션 마켓 전략의 추진은 부담이 된다.

애플리케이션 마켓의 후발 주자인 이동 통신 사업자들은 그동안 구축해 놓은 컨텐트 풀과 고객 기반, 네트워크와 단말 유통 채널 등의 자원을 전략적으로 활용하며, 기존의 로컬 시장의 고객들에 집중하고 있다. 특히 이들이 보유 중인 LBS(Location Based Service) 인프라는 플랫폼 사업자나 단말 제조사에 비해 차별화된 차원이며, 실제 Verizon이나 SK 텔레콤의 경우 LBS 관련 네트워크 API를 공개하며 개발자들을 유인하고 있다.

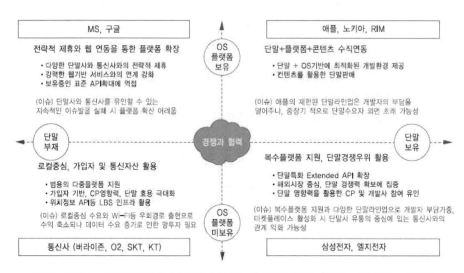

그림 10.81 애플리케이션 마켓 사업자 유형별 전략 (자료: 정제호, 2009)

---

37) 삼성전자는 MWC 2010에서 독자 개발한 모바일 플랫폼 '바다'(Bada)를 탑재한 스마트폰 '웨이브'를 공개하였으나, 아직까지 '바다'의 성공 가능성은 불투명하다.

(2) 국내 이동 통신 사업자의 애플리케이션 마켓[38]

SK 텔레콤은 2009년 9월 8일, 'T스토어'를 정식으로 오픈했다. T스토어는 스마트폰을 물론, WIPI 기반 일반 휴대폰으로도 이용이 가능하며, 복수의 플랫폼을 지원하기 위하여 별도의 미들웨어인 SKAF를 제공한다. 그러나 Wi-Fi를 통한 우회 접속은 허용하지 않으며, 데이터 요금 또한 3.5원/KB 또는 월정액 15,000원으로 비싼 편이다.

SK 텔레콤에 이어 KT 또한 'Show 앱스토어' 전략을 발표했다. KT는 컨텐트 다운로드에 따른 데이터 통화료를 파격적으로 인하하여 사업자들의 부담을 최소화했다. 예를 들어 1MB의 게임을 구매할 경우, Show 앱스토어 정책제의 경우 50원, 종량제는 500원으로 구입할 수 있는데, 이는 기존 요금으로는 약 3,550원이 소비된다. 또한 주요 장소에서 Wi-Fi 망을 개방함으로써, 무료 다운로드가 가능하도록 함으로써, SK 텔레콤과의 차별화를 시도 중이다. 그러나 지원 단말이 스마트폰으로 한정되고 지원되는 플랫폼도 현재는 Microsoft의 Windows Mobile로 제한적이다.

표 10.18 국내 이동 통신 사업자 애플리케이션 마켓의 특징 (자료: 정제호, 2009)

	SKT T Store	KT Show App Store
주요 특징	• 2009년 6월 베타서비스, 9월 8일 정식 오픈함. • 스마트폰, PC, 일반 휴대폰 등 이동사에 관계 없이 접근을 지원함. • SKAF라는 미들웨어를 통해 컨텐트와 이용자 단말기 운영 체제 사이의 호환을 지원하여, WIPI 기반으로 개발된 솔루션을 스마트폰에서 사용 가능하도록 변환을 지원함.	• 2009년 9월 24일 개발자 정책을 발표함. • KT 스마트폰 사용자만 사용이 가능함. • 상품의 등록 및 판매 비용은 후불로 정산함. • 플랫폼과 단말이 바뀌어도 쉽게 개발할 수 있는 KAF API를 제공함.
우회 접속	• Wi-Fi 인프라를 통한 우회 접속을 불허함. • 우회 경로로 PC Sync로 다운이 가능함.	• Wi-Fi 인프라를 통한 우회 접속을 허용함. • 향후 Wi-Fi와 Wibro를 연계 지원할 예정임.
수익 분배	개발자:T Store=7:3	일정 수준 이상의 매출을 기록한 컨텐트에 대해서만 수익 분배를 하는데, 개발자:Show Store=7:3 (8:2)
데이터 요금	• 1KB당 3.5원의 데이터 통화료를 부과하고, 15,000원의 무제한 요금제가 존재함.	• 1MB당 500원을 부과하는데, 이는 기존의 1/7 수준임.
등록비	• 100,000원 (2건), 200,000원 (5건), 300,000원 (10건)의 등록비가 있고, 무료 등록을 초과한 경우에는 건당 60,000원의 등록비를 지불해야 함.	• 무료 상품의 경우에는 등록 비용이 면제됨. • 등록비는 1,000원이며, 검수비는 판매 수익 발생 시에 건당 30,000원을 사후에 수령함.

---

38) 정제호, "스마트폰 마켓 플레이스, 도전과 기회", SW Insight 정책리포트, 2009년 10월.

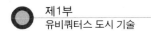

(3) 국내 단말 제조사의 애플리케이션 마켓[39]

국내 단말 제조사의 애플리케이션 마켓은 두 가지 측면에서 중요한 의미를 가진다.

첫 번째는 그 수요가 무한한 글로벌 시장이 대상이라는 점, 두 번째는 단말의 경쟁력이 하드웨어에서 소프트웨어로 확산되는 상황에서 소프트웨어 조달 체계인 애플리케이션 마켓이 단말 경쟁력 제고에 적지 않은 영향을 미친다는 것이다.

단말 제조사의 입장에서도 애플리케이션 마켓의 성공은 단말 제조사로서의 시장 한계를 넘어서 서비스 사업자로 그 영역을 확장할 수 있는 좋은 기회이다. 특히, 모바일 라이프로의 진전이 가속화되면서 다양한 서비스에 대한 수요가 급증하고 있는 상황에서 자체적인 네트워크 없이 서비스의 유통을 가능하게 하는 마켓 플레이스는 그 동안의 이동 통신 사업자에 의한 종속적인 환경을 벗어나 단말 제조사에게 새로운 시장 진출을 가능하게 한다.

삼성전자는 2009년 2월부터 베터 버전으로 운영되는 삼성 애플리케이션 스토어를 유럽 3개국(영국, 이탈리아, 프랑스)을 대상으로 정식으로 오픈했으며, 향후 독일, 스페인 등 30여개 국으로 서비스를 확대해 갈 예정이다. 삼성전자는 개발자 사이트인 '삼성 모바일 이노베이터'와 판매자 지원 사이트인 '삼성 애플리케이션 스토어 셀러 사이트'를 애플리케이션 마켓과 연계하는 에코 시스템을 구축한다는 계획이다. 현재 삼성전자의 애플리케이션 마켓에서는 그동안의 파트너 기업(예: Gamebit, mobileBus, 컴투스, 유엔젤, 네오위즈)들이 참여하고 있다.

LG 전자도 LG 휴대폰용 애플리케이션을 사고 팔 수 있는 'LG 애플리케이션 스토어'를 개설했다. 2009년 9월 14일 오픈된 LG 애플리케이션 스토어는 호주, 싱가포르 2개국을 대상으로 시범 서비스를 제공하며, 100여종의 무료 프로그램을 포함하여 1천 4백여 개의 애플리케이션을 제공한다. 또한 2008년 10월에 개설한 LG 휴대폰 소프트웨어 개발 웹사이트인 'LG 모바일 개발자 네트워크'와 연계하여 LG 휴대폰에 최적화된 애플리케이션 스토어를 통해 배포 및 판매할 수 있도록 지원할 예정이다.

(4) 국내 애플리케이션 마켓 활성화의 문제점 분석

① 글로벌 애플리케이션 마켓 Vs. 국내 이동 통신 사업자 애플리케이션 마켓

Gatner는 애플리케이션 시장 분석 보고서에서 Apple이 애플리케이션 시장의 99.4%를 독점하고 있다고 밝혔다. 2010년 1월 기준으로 Apple은 App Store에 약 15만 개 이상의 애플리케이션을 가지고 있으며, 매주 1만개 이상의 새로운 애플리케이션이 App Store에 올라고 있다. 이 정도의 속도라면 2010년 말까지 30만 개 이상의 애플리케이션을 확보할 수 있을 것으로 예상된다.[40]

---

39) 정제호, "스마트폰 마켓 플레이스, 도전과 기회", SW Insight 정책리포트, 2009년 10월.
40) 이성현 기자, "세계 모바일 애플리케이션 시장 '애플 천하'", 전자신문, 2010년 1월 20일.

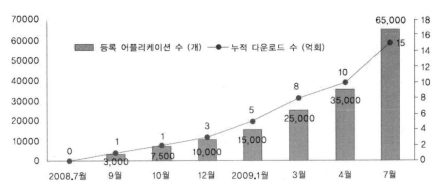

그림 10.82 Apple App Store의 성장세[41] (자료: 정제호, 2009)

　　Google의 Android Market의 경우, 2009년 11월을 기준으로 등록된 애플리케이션 수가 2만 개를 넘게 되었다. 이는 Android Market이 오픈된 지 1년 만에 나타난 성과로서, Apple App Store가 1년 만에 약 5만 개의 애플리케이션을 등록시킨 것에 비하면 적은 숫자이지만, Android Market에 등록되는 애플리케이션의 수는 점차 늘어나고 있다.[42] 이는 Android가 이클립스, JAVA 기반으로 쉽게 개발에 접근할 수 있고, 배포하기가 매우 용이하며, Android 자체가 오픈 플랫폼이라는 이유 때문인 것으로 판단된다.

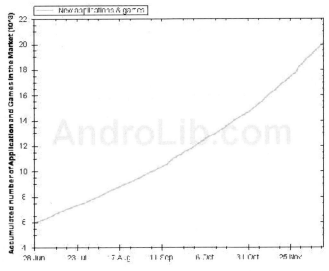

그림 10.83 안드로이드 마켓 등록 애플리케이션 수의 증가 추이

---

41) Apple은 2010년 초까지 30억번 이상의 다운로드 수를 기록하였음. (이성현 기자, "세계 모바일 애플리케이션 시장 '애플 천하'", 전자신문, 2010년 1월 20일.)
42) 김우영, "안드로이드 마켓 애플리케이션 등록 건수 2만 건 돌파", KBENCH, 2009년 12월 16일.

그렇다면 이에 비해 국내 애플리케이션 마켓은 어떠한가? Apple의 App Store가 세계적으로 선풍적인 인기를 끌자 국내 업체들도 애플리케이션 마켓을 시작하였고, 대표적인 사례가 SK 텔레콤의 T Store와 KT의 Show App Store이다. 그러나 현재 국내 애플리케이션 마켓에서 서비스 되고 있는 애플리케이션은 국내 업체들이 후발 주자임을 감안한다 하더라도, 양이나 질에서 Apple App Store 등에 비해 현저히 뒤떨어진다는 것이 대부분의 의견이다. 특히 KT의 Show App Store의 경우, 애플리케이션 다운로드 중 가장 인기 있는 카테고리인 게임에서 애플리케이션 수가 59개[43]이며, 이 중 무료 애플리케이션은 단 한 개도 없는 것이 사실이다. 또한 영국, 프랑스, 이탈리아, 독일, 싱가포르, 브라질, 중국에서 서비스를 제공 중인 삼성전자의 Samsung Apps의 경우에는 등록된 전체 애플리케이션 수가 679개에 불과하다.[44] SK 텔레콤의 T Store의 경우에는 2009년 11월을 기준으로 등록된 애플리케이션 수가 약 3,200개 이르고 있다.[45]

이처럼 국내 애플리케이션 마켓이 성과를 내지 못하고 있는 이유는 국내 스마트폰 시장이 성장 초기 단계일 뿐만 아니라, 개발자들이 이미 충분한 고객을 확보한 Apple App Store에 몰리기 때문이다. 실제로 Apple App store가 4천 만대 이상의 고객 단말을 확보한데 비해, SK 텔레콤 T Store의 가입자가 50만 명 정도인 것을 보면, 개발자들이 국내 애플리케이션 마켓을 위해 각기 다른 운영 체제별로 개발하는 것은 분명 어려운 일임에 분명하다.

또한 사용자들이 편하게 즐길 수 있는 무료 애플리케이션의 수를 늘려야 하는 것도 국내 애플리케이션 마켓의 과제이다. T Store의 무료 애플리케이션 비율은 20%정도이고, Show App Store의 무료 애플리케이션 비율은 25% 정도이지만, 대부분 계산기 등의 기본적인 애플리 케이션인데 비해, Apple App Store의 무료 애플리케이션 비율은 30% 정도이다.

② 이동 통신 사업자 애플리케이션 마켓의 한계[46]

이동 통신 사업자의 애플리케이션 마켓은 수요가 제한된 로컬 시장(Local Market)을 대상으로 한다는 점에서 한계가 존재한다. 이동 통신 사업자들은 글로벌 애플리케이션 마켓으로 발전시켜 나간다는 전략이지만, 이동 통신 사업자가 가지고 있는 '로컬 시장 기반의 풍부한 컨텐트 및 가입자', '마케팅 채널', '가입자 정보와 LBS 인프라' 등의 장점은 글로벌 애플리케이션 마켓에서 큰 의미를 가지기 어렵다.

제한된 시장을 대상으로 애플리케이션 마켓 운영을 통해 얻을 수 있는 수익은 제한적이며, 판매 수수료의 30%를 공유한다 하더라도 애플리케이션 마켓 운영비와 개발자 지원 등을 고려 하면, 실질적인 수익은 매우 낮다. 그리고 KT와 같이 저렴한 데이터 요금과 Wi-Fi와 같은

---

43) 2010년 2월 24일 17시 30분 검색 결과임.
44) 2010년 2월 24일 17시 35분 검색 결과임.
45) 송수연 기자, "국내 앱스토어 시장 '빈수레' … 콘텐츠 마련 시급", Newstomato, 2010년 2월 5일.
46) 정제호, "스마트폰 마켓 플레이스, 도전과 기회", SW Insight 정책리포트, 2009년 10월.

우회 접속 경로를 제공한다면 애플리케이션 마켓 활성화를 통해 얻을 수 있는 데이터요금 수익도 기대하기 어렵다.

그러나 경쟁사가 추진하는 애플리케이션 마켓에 대하여 대응하여야 하는데, 대응에 늦을 경우 선순환의 구조를 확립한 경쟁사에 의해 고객 기반이 약해질 수 있기 때문이다. 결국, 로컬 시장을 대상으로 하는 이동 통신 사업자의 애플리케이션 마켓은 한정된 수요와 감당해야 하는 마케팅 비용, 망투자 비용을 생각하면 그 자체가 이동 통신 사업자의 딜레마인 것이다.

③ 글로벌 애플리케이션 마켓 진출의 장애 요인[47]

글로벌 애플리케이션 마켓의 등장은 국내 개발자들에게 새로운 시장 기회를 제공하지만, 실제 참여에는 적지 않은 어려움들이 존재한다. 특히, 개인 개발자를 비롯한 중소 규모의 개발사의 경우에는 그 어려움이 더욱 크다. 한국정보통신산업진흥원에서 수행된 '스마트폰 시대의 SW 해외 진출 전략'에 대한 연구에서 국내 주요 개발자 커뮤니티의 개발자 100인에 대한 설문조사에 따르면, 글로벌 애플리케이션 마켓의 진출 장애 요인은 크게 '개발 정보 및 자료 부족', '개발 인프라 및 교육 기회의 부족', '마케팅 역량 부족' 등으로 나타났다.

표 10.19 글로벌 애플리케이션 마켓 참여의 장애 요인

대분류	중분류	글로벌 애플리케이션 마켓 참여의 장애 요인
개발 정보 및 자료 부족	한글화된 자료 부족	대부분의 정보(등록 절차, 개발 정보 등)가 영문으로 되어 있다.
	기술 정보 공유 부족	개발자들간에 정보를 교환할 수 있는 공간이 부족하고, 제공되는 정보의 수준도 제한적이다.
	단말 정보 부족	개발을 위해 필요한 정보(단말 정보 등)가 충분히 제공되지 못하고 있다.
	해외 법·규제 정보 부족	상표권, 세금 처리 등 해외 비즈니스 관행 및 법 제도에 대한 정보가 부족하다.
	해외 시장 정보 부족	해외 시장에 대한 정보(고객 선호도, 문화적 금기 사항 등)가 부족하다.
개발 인프라 및 교육 기회 부족	개발 장비 부족	개발에 필요한 테스트 폰, 칩셋 등 개발에 필요한 장비 확보의 부담이 크다.
	소스 코드 부족	소기업이나 개인 개발자들이 우수 애플리케이션을 개발하기 위한 소스 코드(오픈 소스)가 부족하다.
	교육 기회 부재	개발에 필요한 교육 과정이 필요하나, 교육 과정이 제한적이고, 가격이 부담된다. 다양한 애플리케이션 마켓을 지원하기 위한 코드 전환에 따른 부담이 크다.

---

47) 정제호, "스마트폰 마켓 플레이스, 도전과 기회", SW Insight 정책리포트, 2009년 10월.

마케팅 역량 부족	현지화 어려움	애플리케이션 영문화에 어려움이 있다.
	브랜드 및 레퍼런스 부족	글로벌 기업즈의 진출이 가시화되고 있어 브랜드 경쟁이 약화되고, 대 고객 노출 및 홍보에 어려움이 크다.
	마케팅 전문성 부재	전반적인 마케팅 전략에서의 전문성이 부족하다.

글로벌 애플리케이션 마켓에 진출한 경험이 있거나, 준비 중인 개발자를 대상으로 한 조사에서 가장 많은 개발자들이 한글화된 자료 부족과 해외 법·규제 정보의 부족에 대한 어려움을 제시하였으며, 다음으로 개발 장비 부족과 해외 시장 정보의 부족, 교육 기회의 부족 등을 제시하였다. 또한 어려움의 수준을 5점 척도로 측정한 결과, 해외 법·규제 정보의 부족과 개발 장비 부족, 해외 시장 정보의 부족에 따른 어려움이 상대적으로 큰 반면, 한글화된 자료의 부족은 상대적으로 낮게 나타났다. 이는 한글화된 정보의 경우, 대부분의 개발자들이 가장 보편적으로 어려움을 겪는 부분이지만, 실제 개발자들에 미치는 어려움의 정도는 높지 않음을 의미한다.

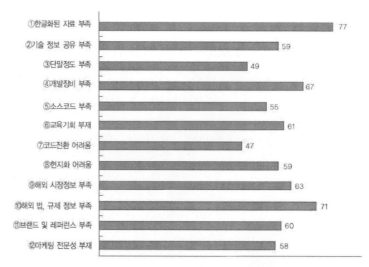

그림 10.84 애플리케이션 마켓 참여 시, 장애 요인 빈도 분석
(Base: N=100, 중복 응답 허용) (자료: 정제호, 2009)

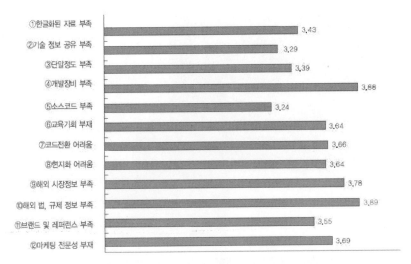

그림 10.85 애플리케이션 마켓 참여 시, 장애 요인 평균값 분석
(Base: N=100, 5점 척도) (자료: 정제호, 2009)

결국, 개발자들의 애플리케이션 마켓 진출을 지원하기 위한 체계적인 지원 시스템을 구축하는 것이 필요한데, 이에 대한 구체적 방안으로 개발자들의 애플리케이션 마켓 진출을 지원하는 지원 센터를 구축하여 개발 정보와 교육, 인프라 등을 제공하는 것이 필요하다.

10.5 스마트폰 애플리케이션 교육

10.5.1 해외 현황

(1) Stanford University iPhone Application Programming

미국 스탠포드 대학에서는 2009학년도 봄학기부터 iPhone Application 개발에 대한 강의를 제공하고 있다. http://www.stanford.edu/class/cs193p/cgi-bin/drupal/에 접속하거나, http://itunes.stanford.edu/를 통해서 iPhone Application 개발에 대한 교육 슬라이드와 동영상을 다운로드 받을 수 있다.

그림 10.86 Stanford 대학의 iPhone Application 개발 교육

스탠포드대에서는 1주에 2회, 총 3시간씩, 10주를 진행하는 CS193P 정규코스를 개설하여 IPhone 프로그래밍을 교육한다. 아래 표는 코스의 실러버스를 보여주는데 기본적인 개발환경 및 언어 소개, UI 설계, 자료구조 및 처리, 터치 I/O 처리, 디바이스 I/O 처리, 응용 개발, 텀프로젝트의 순으로 교과과정을 구성하였다.

실러버스의 주요 내용은 "파파라치"라는 제목의 응용을 개발하는 것이다. iPhone으로 동영상을 제작해서 중앙의 웹 서버에 저장하는 응용이며 동영상 처리, 인터넷 접속, 서버 프로그램과의 연동 등을 포함한다.

주(2차례)	개요	내용
1주차	개발환경 및 언어 소개	- Intro to Mac OS X, Cocoa Touch, Objective-C and Tools - Using Objective-C, Foundation objects
2주차	UI 설계	- Custom classes, memory management, properties - MVC, Interface Builder, Controls & target-action
3주차	UI 설계	- Views, Animation, Open GL - View Controllers
4주차	UI 설계	- Navigation Controllers, Tab Bar Controllers, Searching - Table Views
5주차	데이터 처리	- Dealing with Data: User defaults/Settings, CoreData, JSON & XML, Push - Threading, Notifications, KVC
6주차	데이터 처리	- Text, Responders, Modal Views - Address Book

7주차	터치 I/O 처리	- WebViews, MapKit - Multitouch, Gestures
8주차	디바이스 I/O	- Device APIs: Location, Accelerometer, Compass, Battery life - Audio playback, Video playback, Image/Video Picker, iPod Media Access
9주차	응용 개발	- Bonjour, streams, networking, GameKit - Unit testing, Objective-C fun, localization
10주차	응용 개발	- TBD - TBD
	학기말 프로젝트	We typically have our final project presentations during the time slot allotted for final exams. That would mean ours should be Thursday March 18 from 12:15 to 3:15. We won't have confirmation of that until later in the quarter but that's what we would expect right now. If you have any conflicts please contact us.

(2) MIT iPhone Application Programming

MIT에서는 2009년 1월 11일부터 15일까지 5일간, 'Introduction to iPhone Application Programming'이라는 이름으로 iPhone Application 개발과 관련된 교육을 진행하였다. Objective-C, XCode and Debugging, Cocoa Touch View and Controller Classes, Interface Builder and Application Flow, Fetching and Storing Data: disk, database, and web services 등에 대한 교육이 진행되었고, http://courses.csail.mit.edu/iphonedev/에 접속하면, 강의 슬라이드와 관련 파일을 다운로드 받을 수 있다.

10.5.2 국내 현황

(1) 민간 교육

국내에서 역시, 스마트폰 애플리케이션 프로그래밍 교육이 진행되고 있는데, 대부분이 일시적으로 이루어지는 것으로 파악되기 때문에 기존에 진행된 몇몇 프로그래밍 교육 과정 내용을 정리하고자 한다.

표 10.21 국내 스마트폰 애플리케이션 프로그래밍 교육

교육명		내용
스마트폰을 위한 안드로이드 어플리케이션 개발	개요	기간: 1일 8시간, 총 3일 24시간 주최: 성균관대학교 이동통신교육센터 강사: 성균관대학교 이동통신교육센터 전문 강사 인원: 30명

		수강료: 22만원
	커리큘럼	1일차: 안드로이드 어플리케이션 개발 환경 구축, 안드로이드 어플리케이션 이해 2일차: UI and Event Handling 3일차: Data Storage, Graphics and Multimedia, Internet and Google Map
스마트폰 App. 비즈니스 스쿨	개요	기간: 1일 3시간, 총 3일 9시간 주최: Kmobile IT 아카데미 강사: 현업 종사 전문가
	커리큘럼	1일차: 개방형 마켓 플레이스의 시장 분석 및 성공 전략 2일차: 개방형 마켓 플레이스의 등록 프로세스 3일차: 개방형 마켓 플레이스에서의 마케팅 전략
융합형 모바일 서비스 과정	개요	기간: 24시간 주최: 한국정보통신산업협회 부설 방송통신인력개발센터 수강료: 무료
	커리큘럼	융합형 모바일 환경의 현재와 미래 임베디드 시스템 개요 및 무선 인터넷 통신사별 서비스 특성 및 무선 단말 플랫폼의 이해 모바일 프로그래밍 이론 및 실습 프로젝트 분석 및 구성 프로젝트 기획 미니 프로젝트 실습을 통한 실무 종합 평가 및 향후 과제 등
융합형 모바일 게임 콘텐츠 과정	개요	기간: 24시간 주최: 한국정보통신산업협회 부설 방송통신인력개발센터 수강료: 무료
	커리큘럼	임베디드 개발 SDK인 Windows CE의 구조와 기능 이해 Windows CE와 Windows Mobile의 관계 이해 Windows Mobile을 이용한 2D Game 제작 실습 Mobile Direct3D 구조와 기능 이해 3D Game 컨트롤 및 파이프라인 구축 실습 Direct3D를 이용한 3D Game 제작 실습 모바일 네트워크 게임의 구현 기능 및 기술 이해 게임에서의 네트워크 활용 방안 연구 등
융합형 모바일 안드로이드 전문가 과정	개요	기간: 1일 8시간 총 24시간 교육 대상: 방송 통신 융합 분야 재직자 및 모바일 SW 개발자 주최: 한국정보통신산업협회 부설 방송통신인력개발센터 수강료: 무료
	커리큘럼	Android Basics (Android Platform, Java/Eclipse&ADT, Android Application Structure, Resource and Asserts, User Interface&Layout) Graphics & Data Storage (2D Graphics, Animation, File System,

		SQLite Database, Content Providers, Security & Permissions) Video & Audio (Android Multimedia, Video & Audio)
스마트폰 분야 안드로이드 전문가 과정 교육생 모집	개요	기간: 5일 교육 대상: 제한 없음 (Java 경험자 우대) 강사: 개발자 주최: 한국콘텐츠진흥원 수강료: 무료
	커리큘럼	개요 (Android 개요, 소스코드 빌드 및 테스트) 인터페이스 (Application Component, 사용자 인터페이스 만들기, 인텐트, 브로드 캐스트 수신자, 어댑터, 인터넷 리소스, 데이터 저장, 검색, 파일의 저장, 공유, 데이터 베이스) 애플리케이션 (노트패드 애플리케이션 실습, 쓰레드 프로그래밍, 이미지를 이용한 애플리케이션, 애플리케이션 제작)
애플 아이폰 애플리케이션 개발 전문가 과정	개요	기간: 1일 3시간, 4일 12시간 교육 대상: 개발 경험자 강사: 현업 종사 전문가 및 개발자 주최: 비즈델리 수강료: 264,000원
	커리큘럼	개방형 마켓 플레이스 최신 동향 및 국내 시장 전망 (개방형 마켓 플레이스의 현재, 개방형 마켓 플레이스에서의 성공 사례 및 접근 전략, 개방형 마켓 플레이스의 미래) 애플 아이폰 OS 개발 환경 및 개발 도구 (애플 개발 환경의 이해, iPhone OS의 이해, Cocoa 및 Object-C의 이해) 애플 아이폰 애플리케이션 개발 가이드: 테이블 뷰의 활용 및 CoreAnimation & Media on iPhone, CoreGraphics & UIview & Nvigation Controller
ARM Cortex-A8 기반의 안드로이드 프로그래밍	개요	기간: 4일 주최: HP 수강료: 1,000,000원
	커리큘럼	구글 안드로이드 개론 및 내부 구조 분석 안드로이드 포팅을 위한 개발 환경 구축과 포팅 과정 분석 및 실습 안드로이드 애플리케이션 개발 환경 구축 안드로이드 애플리케이션 타깃 보드 다운로딩 환경 구축 안드로이드 애플리케이션 프로그래밍 리눅스 드라이버 구조 분석 리눅스 드라이버 프로그래밍 리눅스 드라이버와 Java 연동 프로그래밍
스마트폰 개발자 교육 과정 (iPhone)	개요	기간: 계열별 50시간 주최: iStudyOcean (학원)
	커리큘럼	C Programming (선택): 250,000원 C++ Programming (선택): 300,000원 Object C Programming (필수): 500,000원

		iPhone Programming (필수): 500,000원
스마트폰 개발자 교육 과정 (Android)	개요	기간: 계열별 50시간 주최: iStudyOcean (학원)
	커리 큘럼	Java (선택): 300,000원 Android Programming (필수): 500,000원 Android Project (필수): 500,000원
안드로이드 프로그래밍	개요	기간: 60시간 강사: 전문 강사 주최: 솔데스크 (학원)
	커리 큘럼	안드로이드 정의/구동 메커니즘 이해/소스코드 빌드 및 테스트 애플리케이션 컴포넌트 액티비티, 태스크, 쓰레드, 프로세스, 생명주기 뷰 계층구조 이해/위젯에 대한 이해/레이아웃 정의 방법/레이아웃 XML 메뉴 사용법/일반적 레이아웃 오브젝트 어댑터뷰와 데이터 바인딩/사용자 이벤트 제어/스타일과 테마 사용하기 뷰 컴포넌트 제작 방법 리소스와 에셋 인텐트와 인텐트 필터 데이터 저장 공간/컨텐트 프로바이더 보안 및 퍼미션 매니페스트 그래픽 일반/2D 그래픽 OpenGL 기반 3D 오디오와 비디오/위치 기반 서비스 개발 도구
모바일 응용 및 시스템 개발자 튜토리얼 시리즈: 아이폰	개요	기간: 10시간 강사: 개발자 주최: 한국정보과학회 MOBAS 수강료: 10~20만원
	커리 큘럼	아이폰 개요 그래픽스 계층화 뷰 코어 데이트 애니메이션 iPhone OS 3.0 & Prospect
모바일 응용 및 시스템 개발자 튜토리얼 시리즈: Android	개요	기간: 1일 6시간, 총 2일 12시간 강사: 대학 교수 및 현업 종사 전문가
	커리 큘럼	모바일 생태계 진화 동향 구글의 안드로이드 전략 위피 기반의 안드로이드 앱 개발 사례

	안드로이드 프로그래밍 (플랫폼의 개요, 개발 환경과 프로그램 구조, 사용자 인터페이스, 멀티미디어, 오디오, 비디오, 웹 서비스)

(2) 대학 교육

동국대학교 게임멀티미디어공학과는 2009년 7월부터 선택심화과정을 통해 iPhone용 게임 애플리케이션 개발 강의를 진행하고 있으며, 겨울 학기에는 '고급 모바일 프로그래밍' 과목을, 2010년부터는 '모바일 프로그래밍'과 '차세대 플랫폼 프로그래밍'이라는 명칭으로 Google의 Android와 Apple의 iPhone을 활용하는 과목이 정식으로 개설될 예정이다.

한성대학교에서는 2009년 12월에 교육과학기술부의 '미취업 대학 졸업생 대학 내 교육 훈련 지원 사업 예산'을 통해 총 120시간 과정의 스마트폰 프로그래머 양성 과정을 개설했다. 이 과정은 국내 대학 최초의 'Android 운영 체제 교육 과정'으로서, 이 과정을 수료한 20명의 학생 중 6명은 국내 주요 모바일 솔루션 업체에 취직이 확정되었으며, 2명은 취업을 앞두고 있다.[48]

또한 SK 텔레콤은 KAIST, 경운대, 호서대, 우송정보대학, 영남이공대학, 한국산업기술대학, 호서전문대학 등 7개 대학 및 컴투스, 넥슨 모바일, 유비벨록스, 필링크, 이노에이스, 지오인터 렉티브, 디지캡, 비티비 솔루션 등 8개 모바일 컨텐트 협력사와 함께 'T 스토어 개발 프로그래밍 실습' 과목을 2010년부터 개설하기로 하였다. 교육 과정은 T 스토어에서 상용화 할 수 있을 정도의 창의적이고 혁신적인 애플리케이션을 제작할 수 있는 개발자 양성을 목표로 진행되며, Android, Windows Mobile, WIPI-C, GNEX, Widget 플랫폼 기반의 컨텐트 제작 실습 및 현업 실무자의 사례 분석, 과제물 제출을 위한 팀 프로젝트 등으로 구성될 예정이다.

10.5.3 교육과정 현황분석

- 국내 대학, 정부산하기관, 전문학원 등에서 iPhone과 Android 폰 중심으로 교육과정 운영 중
- 강사진으로는 전문 강사, 전문개발자, 대학교수 등이 참여하는 것으로 분석
- 교육기간은 24시간, 60시간, 120시간 등으로 다양함
- 교육수준은 초, 중급, 고급으로 구성
- 고급은 Android 운영체제를 다루는 교육으로 한정됨
- 중급 이상에서는 스마트폰이 이동중에 현장의 장치들과 연동하는 기술에 초첨을 맞추어야 함

---

48) 이지성 기자, "스마트폰 열풍에 취업문 뚫었죠", 디지털타임스, 2010년 2월 8일.

표 10.22 스마트폰 애플리케이션 프로그래밍 교육 정리

교육명	실시 국가	교육 기관	교육 수준	강사진	교육생 수준	교육 기간
스마트폰을 위한 안드로이드 어플리케이션 개발	국내	성균관대 이동통신교육센터	초급	전문 강사	초급	24시간
융합형 모바일 서비스 과정	국내	한국정보통신산업협회 부설 방송통신인력개발센터	초급		초급	24시간
융합형 모바일 게임 콘텐츠 과정	국내	한국정보통신산업협회 부설 방송통신인력개발센터	초·중급		초·중급	24시간
융합형 모바일 안드로이드 전문가 과정	국내	한국정보통신산업협회 부설 방송통신인력개발센터	중급		중급	24시간
스마트폰 분야 안드로이드 전문가 과정 교육생 모집	국내	한국콘텐츠진흥원	초·중급	개발자	초·중급	5일
애플 아이폰 애플리케이션 개발 전문가 과정	국내	비즈델리	중·고급	현업 전문가 및 개발자	중·고급	12시간
ARM Cortex-A8 기반의 안드로이드 프로그래밍	국내	HP	중·고급		중·고급	4일
스마트폰 개발자 교육 과정 (iPhone)	국내	iStudyOcean (학원)	초·중급	전문 강사	초·중급	200시간
스마트폰 개발자 교육 과정 (Android)	국내	iStudyOcean (학원)	초·중급	전문 강사	초·중급	150시간
안드로이드 프로그래밍	국내	솔데스크 (학원)	초·중급	전문 강사	초·중급	60시간
모바일 응용 및 시스템 개발자 튜토리얼 시리즈: 아이폰	국내	한국정보과학회 MOBAS	중급	개발자	중급	10시간
모바일 응용 및 시스템 개발자 튜토리얼 시리즈: 안드로이드	국내	한국정보과학회 MOBAS	중급	대학 교수 및 현업 전문가	중급	12시간

Stanford University iPhone Application Programming	해외 (미국)	Stanford University	중급	대학 교수	중급	정규 15회
iPhone Application Programming	해외 (미국)	MIT	초·중급	대학 교수	초·중급	10시간
국내 대학 교육 1	국내	동국대학교, 한성대학교	초·중급	대학 교수 및 개발자	초·중급	
국내 대학 교육 2 (T 스토어 개발 프로그래밍 실습)	국내	SK 텔레콤, 국내 7개 대학, 8개 모바일 컨텐트 협력사	초·중급	대학 교수 및 현업 전문가, 개발자	초·중급	1학기

10.6 스마트폰 응용개발 앱창작터 제안

10.6.1 앱창작터의 구성

(1) 앱창작터의 종류

교육기관으로 다음이 가능하며 각각이 일반적인 수준에서의 장단점이 있다.

• 대학: 강사 및 조교, 수강생 모집에 유리하나 산업현장의 요구기술을 반영하기 어렵다는 단점이 있음
• 사설학원: 산업현장의 요구기술을 반영하는데 다소 유리하나 영리를 추구하다가 교육의 질이 떨어수도 있다는 단점이 있음
• 정부산하기관: 대학과 유사하나 산업현장의 요구기술을 반영하기가 다소 불리하다는 단점이 있음

따라서 교육기관에 특렵히 제한을 두지 않고 제안, 선정하고 관리하는 것이 적절하다고 판단함.

(2) 교육시설 기준

다음은 교육시설의 최소 기준을 제시한다.
• 40명 수준의 프로그램 강의실(플랫폼 별 개발환경 장착)

- 20명 규모의 프로그램 실습실(플랫폼 별 개발환경 장착)
- 스마트폰과 연동가능한 USN 실습 장비 및 기타 통신 디바이스 등

(3) 강사진의 수준

- 고급강사 : 대학교수급의 경력과 10년 이상의 프로그램 개발 경험자
- 중급강사 : 석사학위후 3년 경력 이상 강의 경력이 있거나 프로그램 개발 경험 5년 이상자
- 조교 : 석, 박사과정 재학생, 학생 프로젝트 관리 및 지원

(4) 수강생 모집 기준

- 기초수강생 : 프로그램 개발 경험이 없으나 관심있는 자
- 초급수강생 : IT 관련 학과에 재학, 졸업한 학생으로 프로그램 경험자
- 중급수강생 : 프로그램 개발 경험이 풍부하나 스마트폰 프로그램 개발에 관심있는 자

(5) 졸업생 품질 관리

- 교육원 자체 시험 및 인증서 배부
- 외부 공인 기관의 시험 및 인증서 배부
- AppStore에 결과물 등록 및 인증서 배부

10.6.2 교과과정의 구성

(1) 스마트폰 응용 개발 기술 분석

스마트폰 응용의 구조를 아래 그림과 같이 도식화할 수 있다. 그림에서 볼 수 있는 것처럼 스마트폰 응용은 내 스마트폰, 현장의 유비쿼터스 디바이스들 및 타인 스마트폰, 인터넷상의 특정 서버 및 다수의 정보 서버들, 원격지의 타인 스마트폰들과연동하는 구조이다. 이러한 구조를 바탕으로 스마트폰 응용을 5가지로 분류할 수 있다. 그림에서 숫자는 아래 설명과 일치한다.

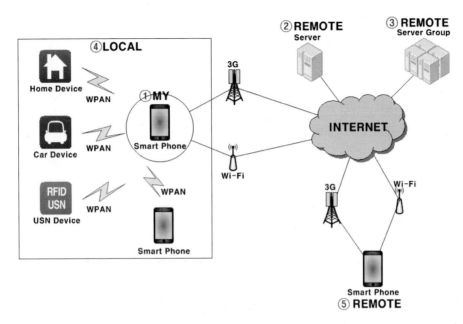

그림 10.86

1) 스마트폰 내부처리 응용

• 정의 : 스마트폰의 카메라, 스피커, 기타 센서들을 바탕으로 얻은 데이터를 가공하여 스마트
폰에서 표현하는 응용

• 기술 : 기본 프로그래밍, UI 처리 기술, 디바이스 처리 기술 등

• 사례 : 카메라/동영상 응용, 녹음/재생 응용 등

2) 인터넷 서버 연동 응용

• 정의 : 생성된 데이터를 인터넷 서버에 저장하거나 서버로부터 데이터를 탐색해서 출력하는
응용

• 기술 : 1)의 요구기술 외에 인터넷 접속 기술, 서버 연동 기술

• 사례 : U-tube, Facebook, 각종 언론 사이트 등

3) 인터넷 정보 검색 응용

• 정의 : 인터넷에 흩어져 있는 정보들을 수집, 가공하여 스마트폰에서 출력하는 응용

• 기술 : 2)의 요구기술 외에 웹 정보 처리 기술

• 사례 : 지역 날씨 정보 응용, 루브르 박물관 응용 등

4) 현장의 유비쿼터스 디바이스들과의 연동 응용

- 정의 : WIFI, 블루투쓰, ZigBee 등의 WPAN 기술을 활용하여 현장의 디바이스들과 연동하여 정보를 생성 표시하는 응용
- 기술 : 2)의 기술 외에 WPAN 기술, 웹브라우저 관리 기술 등
- 사례 : 홈네트워크 디바이스와 스마트폰의 연동 응용, 자동차 내부망과 연동 차계부 관리 응용 등

5) 원격의 스마트폰들과의 연동 응용

- 정의 : CDMA, 모바일 인터넷을 활용 원격 스마트폰들과 통신하는 응용
- 기술 : 2)의 기술 외에 CDMA 통신, SMS 메시지, 모바일 인터넷 통신 기술 등
- 사례 : 전화, SMS 메시지, Skype 등

교육원의 교육 프로그램은 상기 응용 개발 기술들을 단계별로 교육하는 과정을 개발하는 것이 적절하다. 이중에서 5)번 응용의 경우, 스마트폰에 기본 탑재된 응용이 대부분이며 통신사 등과의 관계에서 처리하기 어려우므로 제외하는 것이 적절하다.

(2) 기초 프로그래밍 과정

강사진 : 수강생 40명 기준, 중급강사 1명, 조교 2명
시설 : 40명 규모 프로그램 실습실, 20인 규모 프로그램 실습실
교육내용:
- 1일, 3시간, 주 5일, 8 주, 120시간 과정
- Object C와 Java 기초 프로그래밍
- 프로그램 개발 경험자 배출
- 이후, 초급 스마트폰 프로그래밍 과정으로 진급

텀프로젝트:
- 프로그래밍 언어를 활용한 응용 개발
- 사례: 전화번호부 관리 응용

성과관리:
- 교육원 자체 시험 후 교육원 자체 인증서 배부

아래 표는 60시간 기준으로 안드로이드 플랫폼을 위한 기초 언어 교육의 커리큘럼을 예시한 것이다. iPhone이나 윈도우 모바일은 사용하는 언어가 다르므로 다른 커리큘럼이 만들어질 수 있으나 프로그래밍 언어는 본질적으로 크게 다르지 않으므로 그 중 XML이 포함된 안드로이드의 사례를 제시하였다.

표 10.23

일차(6시간/1일)	커리큘럼(Java & XML)
1일차	- 오리엔테이션 - JDK 설치 및 개발 환경 구축 - Java 동작 원리 및 구조의 이해
2일차	- 클래스 및 객체 모델링의 이해 - 상속과 다형성 및 인터페이스 활용
3일차	- 클래스의 활용 - Lang Package의 이해 및 활용 - 예외 처리 기법
4일차	- Java 기본 입출력의 이해 및 활용 - Java 고급 I/O 기법
5일차	- Java 자료 구조 및 알고리듬 - Collection, Map, Iterator의 구조 및 동작 원리
6일차	- 고급 Java Collection 프레임워크 활용 - 쓰레드의 이해 및 활용
7일차	- Java GUI Component 및 Container의 이해 - GUI Event Handling 고급 활용
8일차	- XML 소개 및 문서 작성법 - DTD 선언 및 XML 스키마 선언의 이해와 활용
9일차	- Xpath를 활용한 Location 표현법
10일차	- TEST

(3) 초급 스마트폰 프로그래밍 과정

강사진 : 교육생 40명 기준 고급강사 1명, 중급 강사 1명, 조교 2명
시설 : 40명 규모 프로그램 실습실, 20인 규모 프로그램 실습실
교육내용 :

• 1일 3시간, 주 5일, 4주, 총 60시간
• 플랫폼 별 UI, 데이터 처리, 기본 응용 개발
• 스마트폰 기본 프로그램 개발 경험자 배출
• 4인 1조 팀프로젝트 수행, 결과물 AppStore에 등록

- 바로 스마트폰 응용 개발 회사로 취업 가능
- 이후, 중급 스마트폰 프로그래밍 과정으로 진급

텀프로젝트:
- 1)형 개발기술 및 간단한 2)형 개발기술
- 사례: 카메라 처리 및 웹서버 저장 응용

성과관리:
- 교육원 자체 시험 후 교육원 자체 인증서
- AppStore에 프로젝트 결과물을 등록할 경우 인증서에 기재

아래 표는 60시간 기준 안드로이드 응용 개발 커리큘럼을 제시하였다. 초급 프로그램 과정에서는 스마트폰 응용 개발 분류 상 1) 또는 2) 정도의 응용 개발에 치중할 것이므로 iPhone이나 윈도우 모바일도 비슷한 형태의 커리큘럼이 제시될 것이다.

표 10.24

일차(6시간/1일)	커리큘럼(안드로이드)
1일차	- 안드로이드 개발 환경 및 구조 이해 - AndroidManifest.xml 파일 분석 - Activity
2일차	- Intents의 이해 - 애플리케이션 작성 - XML 레이아웃 설정
3일차	- 안드로이드 UI 구조 계층 이해 - 뷰, 기본 위젯의 사용
4일차	- 컨테이너 활용 - 안드로이드 이벤트 처리 이해
5일차	- 위젯 고급 기능 활용 - 메뉴 처리 및 팝업 메시지 이해
6일차	- 그래픽과 애니메이션 이해 및 활용 - 파일 처리
7일차	- 데이터베이스와의 연동 이해 및 활용
8일차	- 네트워크 처리 및 외부 라이브러리 활용 - 컨텐트 제공자 구현
9일차	- 멀티미디어 및 인터넷 연결 - 위치 기반 서비스의 이해 및 활용
10일차	- Term Project 발표

(4) 중급 스마트폰 프로그래밍 과정

강사진 : 교육생 20명 기준 고급강사 1명, 중급 강사 1명, 조교 2명

시설 : 20명 규모 프로그램 실습실, 10인 규모 프로그램 실습실
　　　 각종 디바이스 연동 실험이 가능한 실험 기자재 보유

교육내용:

* 1일 3시간, 주 5일, 4주, 총 60시간
* 웹 정보를 가공 처리하는 기술
* 2)형이나 3)형의 응용 개발 기술
* 표준 웹문서 제작 기술
* 4인 1조 팀프로젝트 수행, 결과물 AppStore에 등록
* 바로 스마트폰 응용 개발 회사로 취업 가능
* 이후, 고급 스마트폰 프로그래밍 과정으로 진급

팀프로젝트:

* 3)형 개발 기술 활용 응용
* 사례: 루부르 박물관 등

성과관리:

* 교육원 자체 시험 후 교육원 자체 인증서
* AppStore에 프로젝트 결과물을 등록할 경우 인증서에 기재
* 외부 공인 기관의 자격 시험 및 자격증

　2)형, 또는 3)형 응용을 개발할 때에는 표준 웹 문서의 구조를 숙지해야 하므로 표준 웹 문서 제작 기술에 대한 커리큘럼을 아래 표와 같이 제시한다.

표 10.25

일차(1시간/1일)	커리큘럼 내용(표준 웹 문서 제작 기술)
1일차	- 웹 표준과 접근성의 필요성 이해 및 국내외 관련 동향 - XHTML의 진화 과정
2일차	- Mark Up 언어 구조의 이해 - 태그 - XHTML 작성 준비와 웹 표준 유효성 검사
3일차	- 하이퍼링크: 앵커와 링크의 이해
4일차	- 목록의 유형: Ordered List, Unordered List, Definition List
5일차	- 이미지 (Image)와 테이블 (Table)
6일차	- 폼 (Form) - 서버 측 언어와의 연동
7일차	- 반복되는 레이아웃
8일차	- 헤더 정보와 문서 유형 정의 - 스크립트와 미디어 삽입 - DTD 선언
9일차	- 표현 언어의 개념 - 스타일시트 기본 작성법 - CSS 선택자
10일차	- 스타일링: 폰트와 컬러
11일차	- 링크 스타일과 스타일 적용 단위
12일차	- Border, Margin, Padding, Size 속성 - 사용자 정의 속성
13일차	- 레이아웃 구성 요소 - 부유 (Float)와 위치 (Position)의 지정
14일차	- 브라우저 호환과 CSS Hack 처리 - XML과 미래의 HTML5 소개
15일차	- TEST 또는 Term Project 발표

(5) 고급 스마트폰 프로그래밍 과정

강사진 : 교육생 20명 기준 고급강사 1명, 조교 2명

시설 : Android 이식 가능 HW 플랫폼, 개발플랫폼

교육내용 :

- 1일 6시간, 주 5일, 1주, 총 30시간
- Android 운영체제 포팅
- Android 운영체제를 직접 수정하여 응용 개발
- Android 운영체제 표준화 기관에 등록

- WPAN 통신 디바이스 관리 기술
- RFID/USN 디바이스 연동 기술

텀프로젝트 :
- 4)형 개발 기술 활용 응용
- 사례: 홈네트워킹 연동 응용

성과관리 :
- 교육원 자체 시험 후 교육원 자체 인증서
- AppStore에 프로젝트 결과물을 등록할 경우 인증서에 기재
- 외부 공인 기관의 자격 시험 및 자격증

아래 표는 4)형의 응용 개발에 요구되는 기술의 교육커리큘럼의 사례이다.

표 10.26

일차(1시간/1일)	커리큘럼 내용(유비쿼터스 기반 스마트폰 애플리케이션)
1일차	- 유비쿼터스 기반 스마트폰 애플리케이션의 개요
2일차	- WPAN 기술의 이해
3일차	- 현장 디바이스와의 연동 기술 이해
4일차	- WPAN 디바이스 프로그래밍1(블루투쓰)
5일차	- WPAN 디바이스 프로그래밍2(블루투쓰)
6일차	- WPAN 디바이스 프로그래밍1(ZigBee)
7일차	- WPAN 디바이스 프로그래밍2(ZigBee)
8일차	- RFID 리더 프로그래밍1(RFID)
9일차	- RFID 리더 프로그래밍2(RFID)
10일차	- 웹 브라우저 활용 프로그래밍1
11일차	- 웹 브라우저 활용 프로그래밍2
12일차	- 웹 브라우저 활용 프로그래밍3
13일차	- 현장 디바이스와 연동 프로그래밍1
14일차	- 현장 디바이스와 연동 프로그래밍2
15일차	- TEST 또는 Term Project 발표

응용 개발의 품질을 고도화하기 위해서는 애플리케이션 기획을 전문적으로 수행하는 과정도 필요하다고 판단한다. 이에 스마트폰 응용 전문 기획자 과정의 커리큘럼을 아래 표에서 제시하였다.

표 10.27

일차	커리큘럼 내용
1일차	- 스마트폰 개요 및 애플리케이션 시장 동향 - 스마트폰 애플리케이션 개발 이슈
2일차	- 기획자 인사이트를 위한 애플리케이션의 이론적 탐구
3일차	- 시나리오 기법에 의한 애플리케이션 기획 및 분석 1
4일차	- 시나리오 기법에 의한 애플리케이션 기획 및 분석 2
5일차	- 애플리케이션 스토리 보드 작성법 1
6일차	- 애플리케이션 스토리 보드 작성법 2
7일차	- 애플리케이션 비즈니스 모델 개발 방법론 1: 가치 모델
8일차	- 애플리케이션 비즈니스 모델 개발 방법론 2: 고객 모델
9일차	- 애플리케이션 비즈니스 모델 개발 방법론 3: 프로세스 모델
10일차	- 애플리케이션 비즈니스 모델 개발 방법론 4: 수익 모델
11일차	- 애플리케이션 마케팅 전략 1
12일차	- 애플리케이션 마케팅 전략 2
13일차	- 애플리케이션 기획 사례 1
14일차	- 애플리케이션 기획 사례 2
15일차	- TEST 또는 Term Project 발표

10.6.3 자원 관리 방안

(1) One-Stop 개발자 센터 운영

• 교육원은 지역의 스마트폰 개발자들이 개발한 응용의 시험 및 기술지원을 수행하는 One-Stop 개발자 센터를 운영해야 함.

• 개발자 센터를 위한 공간을 제공해야 하며 상시 근무자 1인 이상 운영

(2) 라이브러리 등 프로그램 자원관리

• 자원의 종류
  - 프로그램 라이브러리: 수강생들이 작성했던 다양한 프로그램 및 함수 라이브러리
  - 멀티미디어 자료: 동영상, 이미지, 소리 등, 수강생의 프로젝트에서 만들어진 자료들을 저장, 관리, 재활용

• 교육원은 수강생들이 개발한 프로그램들을 라이브러리로 유지해야 하며 개발자 커뮤니티에게 공개해야 함

- 이때 원 개발자가 누구인지 실명으로 관리하여 향후 이익 발생 시에 나눌 수 있도록 할 필요 있음
- 교육원의 운영 실적으로 평가 대상임

(3) 개발자 커뮤니티 운영

- 교육원은 지역의 개발자들을 관리하는 커뮤니티를 운영해야 함
- 1년에 2번 이상 개발자 웍샵 개최
- 1년에 1번씩 경진대회 및 전시회 개최
- 1년에 1번씩 타 교육원과 합동 전국대회 경진대회 및 전시회 참가

10.6.4 시험 제도

(1) 외부 공인 자격시험 기관

- 스마트폰 개발 관련 대학, 기관, 산업체가 협회를 구성(RFID/USN 협회 참조)
- 협회 주관의 자격시험 인증 제도 개발

(2) 국가공인기사자격기관

- 자격시험 위탁 개발

10.6.5 앱창작터 사업의 필요성

(1) 앱창작터 조속 시행으로 "1인 창조 기업" 육성

1) 기존 스마트폰 애플리케이션 개발 교육의 한계

2) 1인 창조 기업의 육성을 통한 국가 경쟁력 강화

- 『앱 창작터』는 스마트폰 애플리케이션 개발에 대한 체계적이고 전문적인 교육을 비영리로 진행함으로써, 많은 교육 대상자에게 기회를 제공하고, 이를 통해 "1인 창조 기업"을 육성하는 것이 그 운영 목적임.
- 결국 스마트폰 애플리케이션 개발 교육 희망자들의 진입 장벽을 낮추어 많은 개발자들을 양성하고, 이들을 체계적이고 지속적으로 관리하여 개발자 개인의 경제적 가치뿐만 아니라, 국가 경쟁력을 향상시키고자 하는 것이 『앱 창작터』의 추진 방안임.

3) 앱창작터 시행의 경제적 가치

• 『앱 창작터』를 통하여 체계적이고 전문적인 교육을 받은 개발들이 배출되지 못한 경우의 경제적 가치를 산정하는 것은 사실상 매우 어려운 일이나, 향후 스마트폰 애플리케이션 마켓의 시장 규모를 통해서 한 명의 개발자가 창출하는 경제적 가치를 예측해 보고자 함.

• 가트너(Gartner)는 전 세계 스마트폰 애플리케이션 시장 규모를 2010년 68억 달러에서 2013년 295억 달러로, 다운로드 횟수를 2010년 45억 건에서 2013년 216억 건으로 전망[49]함.

• 스마트폰 애플리케이션 마켓에 등록되는 애플리케이션 중 유료 애플리케이션의 비율을 약 40%로 가정할 경우[50], 다운로드 당 경제적 가치는 약 3.4 달러로 추정됨.

• 2010년부터 시작되는 『앱 창작터』의 2012년까지의 수료생 수를 하나의 『앱 창작터』당 200명으로 가정하면, 10개의 『앱 창작터』가 3년동안 배출하는 스마트폰 애플리케이션 개발자 수는 6,000명이며, 이 중 중복 수강 대상자를 20%로 가정하면, 약 4,800명의 스마트폰 애플리케이션 개발자를 양성하게 됨.

• 4,800명의 『앱 창작터』 배출 스마트폰 애플리케이션 개발자 중 실제 개발을 수행하는 비율을 50%로 가정하고, 한 명의 스마트폰 애플리케이션 개발자가 2013년에 0.5개의 스마트폰 애플리케이션을 제작한다고 가정할 경우, 4,800개의 스마트폰 애플리케이션이 개발됨.

• 『앱 창작터』 배출 스마트폰 애플리케이션 개발자를 통해 개발된 스마트폰 애플리케이션의 평균 다운로드 수를 10,000 다운로드로 가정할 경우, 이는 4,080만 달러(약 490억 원)의 경제적 가치를 가지게 됨.

• 결론적으로 『앱 창작터』가 수행되지 못할 경우, 2013년에만 약 490억 원의 경제적 가치가 발생되지 못하는 것임.

• 앱개발자가 적절한 시점에 나타나서 선순환 구조를 이루고 그 결과 더 많은 앵개발자가 양성되는 것을 미루어 짐작할 때 장기적으로 그 손실은 더욱 늘어나 그 후 2020년까지 수천억원의 경제적 손실이 일어날 것으로 추정

(2) 생성 자원 (Resources)의 관리

1) 생성 자원의 관리를 통한 경제적 가치 창출

• 스마트폰 애플리케이션 교육을 통해 생성되는 많은 프로그램 소스, API(Application Programming Interface), 멀티미디어 형식의 파일 등은 지속적으로 관리되고, 네트워크를 통해 공유될 경우, 매우 큰 경제적 가치를 가지게 되며, 이는 현재 웹에서 활용되고 있는

49) 정진욱 기자, "소프트웨어 2.0 시대: '코리아 신화를 만들자' (3)-모바일 SW, 매일경제, 2010년 2월 5일.
50) 김기태 [2009]에서는 Pinch Media의 조사 결과, 유료 애플리케이션 비중이 12%임을 밝히고 있는데, 스마트폰 애플리케이션 시장 규모의 확대에 따라 유료 애플리케이션 비중도 증가할 것으로 예상하여, 40%로 설정함.

Open API를 통해서 쉽게 확인할 수 있음.

- 기존에 수행되어 온 스마트폰 애플리케이션 교육에서는 이러한 생성 자원들이 지속적으로 관리될 수 있는 가능성이 매우 적었고, 대부분 개인에게 귀속되어 있다가 소멸하는 경우가 대부분이었음.

- 『앱 창작터』의 경우, 정부 지원을 통해 무상을 원칙으로 수행되는 것이기 때문에 생성 자원들을 개인의 '소유' 관점보다는 네트워크 내에서의 '공유' 관점으로 볼 수 있는 정당성이 있으며, 이는 『앱 창작터』 전체 네트워크 내에서 체계적으로 관리됨으로써, 새로운 경제적 가치를 창출할 수 있음.

2) 스마트폰 애플리케이션 개발자들의 장벽 해결

- 한국정보통신산업진흥원에서 국내 스마트폰 애플리케이션 개발자들을 대상으로 글로벌 스마크폰 애플리케이션 마켓의 진출 어려움에 대한 설문 조사를 수행한 결과, '기술 정보 공유 부족', '소스 코드 부족' 등이 진출 장벽으로 도출됨.

표 10.28 글로벌 스마트폰 애플리케이션 마켓 참여의 장애 요인
(자료: 정제호, "스마트폰 마켓 플레이스, 도전과 기회", SW Insight 정책리포트, 2009.)

대분류	중분류	글로벌 스마트폰 애플리케이션 마켓 참여의 장애 요인
개발 정보 및 자료 부족	한글화된 자료 부족	대부분의 정보 (등록 절차, 개발 정보 등)가 영문으로 되어 있음.
	기술 정보 공유 부족	개발자들간에 정보를 교환할 수 있는 공간이 부족하고, 제공되는 정보의 수준도 제한적임.
	단말 정보 부족	개발을 위해 필요한 정보 (단말 정보 등)가 충분히 제공되지 못하고 있음.
	해외 법·규제 정보 부족	상표권, 세금 처리 등 해외 비즈니스 관행 및 법 제도에 대한 정보가 부족함.
	해외 시장 정보 부족	해외 시장에 대한 정보 (고객 선호도, 문화적 금기 사항 등)가 부족함.
개발 인프라 및 교육 기회 부족	개발 장비 부족	개발에 필요한 테스트 폰, 칩셋 등 개발에 필요한 장비 확보의 부담이 큼.
	소스 코드 부족	소기업이나 개인 개발자들이 우수 스마트폰 애플리케이션을 개발하기 위한 소스 코드 (오픈 소스)가 부족함.
	교육 기회 부재	개발에 필요한 교육 과정이 필요하나, 교육 과정이 제한적이고, 가격이 부담됨. 다양한 스마트폰 애플리케이션 마켓을 지원하기 위한 코드 전환에 따른 부담이 큼.
마케팅 역량 부족	현지화 어려움	스마트폰 애플리케이션 영문화에 어려움이 있음.

브랜드 및 레퍼런스 부족	글로벌 기업들의 진출이 가시화되고 있어 브랜드 경쟁이 약화되고, 대 고객 노출 및 홍보에 어려움이 큼.
마케팅 전문성 부재	전반적인 마케팅 전략에서의 전문성이 부족함.

- 기타 많은 장벽들이 정부가 지원하는 『앱 창작터』를 통해서만이 해결될 수 있으며, 영리를 목적으로 하는 교육 기관 등에서는 그 해결책을 제시할 수 없음.

(3) 스마트폰 애플리케이션에 대한 지속적 연구 가능성

1) 기술 동향 및 발전 방향 모색 가능성

- 스마트폰 애플리케이션과 같이 기술 자체 및 트렌드의 변화 속도가 매우 빠른 경우에는 지속적으로 기술 동향을 검토하고, 발전 방향을 예측하여, 이에 대응할 수 방안을 연구해야 하고, 이것이 스마트폰 애플리케이션 교육에도 적용되어야 함.
- 따라서 단순한 프로그래밍 교육만을 수행해서는 가치 있는 스마트폰 애플리케이션 개발 교육이라 할 수 없음.
- 그러나 이러한 연구 가능성을 사설 교육 기관에서 발견하기는 매우 희박하며, 결국 풍부한 연구 인력 등의 인프라를 활용할 수 있는 정부 주도의 『앱 창작터』에서 그 역할을 수행하는 것이 가장 합리적임.

2) 스마트폰 애플리케이션 기술 패러다임의 제시

- 새로운 기술을 통한 비즈니스의 성공을 위해서는 해당 기술에 대한 새로운 패러다임을 제시하고, 이를 기반으로 시장을 주도해 나가야 함.
- 그러나 이러한 역할을 협회나 사설 교육 기관에서 수행할 가능성은 매우 희박한 것이 사실이며, 체계적이고 전문적인 학문적 연구를 수행할 수 있는 기관에서 수행하여야 할 것임.
- 장기적 관점에서 이러한 기술 패러다임의 제시는 국내 스마트폰 애플리케이션 개발자들의 글로벌 스마트폰 애플리케이션 마켓 진입을 활성화 시킬 수 있고, 이를 통해 국가 경쟁력은 더욱 강화될 수 있음.

ICT 활용
지속가능 도시

2

제 **11** 장

에너지 생산 소비 가능 가정

11.1 각 사례 조사 및 설명

11.1.1 식용유에서 바이오 디젤

- 식용식물성연료는 석유연료 보다 비싸고 식량과의 상충성 때문에 보급되기 어렵다. 비식용식물유가 지속가능 바이오 디젤 생산을 위한 유망한 원료유임이 확인되었다. 세계적으로 비식용유식물은 자연에 다량으로 존재한다. 유망한 비식용 유지작물에는 자트로파(*J.curcas*), 카란자(*P.pinnata*), 담배씨(*N.tabacum L.*), 왕겨, 마후아(*M.indica*), 인도멀구슬나무(*A. indica*), 고무나무(*H.brasilents*), 아주까리, 아마씨, 미세조류 등이 있다.

- 자트로 파는 재생가능 디젤 원료로서 여러 장점이 있다. 비식용이고, 미미한 토양에서 자라며, 식용 작물과 상충되지 않는 지속가능바이오 연료로서 유망하다. 지방 함량이 높아 유지화학산업에서 비식용식물유 지원료로 적합하다. 자트로파는 여러 지역에서 재배되어 왔으며, 0.5톤0/헥타르의 수확을 올린다. 씨앗에는 약 30%의 기름이 포함되어 있다.

- 카란자는 속성 낙엽성 나무이다. 유지종자 생산이 높고 미미한 토양에서 자라므로 지속가능한 바이오 디젤 산업에 필요한 대규모 식물유생산에 적합한 특성을 갖추고 있다. 이 씨앗에는 약 35%의 기름이 있다. 마후아는 잘 이용되지 않은 비식용 기름이다. 마후아나무 씨앗의

수확은 나무의 크기와 나이에 따라 다르지만 약 5~200kg/나무이다. 열매는 약 70%가 씨앗이고 약 50%의 기름이 포함되어 있다.

- 미세 조류는 기름 함량이 높고 바이오매스 성장이 빠르므로 오랫동안 바이오 연료 생산에 아주 유망한 원료로서 인식되어 왔다. 열대 조건에서 최상의 바이오매스 수확은 약 50톤/헥타르이다. 조류에는 2~40wt% 지질/기름이 포함되어 있다. 조류의 바이오매스는 가까운 장래 식량생산과 바이오 연료 생산간의 갈등을 해결할 수 있을 것이다. 미세 조류는 세계의 수송용 연료 수요를 충족할 수 있는 유일한 재생 가능바이오 연료의 원료가 될 것으로 보인다. 미세조류의 배양에는 땅에서 자라는 나무에 비하여 많은 토지가 필요 없다.
- 폐식용유는 바이오 디젤의 저렴한 원료로서 상당히 유망하다. 폐식용유의 값은 순수 식물성 식용유보다 2.5~3.5배 저렴하므로 바이오 디젤 제조 원가를 크게 낮출 수 있다. 다량의 폐식용유가 불법적으로 하천과 땅에 투기되어 환경오염을 야기함을 생각하면, 석유디젤을 대체하는 바이오디젤 생산에 폐식용유를 사용하는 것은 환경오염을 줄이는 데 큰 장점이 된다.

출처: http://blog.naver.com/ioyou64?Redirect=Log&logNo=130112989970

11.1.2 저장할 수 있는 태양광 발전

태양광 전문업체 솔라라이트(대표 김월영 Http://solarlightkorea.com)가 집에서 간편하게 태양광발전을 할 수 있는 초소형 태양광발전기를 출시했다. 솔라라이트는 17일 가정에서 비용과 시간을 크게 들이지 않아도 설치할 수 있는 초소형 태양광 발전기를 출시했다고 밝혔다. 출시된 제품은 태양전지 모듈을 세우고 플러그에 꽂기만 하면 발전이 된다. 이 제품은 필요한 용량만큼만 구입 가능하다. 1장이면 250W, 2장이면 500W만 구입하면 된다. 기존의 태양광주택은 3kW가 표준으로 돼 있어 소량만 필요한 경우 태양광발전을 포기해야 했다. 하지만 이번 제품은 250W 초소형 태양광발전기를 2개 연결하면 500W, 4개 연결하면 1kW를 생산할 수 있다. 월 27kW 이상 생산할 수 있다. 설치도 간단하다. 플러그에 꽂기만 하면 작동하며, 기존 태양광발전과 달리 좁은 면적에도 설치할 수 있다. 기존의 태양광발전은 모든 태양전지가 일정한 방향을 보고 있어야 해 8평이상의 공간이 별도로 필요했지만 초소형태양광발전기는 별도로 구동하기 때문에 각각의 필요한 공간만 있으면 개별적으로 동작할 수 있다. 이에 따라 주차장, 창고지붕, 광원화장실, 가로등에 올리기만 하면 전기를 발전하는 가로등으로 변모할 수 있다. 전기절약 기능도 강력해 최근의 전기요금 인상 부담을 다소 줄일 수 있다. 회사측은 "주차장, 파고라, 창고지붕 등 기존에 면적이 좁아 설치를 하지 못했던 곳은 어디든 설치할 수 있다"면서 "기존의 발전의 경우 3kW Array가 같은 방향을 향하고 있어야 하지만 초소형태양광발전세트는 각각이 독립적으로 동작하기 때문에 별개로 방향과 위치를 정할 수 있다"고 밝혔다. 화장실 및 가로등에 바로 올리기만 하면 전기를 발전 하는 가로등으로 변모할 수 있다는 얘기다. 회사측은 "가정용으로 월 12만원 이상 전기요금이 나오는 경우 이 제품을 설치하면 월 2만원 이상의 전기요금을 절약할 수 있다"면서 "이는 집에 있는 최신 대형 김치냉장고 한대를 무료로 돌리는 셈"이라고 설명했다.

출처: http://www.energydaily.co.kr/news/articleView.html?idxno=38089

11.1.3 인간에서 생성된 에너지

회전문

그림 11.1

회전문 자체가 에너지의 절약을 위해 발명되었다.

이 회전문이 바깥공기의 유입을 줄여서 난방비를 줄이는데 효과가 있다.

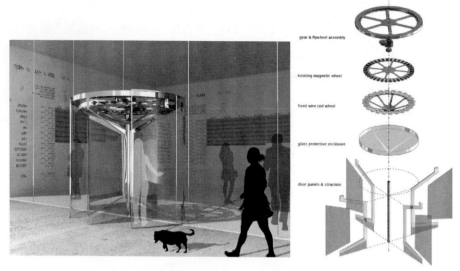

그림 11.2

뉴욕의 디자이너 집단인 Fluxx Lab에서 선보인 회전문이다.
이 회전문으로 사람이 통과할 때마다 전기가 발생한다.

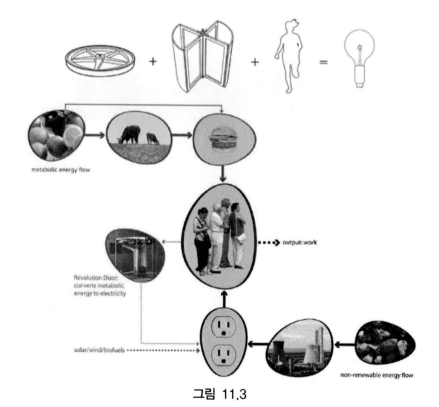

그림 11.3

그림 11.4

네덜란드 기차역인 나투르카페 라 포트(Natuurcafe La Port)에 세계 최초로 에너지를 발생하는 회전문이 설치되어 있다. 매일 수많은 사람들이 회전문을 밀며 통과하는 과정에서 발생하는 전기를 기차역 천장의 LED조명에 공급한다. 기차역 안에 설치된 전광판에는 회전문이 얼마나 많은 전기를 만들어내는지 실시간으로 보여줘서 환경 교육 효과도 높이고 있다.

출처: http://greenfu.blog.me/150100227610

11.1.4 지역 에너지 네트워크

제 2차 전력혁명이라 불리는 스마트그리드!

스마트그리드란 전기 및 정보통신 기술을 활용하여 전력망을 지능화·고도화함으로써 고품질의 전력서비스를 제공하고 에너지 이용효율을 극대화하는 전력망입니다. 현재의 전력시스템은 최대 수요량에 맞춰 예비율을 두고 일반적으로 예상수요보다 15%정도 많이 생산하도록 설계돼 있습니다. 전기를 생산하기 위해 연료를 확보해야 하고 각종 발전설비가 추가적으로 필요하며, 버리는 전기량이 많아 에너지 효율도 떨어집니다. 또한 석탄, 석유 가스 등을 태우는 과정에서 이산화탄소 배출도 늘어납니다.

스마트그리드는 에너지 효율 향상에 의해 에너지 낭비를 절감하고, 신·재생에너지에 바탕을 둔 분산전원의 활성화를 통해 에너지 해외 의존도 감소 및 기존의 발전설비에 들어가는 화석연료 사용 절감를 통한 온실가스 감소효과로 지구 온난화도 막을 수 있게 됩니다.

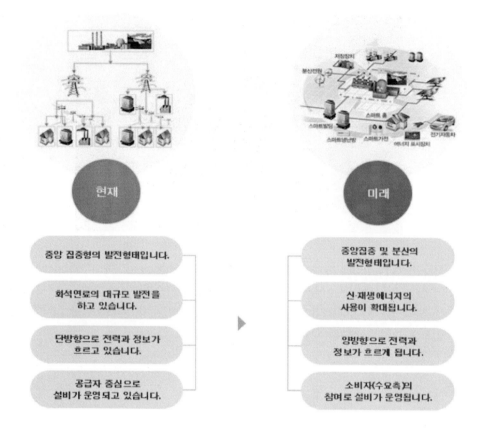

스마트그리드 구축에 따른 효과를 소개합니다.

에너지효율을 최적화 합니다.

현재 전기 에너지 소비는 주로 여름·겨울과 오후 시간대에 몰려있어 비효율적이나, 스마트그리드가 구축되면 효율이 최적화됩니다.

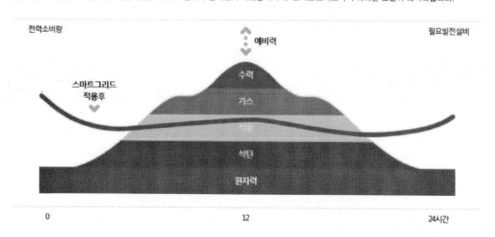

자발적 에너지 절약을 유도합니다.

스마트그리드 환경에서는 전력 수급 상황별 차등 요금제를 적용하여 전기사용자들에게 전기사용량 및 요금 정보를 제공함으로써 자발적인 에너지 절약를 유도합니다.

설비투자 절감효과가 있습니다.

발전설비는 피크 소비량에 예비력를 감안하여 증설되므로 피크전력 감소에 따른 설비투자 비용을 절감할 수 있습니다.

신·재생 녹색에너지를 확대합니다.

신·재생에너지는 일조량이나 바람의 세기에 따라 전력생산이 불규칙하여 현재의 전력망으로 수용하는데 한계가 있습니다. 따라서 신·재생에너지는 이러한 계통 연계문제가 해결될 때 확대보급이 가능합니다.

〈현재의 불규칙한 전력망〉　　스마트그리드 적용후　　〈안정적인 전력망〉

전기자동차 인프라 및 전력망 구축으로 환경·경제에 도움이 됩니다.

정부는 전기자동차 보급과 충전인프라 구축을 계획하고 있습니다.

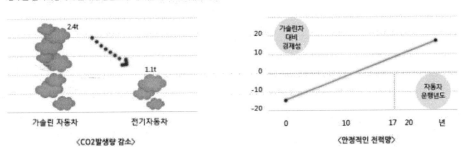

가솔린 자동차　　전기자동차
〈CO2발생량 감소〉

〈안정적인 전력망〉

전력품질 및 신뢰도가 향상됩니다.

현재의 전력망은 자가진단이 어렵고 고장 및 정전 발생 시 수동복구를 해야 하지만 스마트그리드가 적용되면 다음과 같은 장점을 가지게 됩니다.

■ 향상된 IT 기술과 최첨단 스마트 센서 도입으로 실시간 데이터 취득
■ 실시간 모니터링 데이터 분석 프로그램을 개발하여 시스템 위협요소 사전 제거
■ 지능화된 전력기기와 인공지능 운영시스템을 구축하여 전력망 운영 최적화

❛스마트그리드의 미래도시에서는 전력의 공급과 소비가
IT와 조화되어, 미래의 에너지가 우리의 삶 속에 어떤 모습으로
적용되는지 확인하실 수 있습니다.❜

구성요소	설명
주상복합건물	주변의 경관을 보호하거나 보안상의 이유 등으로 지하에 설치하는 변전소. 주로 옥내형 GIS 변전소로 건설되며, 지상 부분에는 나무 등을 심어서 공원화하여 사용하고 있습니다.
초전도 케이블	극저온 상태에서 전기저항이 0이 되는 초전도 현상을 이용하여 송전하는 케이블 직류, 교류 두 가지 방식이 있으며 직류방식은 도심지의 대전력 송전용 지중케이블과 대용량 장거리 송전용으로 쓰일 예정이며 교류방식은 전력시스템에 병입이 가능하여 도심지의 대용량 지중송 전방식으로서 연구 개발되고 있습니다.
전기에너지 주택	스마트 미터, 스마트 가전, 축전지, 고효율 급탕기, 제어장치, 지열 시스템, 태양광(PV_판넬, 전기자동차 EV
Ground Coupled Heat Pump	겨울에 지면에 묻은 긴 페루프 파이프를 통해 물을 순환시킴으로써 열원으로 대지를 이용하는 펌프, 지면의 계절적 온도변화가 공기와 비교할 때 작기 때문에 공기원 히트펌프를 약간 개선하는 것으로 볼 수 있습니다.
HVDC (High-Voltage, Direct Current)	전력전송를 위해 DC를 사용하는 송전시스템으로 장거리의 경우 비용이 적게 들고, 전력손실 이 적습니다.
LED Streetlight	LED 초절전형 가로등
EV (Electric Vehicle)	전기자동차 확대보급
CCS (Carbon Capture & Storage)	탄소포집 저장기술
IGCC Power Plant	석탄가스화 복합발전(IGCC : Integrated Coal Gasification Combined Cycle)
EV Charging Station	· 7개 핵심 거점 지구를 중심으로 전국단위 충전인프라 구축 · 대형마트, 백화점, 주차장 등에 충전시설 설치

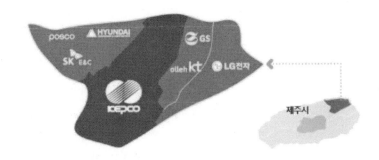

실증지역	제주도 구좌읍(제주 동북부 소재)일대
실증규모	5개 분야, 2개 변전소, 4개 배전선로, 고객 3천호
실증기간	'09.12 ~ '13. 5 (42개월) 기본단계 : '09.12월 ~ '11. 5월 : 실증단지 인프라 구축 확장단계 : '11. 6월 ~ '13. 5월 : 본격적인 실증단지 운영
참여기관	12개 컨소시엄 168社 참여
예산	2,465억원 [정부 739억원(30%), KEPCO 239억원(10%), 민간 1,487억원(60%)]

제주 SG 실증단지는 한국형 차세대 전력망 구현을 위해 국내 최초로 조성되는 시범단지로, 세계 최고수준의 스마트그리드 구현을 목표로 하고 있습니다.

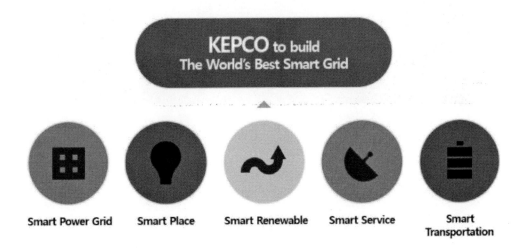

출처: http://blog.naver.com/keps123?Redirect=Log&logNo=193867551

11.1.5 스마트 기기 및 장치

삼성 스마트홈은 집 밖에서도 스마트폰으로 집안의 상태를 확인하고 외출, 방범 설정 등을 할 수 있으며, 가스밸브, 조명, 보일러 등을 원격으로 제어할 수 있는 편리한 어플이다. 이 어플을 통해 방문자영상도 확인할 수 있으며 관리비나 에너지사용량 등을 조회할 수도 있다. 한마디로 삼성스마트홈 앱은 거실에 있는 월패드(홈시스템 EZON)의 기능을 스마트폰에 옮겨 놓은 것이다. 삼성 스마트홈을 사용하기 위해서는 스마트폰에 어플을 설치하고 간단한 절차를 거쳐야 한다. 그리고 각종 쓰고 있는 에너지량을 측정하고 전원 장치를 On/Off 하여 에너지 절약에 효과적이다.

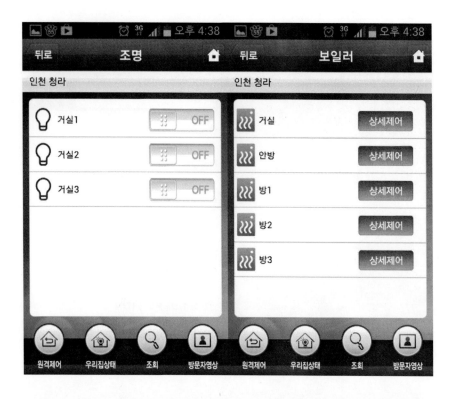

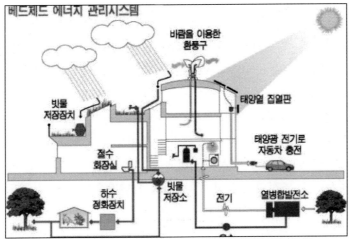

▲ 탄소 배출을 최소화할 수 있도록 설계된 베드제드 주택단지의 에너지 관리 시스템

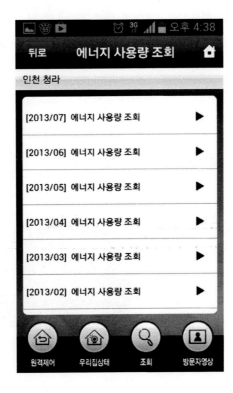

출처: http://blog.naver.com/simin1992?Redirect=Log&logNo=80193742095

11.1.6 열 병합 발전소

바람의 방향에 따라 회전하면서 실내로 신선한 외부 공기를 공급하는 닭 볏 모양의 환풍기가 인상적이다. 베드제드의 랜드 마크로 자리 잡은 이 환풍기는 열 교환기가 부착돼 바깥의 찬 공기가 실내의 더운 공기와 섞이면서 따뜻해지도록 설계됐다.

베드제드를 설계한 제드팩토리(Zedfactory)의 수석 건축가 빌 던스터씨는 "베드제드 주택단지 지붕에 설치된 환풍기가 70%의 에너지 손실을 줄이도록 설계되면서 별도의 난방 기구를 사용하지 않아도 실내온도를 조절하면서 난방효과를 낼 수 있다"고 말했다. 이처럼 베드제드의 주택이 패시브 하우스로 조성되면서 단지 내 주택의 난방수요가 동일 규모 주택의 10분의 1 수준으로 줄었다는 게 베드제드 관계자의 설명이다.

베드제드는 화석 에너지를 사용하지 않는 것을 모토로 한다. 이를 위해 베드제드의 지붕은 온통 태양광 집열판과 잔디로 뒤덮여 있다. 베드제드에서 소비되는 전기의 20%가 지붕에 설치된 태양광 집열판을 통해 생산된다. 조명과 난방 등 다른 전력 수요는 인근 지역 임산물의 부산물로 나오는 바이오매스를 활용한 열병합발전소(CHP, combined heat and power)에서 충당하는 것으로 설계됐다.

출처 : http://www.nocutnews.co.kr/show.asp?idx=1334936

11.1.7 스마트 보온 장치

Nest Leaming Themostat는 학습형 온도조절기이다.
설치 초기시 기존의 온도기와 동일하지만 시간이 지날수록 영리함을 보여준다.
가족들이 어떤 온도를 학습하여 집안 최적의 온도를 알아서 맞춰 주기 때문이다.
따라서 에너지를 효율적으로 관리 할 수 있다.

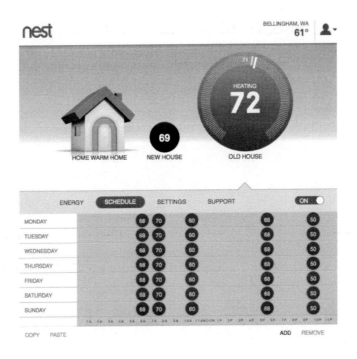

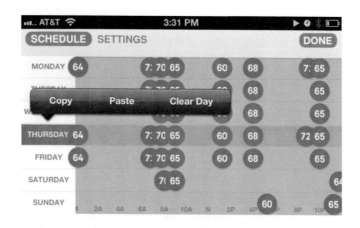

출처: http://sojuclick.blog.me/120163218201

11.2 각 국에서 적용 사례 조사 및 분석

11.2.1 식용유를 바이오디젤 연료로 활용

미국의 디젤 트럭이나 승용차 운전자들은 미국의 수입석유에 대해 우려해 왔으며, 다음주 6곳의 tri-state 주유소들이 혼합 바이오 디젤을 판매함으로써, 그러한 의존도가 감소하기를 바라고 있다. 석유에서 제조되는 일반 디젤과는 달리, 바이오디젤은 미국 내에 풍부한 동물지방이나 식용유 등의 원료를 이용하여 제조된다. 바이오디젤은 청정연소가 가능하기 때문에, 기존의 디젤 연료보다 대기 오염물을 적게 배출 시킨다. 또한 바이오디젤은 무독성이며, 신속하게 생물학적으로 분해된다. Clermont County의 Lykins Oil Co.은 일반 디젤 98%, 바이오디젤 2% 비율인 혼합 바이오디젤을 지역 주유소들에 공급할 것이다. 이 혼합 바이오디젤은 식당에서 폐기된 재활용 식용유나 대두 생산 부산물을 이용하여 제조된 것이다. 2%라는 수치는 크지는 않지만, 6곳의 tri-state 주유소들은 작년에만 총 65만 갤런의 디젤을 판매했다. 65만 갤런의 2%인 13,000 갤런의 석유 추출 디젤이 바이오 디젤로 대체되게 된다. Lykins Oil.의 Jeff Lykins에 의하면, 장기적인 계획은 가능한 한 많은 주유소에 이 제품을 공급하는 것이다. Jeff Lykins는 "대중들이 그들의 차량에 대안 연료를 이용하는 것에 익숙해지게 되면, 더 많은 비율의 바이오 디젤을 혼합하기를 원한다"고 말했다. Lykins는 이미 상용 소비자, 스쿨 버스 업체에 매년 10만 갤런을 판매하고 있다고 말했다. Lykins 자체 업무 차량들도 바이오디젤을 연료로 사용하고 있다. 바이오디젤은 차량에 아무런 영향을 미치지 않고, 어떠한 농도로든, 심지어 100%로도 사용될 수 있다. B2(바이오디젤 2%) 혼합유는 일반 디젤과 같은 가격에서 판매되기 시작할 것이기 때문에, 소비자들은 추가비용 없이 바이오 디젤을 사용할 수 있다. 순수한 상태에서 바이오 디젤은 일반 디젤보다 더 비싸다. 바이오 디젤을 생산하는 업체의 수가 많지 않고, 공급이 한정되어 있기 때문이다. 수요가 증가하면 가격은 내려가게 될 것이다. 공급과 수요 증가에 대한 예상은 지난 22일 부시 대통령이 에탄올 세제 혜택 연장의 일부분으로서 미국 최초의 바이오 디젤 세제 혜택법에 서명함으로써 힘을 얻고 있다. 세제 혜택은 연료에 부과되는 연방 소비세에 대응하는 액수이다. 미국 농무무의 연구에 의하면, 세제 혜택을 통해 연간 수요가 2004 회계연도의 3,000만 갤론에서, 최소 1억 2,400만 갤론으로 증가할 것이며, 석유 가격에 따라 더 증가할 수도 있다고 한다. American Soybean Association은 세제 혜택이 농업, 제조업 및 관련 지원 산업 분야에서 수천 개의 일자리를 만들게 될 것이라고 발표했다. 라이프-사이클 기반으로 분석할 경우, 바이오 디젤은 석유 추출 디젤에 비해 온실가스 배출량이 78% 낮다.

출처: http://www.konetic.or.kr/?p_name=env_news&query=view&sub_page=ALL&unique_num=60702

11.2.2 저장할 수 있는 태양광 발전

GS칼텍스, 전력난 겪는 캄보디아에 태양광 에너지 지원

캄보디아 바탐방 지역에 사는 한 주민이 태양광을 활용한 전등을 가리키며 웃고 있다.이 전등은 GS칼텍스가 설치한 것이다. [사진 GS칼텍스]

지난달 캄보디아 바탐방 지역에선 GS칼텍스의 태양광 에너지 센터 완공식이 열렸다. 태양광 제품을 생산·판매하는 이 센터의 완공으로 지역 주민은 일자리를 갖게 됐다. 이뿐만이 아니다. GS칼텍스는 임직원 봉사단을 만들어 태양광 랜턴을 1500여 가정에 전달했다. 가정용 태양광 발전기도 6가구에 설치했다. 2011년부터 꾸준히 실시해 온 바탐방 지역 저소득층 에너지 지원

사업의 결실이었다. 캄보디아는 전력 보급률이 20%에 불과하고, 농촌 인구의 92%가 화재 위험이 있는 기름 램프를 쓰고 있다.

GS칼텍스의 사회공헌은 이렇게 해외로 뻗어가고 있다. 대표이사인 허진수 부회장은 기업 특성을 살린 '에너지로 나누는 아름다운 세상'을 추구하고 있다. 캄보디아의 경우 전력난을 겪고 있지만 일조량은 세계 최대(하루 5.3시간)라는 점에 착안해 태양광을 통한 나눔을 기획했다. GS칼텍스 관계자는 "태양광 에너지센터를 기반으로 태양광 제품을 생산·판매하고 2세대 제품연구 개발도 추진할 것"이라고 말했다.

출 처: http://article.joins.com/news/article/article.asp?total_id=12654604&cloc=olink|article|default

11.2.3 인간에서 생성된 에너지

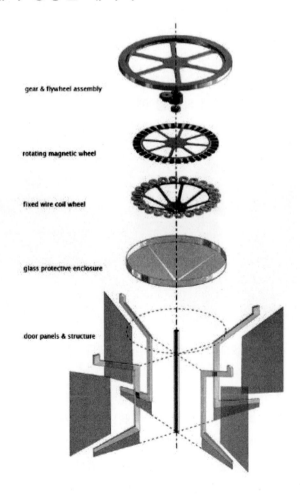

뉴욕의 디자이너 집단인 Fluxx Lab에서 선보인 회전문이다.
이 회전문으로 사람이 통과할 때마다 전기가 발생한다.

네덜란드 기차역인 나투르카페 라 포트(Natuurcafe La Port)에 세계 최초로
에너지를 발생하는 회전문이 설치되어 있다. 매일 수많은 사람들이 회전문을
밀며 통과하는 과정에서 발생하는 전기를 기차역 천장의 LED조명에 공급한다.
출처: http://greenfu.blog.me/150100227610

11.2.4 지역 에너지 네트워크

스마트그리드 생활화에 앞서가는 일본

일본은 스마트그리드 정책이 급진전을 이뤄 이미 생활 곳곳에 적용되고 있다. 지난달 29일부터 열리고 있는 스마트커뮤니티 전시회에서 이러한 모습을 알 수 있었다. 스마트그리드가 실증단계를 지나 일본 지자체에 대거 설치되고 있으며 일본 기업들은 관련 상용품을 대거 출시하고 있다.

주목할 만한 점은 저속전기차, 스마트메터링 기기들이 대거 등장했고 기존 제품의 개량 모델이 소개되었다는 것이다. 전력공급상황과 방재시스템의 작동 여부를 컴퓨터 화면을 통해 쉽게 파악할 수 있었으며 파워컨디셔닝이 내장된 ESS가 출시되었다. 또 휴대용 태양광발전기, 독립형 여과기, 독립형 수력발전기등이 소개되었으며 오사카, 사세보, 돗토리 현 등이 앞다퉈 스마트그리드를 대규모로 설치 중이다.

〈휴대용 태양광 발전기〉

기업들은 지자체의 움직임에 따라, 기존 제품군을 스마트그리드로 업그레이드 했다. NEDO 는 스마트커뮤니티를 적용하는 정부기관, 기업, 전문가들을 JSCA(Japan Smart Community Alliance)로 한데 묶어 신재생에너지 기술 개발에 박차를 가하고 있다. 도요타는 장거리 고속전 기차 프리우스 PHEV와 함께, 한번 충전으로 60km 속도로 40km까지 달릴 수 있는 저속전기 컨셉카 Smart INSECT를 내놓았다.

〈도요타에서 출시한 저속전기 컨셉카 Smart INSECT〉

일본 지자체는 일본 GE의 시스템을 채용해 지진 등을 대비한 안전관리와 연결시키고 스마트 그리드로 전력관리를 강화한 스마트시티를 시범운영하고 있습니다. NTT는 건물, 가정집 백화 점, 빌딩, 발전소를 통합관리하는 스마트그리드 시스템을 선보였다. 백화점은 주말에, 건물은 낮에, 가정집은 밤에 전력소비가 많은 점에 착안 전력 소비 정보를 통합해 발전소에 전송해 발전, 송배전을 조정하는 시스템이다. 도시바는 요코하마와 함께 이미 스마트시티 시스템을 설치하고 있었다.

일본의 이러한 적극적인 스마트그리드 활동은 우리나라에게 시사하는 바가 많다. 특히 전력회사와 통신회사간 알력으로 지지부진한 국내 스마트그리드 사업에 경종을 울리는 것이 다. 스마트그리드 사업이 용두사미가 되지 않도록 우리 정책당국자와 일선기업들이 더욱 분발 해야 할 것이다.

출처: http://www.ekn.kr/news/articleView.html?idxno=83825

11.2.5 스마트 기기 및 장치

▲ 지난해 6월부터 시판하기 시작한 버라이즌(Verizon)의 스마트홈 시스템 3만원 정도면 설치가 가능해 스마트 홈 시스템을 설치하는 가구 수가 급속히 늘고 있다. ⓒhttps://shop.verizon.com/

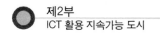

세계 산업계 동향

지난 2011년 11월 미국의 초대형 통신사 버라이즌(Verizon)이 스마트 홈(Smart Home)을 선보였다. 미래형 무선기술 '지 웨이브(Z-Wave)'를 활용한 시스템으로 당시 스마트 홈 개념을 잘 몰랐던 사람들에게 놀라움을 선사했다.

이 시스템을 설치하면 원격으로 문을 잠그고 열 수 있다. 집 주인이 집 바깥에 있더라도 네트워크 카메라를 통해 집안에서 일어나는 일들을 볼 수 있다. 또 조명과 온도 조절은 물론 집안에 설치된 가전제품 등의 장치들까지 움직임을 설정하거나 조절하고, 제어할 수 있다.

이 모든 것을 스마트폰과 컴퓨터로 움직일 수 있었다. 버라이즌에서 만든 '피오스(FiOS) TV'를 통해서도 통제가 가능했다. 버라이즌 개발담당 당시 부사장인 에릭 브르노(Eric Bruno)는 "버라이즌이 '홈(home)'과 '어웨이(away)' 사이의 장벽을 허물고 있다"고 말했다.

스마트 홈이란 자동적으로 통제가 가능한 개인 주택을 말한다. 미국에서는 '도모틱스(Domotics)'라고도 하는데 '홈(home)'을 의미하는 라틴어 '도모(Domo)'와 자동화를 의미하는 '오토매틱(automatic)'의 합성어다. 가정을 자동화했다는 의미다.

미국 뉴햄프셔 주에 있는 '홈시어 테크놀로지(HomeSeer Technology)'사는 홈 자동화 소프트웨어를 개발, 시판했다. 인터넷 등의 매체를 이용해 집 바깥에서 가정의 전력 사용량을 측정하고 조명이나 에어컨 등의 전자제품을 자유롭게 켜고 끌 수 있는 시스템이다.

또 자체 소프트웨어를 통해 전기료를 절약할 수 있도록 실내외 온도 차이를 통한 자동 실내온도 조절, 일광 시간에 따른 조명 자동조절이 가능하도록 했다.

스마트 홈 기기 보급도 활발하다. 조사기관 IDC에 따르면 2011년 기준, 세계 약 9천만 가구에 이미 스마트 미터기가 설치된 것으로 나타났다. 스마트 미터는 '차세대 전력량계'라고도 불리며 기업이나 가정의 전력 사용량을 자동적으로 검침하여 기존에 없는 서비스를 제공할 수 있다.

출처: http://blog.naver.com/srdsk001?Redirect=Log&logNo=30175650007

11.2.6 열병합 발전소

영국 런던 남쪽 써튼(Sutton) 자치구에 건설된 '베드제드(BedZED, Beddington Zero-fossil Energy Development)'. 베드제드는 '베딩톤 제로 에너지 개발'이란 뜻으로 석유와 석탄 등 화석 에너지를 전혀 사용하지 않고 개발한 지역이라는 의미를 갖고 있다.

베드제드는 런던 최초의 친환경 주택단지로 최근 영국은 물론 전 세계의 주목을 받고 있다. 베드제드는 독일 프라이부르크시 처럼 도시 전체 차원이 아닌 특정단지를 탄소제로도시로 조성하는 방식을 채택한 곳이다.

베드제드는 가동이 중단된 오수처리 부지에 조성된 에너지 자립단지라는 특성을 갖고 있다. 한적한 런던 교외에 자리 잡은 베드제드에 들어서면 우선 빨강과 파랑, 노랑 등 형형색색의 닭 볏 모양의 환풍구(wind cowl)가 지붕에 달린 주택들이 눈길을 끈다. 3층짜리 연립주택 3동으로 구성된 베드제드는 다양한 주체들의 협력으로 조성된 친환경 건축물로 탄소제로도시 개발의 모델로 주목받고 있다. 베드제드는 자선단체인 피바디 트러스트(Peabody Trust)와 사회적 기업인 바이오 리저널 디벨로프먼트 그룹(BioRegional Development Group), 친환경 건축사무소인 빌 던스터 건축사무소(Bill Dunster Architets) 등의 파트너십으로 개발된 곳이다. 16,500㎡ 부지에 조성된 베드제드는 피바디 트러스트가 부지를 싸게 매입한 뒤 공동 사업자들이 지난 2000년 착공해 2002년에 완공됐다.

탄소 에너지 발생을 줄이기 위해 직장과 주거가 근거리에 있는 '직주 근접(職住 近接)' 방식으로 조성된 베드제드는 단지 내에 일반 가정 100가구와 10개의 사무실이 있다. 100가구 중 50%는 일반에 분양하고 25%는 직원과 설립자용, 25%는 저소득층을 위한 사회적 주택용으로 임대됐다. 주택 가격은 동일한 규모의 주택보다 5% 가량 비싸게 설정돼 있다. 탄소배출을 지양하며 탄소제로주택으로 조성된 베드제드는 설계 단계부터 탄소 배출을 하지 않기 위한 건축 기법으로 눈길을 끌었다.

첫째, 패시브 하우스(passive house) 도입으로 에너지 손실이 최소화되도록 시공됐다. 에너지 손실 최소화를 위해 베드제드에서는 고밀도의 3층짜리 블록들이 옆으로 연결된 연립주택들이 모두 남향으로 배치됐다. 50㎝인 건물 외벽에 슈퍼 단열재를 사용했는데, 단열재의 두께만 30㎝에 이른다. 유리창은 모두 3중창이고, 베란다에 충분한 채광이 되도록 넓은 창을 사용하고 있다. 이밖에 절전형 조명기구도 에너지 절감에 한몫하고 있다. 특히 바람의 방향에 따라 회전하면서 실내로 신선한 외부 공기를 공급하는 닭 볏 모양의 환풍기가 인상적이다. 베드제드의 랜드 마크로 자리 잡은 이 환풍기는 열 교환기가 부착돼 바깥의 찬 공기가 실내의 더운 공기와 섞이면서 따뜻해지도록 설계됐다. 베드제드를 설계한 제드팩토리(Zedfactory)의 수석 건축가 빌 던스터씨는 "베드제드 주택단지 지붕에 설치된 환풍기가 70%의 에너지 손실을 줄이도록 설계되면서 별도의 난방 기구를 사용하지 않아도 실내온도를 조절하면서 난방효과를 낼 수 있다"고 말했다. 이처럼 베드제드의 주택이 패시브 하우스로 조성되면서 단지 내 주택의 난방수요가 동일 규모 주택의 10분의 1 수준으로 줄었다는 게 베드제드 관계자의 설명이다.

둘째로 베드제드는 화석 에너지를 사용하지 않는 것을 모토로 한다. 이를 위해 베드제드의 지붕은 온통 태양광 집열판과 잔디로 뒤덮여 있다. 베드제드에서 소비되는 전기의 20%가 지붕에 설치된 태양광 집열판을 통해 생산된다. 조명과 난방 등 다른 전력 수요는 인근 지역 임산물의 부산물로 나오는 바이오매스를 활용한 열병합발전소(CHP, combined heat and power)에서 충당하는 것으로 설계됐다.

출처: http://www.nocutnews.co.kr/show.asp?idx=1334936

11.2.7 스마트 보온 장치

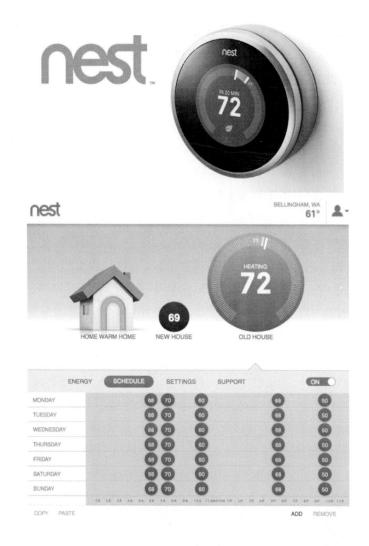

섬나라인 일본의 경우, 습한 기후로 인해 우리나라보다 여름철 날씨가 훨씬 무더워 실내에서는 에어컨이 필수이다. 그래서인지 에어컨과 냉장고와 같은 여름철 가전제품의 수요가 높고 그에 따라 스마트폰 대응 가전제품의 비율이 높게 나타난다.

에어컨의 경우, 전용 스마트폰 앱을 이용하여 에코정보(에어컨 운전에 따른 예상전기료 계산), 사용 매뉴얼의 앱 내장, 리모컨 기능(실내 온도 조절, 전원 조작, 예약 꺼짐 및 켜짐), 음성인식 등이 가능한 모델이 시판되고 있다. 냉장고의 경우에도 앱을 이용하여 에코 관련 기능 사용, 냉장고의 개폐횟수와 그에 따른 에너지 절약현황을 확인할 수 있으며, 앱을 통해 요리 레시피도 함께 제공한다.

이외에도, 밥솥, 전자레인지, 체성분 분석기, 혈압계 등을 스마트폰 앱과 함께 이용함으로써 전자제품의 관리 및 조작, 나아가서는 가전제품사용에 관한 자료수집까지 가능하다.

사용자들에 의하면 스마트폰을 이용함으로써 간편하게 가전제품을 원격으로 조작할 수 있다는 점이 큰 매력으로 작용하였다고 한다. 하지만 배터리의 소모와 전기료 등의 염려로 아직은 필요하지 않다는 의견도 있다.

출처: http://blog.daum.net/withmsip/333

11.3 ICT 기술 적용시 요소 기술 및 시스템 구조 제시

주제- 인간에서 생성되는 에너지

11.3.1 회전문

1) ICT 기술 적용 시 요소 기술

회사, 호텔, 백화점에서 흔히 볼 수 있는 회전문이다. 회전문이 돌아가는 윗부분에 터빈을 부착하여 회전에 의한 동력으로 전기에너지를 생산하는 것 이다. 건축물의 회전문을 통해 에너지를 수확하는 연구는 그 동안 소모되었던 인간의 물리적인 활동 에너지를 수확하여 그것을 전기에너지로 변환하는 기술로서, 이를 활용하여 조명이나 간판 같은 설치물에 전력을 공급하고 있다.

센서의 종류

(1) 방문자 수확인 센서 : ICT 기술 적용 시 요소 기술은 낮 시간동안 사람들이 출입하는 쪽에 센서를 부착하여 방문자 수를 하루 방문자 수를 숫자화하여 경영 정보로 이용한다. 예를 들면 백화점의 경우 입구에 센서를 부착하여 유동인구를 분석한다. 그리고 수입에 관련해서 정보로 이용하여 참고할 수 있게 한다.

(2) 범죄 예방 센서 : 각종 성범죄에 노출되어 있는 요즘, 주로 회전문이 있는 건물은 대형 건물에 쓰이고 사람들의 유동인구도 많다. 사람들이 많은 곳은 범죄에 노출되기 마련이다. 따라서 범죄자들을 집중관리 할 수 있도록 범죄자들의 전자발찌의 센서와 회전문 센서가 반응하여 신상정보와 건물 내에 위치 경로를 공개하게 하고, 경비원들의 무선기에 즉시 호출하거나 관리실에 알리도록 하여 집중 감시 할 수 있도록 한다.

(3) 화재 센서 : 연기를 감지하는 센서를 부착하여 평소에는 회전문이 전기에너지를 생산하는 용도로 쓴 반면에 화재시에는 비상구의 역할을 한다. 연기를 감지하는 즉시 관내에 알리도록 경보를 울리게 하고 모든 회전문의 날개를 개방형으로 하여 사람들이 재빨리 출입을 할 수 있게 한다.

(4) 전기 생산량 센서 : 터빈이 돌아가는 횟수를 통해서 전기 생산량을 서버를 통해 모니터로 실시간으로 표시한다.

(5) 수요와 공급 확인 센서 : 건물내에 전기 에너지의 수요와 공급량을 확인하도록 하고 전력 비상시 생산된 전기를 바로 쓸 수 있게 한다.

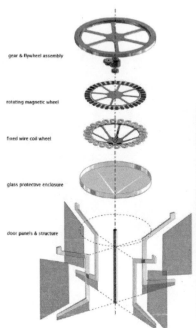

출처: http://greenfu.blog.me/150100227610

2) 시스템 구조

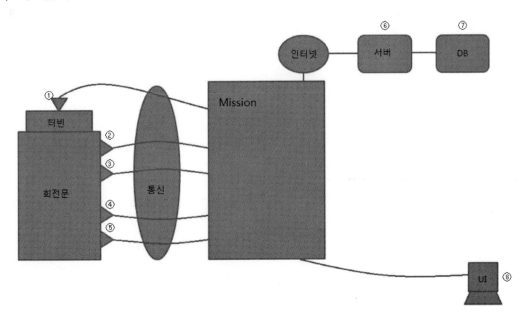

① 수요 공급확인 센서

② 방문자수 확인 센서

③ 범죄 예방 센서

④ 화재 센서

⑤ 전기 생산량 센서

⑥ 서버 : 전기생산량과 방문자수를 실시간으로 서버를 통해 전송한다.

⑦ DB : 서버를 통해 전송 받은 방문자 수와 센서의 확인된 정보들을 저장한다.

⑧ 관리자 : 모니터링을 통해 수치를 실시간 확인하거나 저장된 정보들을 볼 수 있다.

Mission

- 유동인구가 많은 낮 시간동안 회전문을 통해 모은 전력을 밤에는 건물의 조명으로 쓴다.
- 전력 공급과 수요를 실시간으로 체크하여 건물에서 전력 비상시 바로 쓸 수 있도록 한다.
- 범죄예방 센서가 작동 시 관내로 바로 호출 하도록 한다.
- 회전문의 화재 센서가 울릴 때 자동으로 회전문이 개방형으로 바뀌어서 출입이 용이하게 한다.
- DB에 저장된 정보를 이용하여 수시로 확인 가능할 수 있다.

제 **12** 장

가정 내 에너지 절감 사례

12.1 시나리오 소개

가정에서 낭비되는 것을 현명하게 재활용하기(Homes that intelligently recycle waste)

현대 기술은 공급사슬 및 쓰레기 관리, 재활용을 통해 최근 수십 년간 기업과 산업 혁명의 발전을 이뤄냈다. 이것을 국가적 수준으로 적용 할 수 있는 기회가 있다. 그 중 가정은 공급, 이전 및 재활용사슬의 관리 노드가 될 수 있다.

여기서 쓰일 수 있는 기술인 전자 태그, 센싱, 추적은 효과적인 가정의 공급 및 폐기물 처리에 일조하고, 재활용을 활성화한다.

● RFID 폐기물 관리

무선 주파수 식별(RFID)[51] 기술은 폐기물을 보관, 운반, 멸균, 분쇄, 소각, 화장, 재활용 등 폐기물 처리 과정 및 경로를 추적, 자동화하고, 요금의 간소화 방법을 제공한다. 일부 도시에서 RFID 태그는 인센티브 기반의 재활용을 위해 사용된다.

출처: New Technology http://blog.naver.com/cocoty2

---

51) RFID(Radio Frequency Identification)는 자동인식 기술의 하나로 초소형 반도체에 식별정보를 입력하고 무선주파수를 이용하여 이 칩을 지닌 물체나 동물 등을 판독, 추적, 관리할 수 있는 기술

● 시골, 지속 가능한 농업

로컬푸드[52]는 생산자와 소비자가 가장 짧은 유통 단계를 통해 만남으로써 안전하고 건강한 먹거리를 공급하고 강한 농업 경제를 만들게 된다. 이름 있는 먹거리와 사회적 상호작용을 통해 생산자와 소비자 사이에 신뢰를 형성하게 되고 이는 궁극적으로 건강한 커뮤니티, 건강한 사회를 만들어 나가게 된다. 로컬의 개념을 지리적 개념에 두었을 때 장소라고 보면 사회적 개념은 커뮤니티 또는 공동체로 표현할 수 있을 것이다.

지속 가능한 농업에 대한 합의된 정의가 없으며 정의에 대한 많은 논란이 있으나, 보편적으로 활용되고 있는 정의 중 하나는 지속가능한 농업의 3가지 축을 환경적 건강, 경제적 수익성 및 사회·경제적 형평성으로 보는 관점이다. 로컬푸드가 지향하는 점과 명확히 합치하고 있다. 미국의 북미의 100마일 다이어트 운동, 일본의 지산지소(地産地消) 운동 등이 대표적인 예다. 국내의 경우 전북 완주군이 2008년 국내 최초로 로컬푸드 운동을 정책으로 도입한 바 있다.

출처 : 네이버 시사상식 사전

● 도시 내 배달 서비스

전기자전거, 전기바이크로 불리는 이 운송수단은 도시과밀화에서 보이는 러시아워 전에, 배송을 최대치로 끌어올리는 역할을 한다. 전기 모터가 장착된 자전거는 일일주행 13km, 적재하중 50kg까지 가능하며 기존 배달 밴 보다 무게가 90% 덜 나가고 빠르기 때문에 고객 10~20% 비용을 절감할 수 있다.

● 옥상 분무경[53]

분무경 기술은 뿌리를 양액에 담그지 않고 스티로폼, 목재 등으로 햇빛을 차단한 베드를 공기 중에 노출시키고 배양액을 2~3분마다 수초씩 분무하여 재배하는 방식이다. 상대적으로 작은 규모의 국가에선 건물, 고층아파트의 햇빛을 통한 재배가 점차 확대되어 가고 있다.

출처 : 위키백과 양액재배 문서

● 집에서 받아보는 디지털 콘텐츠

오늘날, DVD는 대여할 필요 없이 디지털 콘텐츠 서비스에 의해 집으로 직접 배달해 컴퓨터로 볼 수 있다. 이 같은 서비스가 디지털 형태로 보급되고 공간을 차지할 일이 없게 되자 실제 물건을 구입하거나 임대에 대한 필요성이 점차 사라지고 있다.

---

52) 장거리 운송을 거치지 않은 지역농산물을 말하는데, 흔히 반경 50km 이내에서 생산된 농산물을 지칭하며 식품의 신선도를 극대화시키자는 취지로 출발
53) Aeroponics. 양액(무기양분을 물에 용해 시킴)재배에서 배양액 공급 방법의 일종

향후 콘텐츠 시장은 불법 다운로드의 지속적인 감소 및 스마트TV, 테블릿PC와 같은 다양한 기기가 보급될 전망이라는 점과 최근 출시한 Play TV 앱 등이 중심역할을 할 전망이다.

● 주문형 운송 및 배달

수신인 부재 시 소포물 배달의 문제점에 대한 해결책으로 무인 자동 우편함인 무인 소포 시스템을 개발해 눈길을 끌고 있다. 이 소포정류장/소포보관함은 쉽게 말하면 자동판매기의 원리를 이용해 시간에 관계없이 언제든지 소포물을 찾거나 보낼 수 있는 무인 우편시설이다.

이 시설을 이용하길 원하는 사람들이 우체국에 서비스 이용 신청을 하면, 우체국으로부터 칩이 든 카드와 고유번호를 발급받게 된다. 이용자에게 소포를 보내는 사람은 집 주소대신 사서함 주소와 비슷한 수신인이 이용하는 소포정류장 주소를 적으면 된다.

이렇게 기입된 소포물이 수신인 주거지(또는 소포정거장이 있는 곳)의 중앙우체국에 도착하면, 우체국에서는 수신인에게 이메일이나 휴대폰 문자서비스(SMS)로 우편물이 왔음을 알려준다. 수신인은 이로부터 이틀 안에 자신이 지정한 소포정류장에 가서 카드와 비밀번호를 입력하면 해당 라커 문이 열리면서 소포를 찾을 수 있게 된다.

12.2 국내외 적용 사례

1) RFID 폐기물 관리 – 국외 사례

미국 INTERMEC사의 SONRAI 시스템

timestamp	nextstop	toter serial	rfid	address	cust number	lat	lon
13:56:00		11164	000109464C01341526500166	649 BLUFF ST	27785	N41.9199	W88.1272
13:55:44	0:00:16	13175	000109464C01341526500164	643 BLUFF ST	5409	N41.9197	W88.1272
13:55:24	0:00:20	13074	000109464C01341526500161	631 BLUFF ST	5411	N41.9194	W88.1273
13:54:53	0:00:31	10443	000109464C013415265003BD	640 HIAWATHA DR	5264	N41.9185	W88.1259
13:42:21	0:12:32	5713	000109464C01341526500367	187 GREENWAY TRL	5269	N41.9176	W88.1239
13:42:08	0:00:13	5689	000109464C01341526500366	185 GREENWAY TRL	24732	N41.918	W88.1239
13:41:29	0:00:38	5792	000109464C01341526500363	171 GREENWAY TRL	5309	N41.9179	W88.1234
13:41:18	0:00:11	5766	000109464C01341526500364	177 GREENWAY TRL	25526	N41.9179	W88.123
13:41:00	0:00:18	5724	000109464C01341526500362	167 GREENWAY TRL	5310	N41.9181	W88.1231
13:40:23	0:00:37	5705	000109464C01341526500537	124 PEBBLE CREEK TRL	5312	N41.9187	W88.1226
13:40:07	0:00:17	5771	000109464C01341526500538	128 PEBBLE CREEK TRL	5313	N41.9188	W88.1227
13:39:51	0:00:16	5725	000109464C0134152650053A	132 PEBBLE CREEK TRL	5314	N41.9190	W88.1227
13:39:29	0:00:22	9299	000109464C0134152650053C	138 PEBBLE CREEK TRL	5315	N41.919	W88.1227
13:39:14	0:00:15	5708	000109464C0134152650053E	142 PEBBLE CREEK TRL	23057	N41.9193	W88.1227
13:38:39	0:00:36	5943	000109464C0134152650035E	625 GLEN FLORA DR	5318	N41.919	W88.1238
13:38:20	0:00:19	5926	000109464C0134152650035A	615 GLEN FLORA DR	5320	N41.9190	W88.1239
13:37:50	0:00:30	5704	000109464C01341526500357	607 GLEN FLORA DR	22514	N41.9187	W88.1240
13:37:33	0:00:16	5706	000109464C01341526500355	601 GLEN FLORA DR	5323	N41.9185	W88.1243
13:36:08	0:01:26	5817	000109464C0134152650034E	586 GLEN FLORA DR	5327	N41.9180	W88.1250
13:34:15	0:01:52	5167	000109464C01341526500356	606 GLEN FLORA DR	5331	N41.9185	W88.1242
13:33:56	0:00:19	5767	000109464C01341526500358	610 GLEN FLORA DR	5332	N41.9186	W88.1241
13:33:40	0:00:17	5825	000109464C0134152650035B	616 GLEN FLORA DR	25358	N41.9189	W88.1239
13:30:04	0:03:36	5628	000109464C01341526500556	255 PEBBLE CREEK TRL	5412	N41.9192	W88.1261
13:29:01	0:01:03	5789	000109464C01341526500553	251 PEBBLE CREEK TRL	5413	N41.9193	W88.1261
13:28:41	0:00:20	5791	000109464C01341526500552	247 PEBBLE CREEK TRL	5414	N41.9194	W88.1262
13:27:10	0:01:31	5729	000109464C01341526500550	237 PEBBLE CREEK TRL	5416	N41.9196	W88.126
13:26:34	0:00:36	10362	000109464C0134152650054F	231 PEBBLE CREEK TRL	5417	N41.9195	W88.1258
13:26:18	0:00:16	9298	000109464C0134152650054E	225 PEBBLE CREEK TRL	5418	N41.9196	W88.1253
13:26:01	0:00:17	9295	000109464C0134152650054D	221 PEBBLE CREEK TRL	5419	N41.9196	W88.1251
13:25:47	0:00:14	5728	000109464C0134152650054C	215 PEBBLE CREEK TRL	5420	N41.9195	W88.1250
13:25:27	0:00:19	5335	000109464C0134152650054B	209 PEBBLE CREEK TRL	5421	N41.9196	W88.1248
13:25:13	0:00:14	5922	000109464C0134152650054A	203 PEBBLE CREEK TRL	5422	N41.9195	W88.1247
:18		5341	000109464C01341526500548	191 PEBBLE CREEK TRL	21467	N41.9195	W88.1243

Intermec　Slide 11

RFID태그가 부착된 용기를 휴대용 RFID스캐너로 스캔하여 트럭에 장착된 시스템(RFID리더, 안테나, GPS, WAN[54])에 의해 모니터링 되며 실시간으로 데이터를 전송한다.

SONRAI 시스템이 주로 추적하는 폐기물

- 팔레트 - 원료 및 완제품
- 자동차 - 자동차, 트럭 및 트레일러
- 엔진 - 항공기, 디젤 엔진
- 의료 용품 - 기기 용기 및 장비
- 컴퓨터, 가구, IT 장비
- 가전 제품, 에어컨, 가스 실린더
- 고기 갈고리 - 쇠고기 생산
- 유해 화학 물질

출처: INTERMEC SONRAI SYSTEM RECYCLING REPORTS http://www.intermec.com/

---

54) Wide Area Network의 약자. 넓은 지역을 연결하는 통신망

1) RFID 폐기물 관리 – 국내 사례

금천구(구청장 차성수)는 내년 음폐수[55] 해양투기 금지와 종량제 전면 시행에 대비해 음식물류폐기물을 줄이기 위해 추진해온 RFID종량제 시스템 시범운영사업을 현재 7418여 가구에서 1만여 가구로 대상을 확대 실시한다.

그러나 2013년부터 음폐수 해양배출 금지 조치로 인해 음식물류폐기물을 원천적으로 줄여야 하는 상황에 직면하게 됐다. 이에 구는 성공적으로 진행되고 있는 RFID종량제 시스템 시범운영 사업을 확대 실시, 2013년까지 음식물류폐기물을 20%이상 감량할 방침이다.

대상 공동주택은 150가구 이상의 의무관리 공동주택 중 가구 수가 많은 단지를 우선 시행하며 종량제가 전면 시행되는 2013년까지 나머지 공동주택에 RFID종량제 시스템을 구축할 계획이어 음식물류폐기물 감량에 큰 도움이 될 것으로 기대된다.

출처: 아시아경제 http://www.asiae.co.kr/news/sokbo/sokbo_view.htm?idxno=2012071709580079141

2) 시골, 지속 가능한 농업

• 국외 사례

Local Dirt 홈페이지(http://localdirt.com/)를 통해 구매자는 자신이 살고 있는 지역에서 가장 가까운 로컬푸드 판매자를 검색할 수 있고 온라인으로 주문을 할 수 있다. 또한 판매자는 상품 구매자를 쉽게 찾을 수 있으며 재고등록을 통해 구매자에게 정보를 제공한다.

그리고 로컬푸드 판매자들이 모여 협동조합을 구성하여 주문, 재고, 가격 등의 정보를 자동화하여 저장한다. 현재 페이스북(http://www.facebook.com/localdirt/)을 통해 새로운 소식과 통계 자료 등을 제공하고 있다.

---

55) 음식물폐기물 처리과정에서 발생되는 폐수로서 그동안 해양배출 등을 통해 처리함

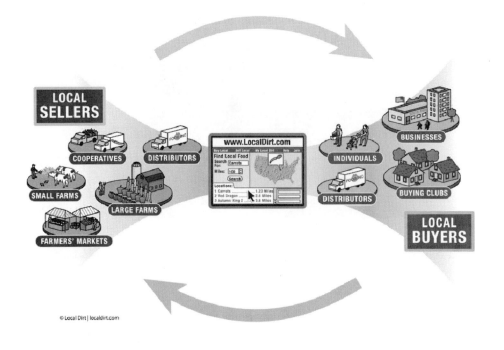

Local Dirt의 로컬푸드 온라인 검색 및 주문 서비스 제공

출처 : LocalDirt 공식 홈페이지, 페이스북

• 국내 사례

완주군 용진면에 소재하고 있는 용진농협에서 운영하는 완주군 로컬푸드 직매장

2012년 4월에 오픈한 이 직매장은 우리나라 최초의 로컬푸드 직매장이다. 한국의 미치노에 키[56]라고 할 수 있는 완주군 로컬푸드 직매장은 완주군, 완주군 생산자 단체, 용진농협이 연계하여 추진하고 있는 핵심 사업이다.

지역에서 생산되는 농산물의 중간 유통마진을 없앰으로써 소비자는 값싸게 친환경 농산물을 구매할 수 있고 생산자 또한 기존 계통출하 때보다 20~30% 정도의 높은 수익을 올릴 수 있는 것이 바로 로컬푸드이다.

또한 http://www.hilocalfood.com/ 홈페이지 운영으로 온라인으로 주문이 가능하며 현재 알뜰 꾸러미, 아름 꾸러미, 효도 꾸러미 등 밥상의 컨텐츠화로 로컬푸드의 발전을 꾀하고 있다.

출처 : 농촌관광 커뮤니티 비즈니스 http://cbtnetwork.co.kr/

3) 도시 내 배달 서비스

• 국외 사례

프랑스의 "쁘띠렌"은 상품의 도시 내 배달 전문회사로 혁신적인 운송수단을 개발하고 있다. 쁘띠렌은 "삶의 질과 환경에 대한 존중"을 모토로 파리 내 배송을 책임진다. 전기자전거, 전기 바이크로 불리는 운송수단은 도시과밀화에서 보여 지는 러시아워 전에, 배송을 최대치로 끌어 올리는 역할을 한다.

전기 모터가 장착된 "카고사이클"은 기존 배달 밴 보다 무게가 90% 덜 나가고 빠르기 때문에 10~20% 비용을 절감할 수 있다.

출처 : 파리여행 블로그 http://justanotheramericaninparis.blogspot.kr/2010/07/vehicles-of-paris-part-22.html

---

56) 일본어로 '길가의 역'이라는 뜻으로 국도 휴게소의 소규모 직판장을 일컬음

• 국내 사례

　도미노피자는 배달서비스에 국내 처음으로 친환경 전기 오토바이를 이용한다.

　이번에 보급된 전기 오토바이(50cc)는 배터리 충전에 의해 운행되는 무공해·무소음·무진동 오토바이로 우선 20대가 시범 운행된다. 도미노피자는 성능평가 등을 통해 점진적으로 확대할 계획이다.

　도미노피자 관계자는 "민간 기업으로서는 최초로 전기 오토바이 사업자로 선정된 만큼 녹색 경영에 모범이 될 수 있도록 성실히 시행할 것"이라며 "이를 계기로 친환경 기업으로 거듭나 소비자들에게 신뢰받는 기업이 되도록 노력할 것"이라 말했다.

출처 : 뉴스 와이어 http://www.newswire.co.kr/newsRead.php?no=371541

4) 옥상 분무경

• 국외 사례

　싱가포르는 주거 및 상업 옥상에 식물을 재배하고 있다.

　이 기술은 "분무경"이라 부르며, 뿌리를 양액에 담그지 않고 스티로폼이나 목재 등으로 햇빛을 차단한 베드를 공기 중에 노출시키고 배양액을 2~3분마다 수초씩 분무하여 재배하는 방식이다. 상대적으로 작은 규모의 싱가포르에선 건물, 고층 아파트의 햇빛을 통한 재배가 점차 확대되고 있다.

출처 : 그린루프 닷컴 http://www.greenroofs.com/archives/gf_nov-dec05.htm

• 국내 사례

광주 중흥동 실버타운 옥상의 경우, 전문가들의 자문을 받아 옥상텃밭을 디자인하고 작물을 심는 계획을 세웠다. 관리는 물론 실버타운에 상주하는 이들의 몫으로 남겨뒀다. 옥상텃밭을 만들기 위해서는 목재로 상자텃밭을 만들고, 그곳에 흙을 채워야 한다. 이 과정에 많은 예산이 필요한데, 광주시는 도시농업의 한 분야로 옥상농원사업을 지원하고 있다.

지난해 어린이집과 사회복지시설에서도 옥상텃밭 사업을 진행했는데, 어린이집의 옥상텃밭은 아이들이 옥상에서 자라는 채소들을 일상적으로 관찰하고 가꿀 수 있고, 농사체험을 위해 부러 차를 타고 이동할 필요가 없다는 것이 장점이다. 여성들이 머무르는 사회복지시설에서는 옥상텃밭과 온실을 함께 지었다. 복지시설 밖으로 쉽게 나갈 수 있는 여건이 되지 못하는 여성들에게 옥상텃밭은 먹거리를 생산한다는 실용적 목적에서 나아가 휴식과 마음의 안정까지 안겨주는 힐링 공간이 되었다.

출처 : 전라도 닷컴 http://jeonlado.com/v3/detail.php?number=12555&thread=23r01r01

5) 집에서 받아보는 디지털 콘텐츠

• 국외 사례

오늘날, DVD는 대여할 필요 없이 넷플릭스(Netflix)[57] 및 기타 서비스에 의해 집으로 직접 배달해 컴퓨터로 볼 수 있다. 이 같은 서비스가 디지털 형태로 보급되고 공간을 차지할 일이 없게 되자 실제 물건을 구입하거나 임대에 대한 필요성이 점차 사라지고 있다.

향후 콘텐츠 시장은 불법 다운로드의 지속적인 감소 및 스마트TV, 테블릿PC와 같은 다양한 기기가 보급될 전망이라는 점과 최근 출시한 Play TV 앱 등이 중심역할을 할 전망이다.

---

57) 미국 최대의 비디오 대여 및 스트리밍 서비스 기업

출처 : 넷플릭스 공식 홈페이지 http://www.netflix.com/

• 국내 사례

　　역대 한국영화 흥행 TOP 스릴러 〈숨바꼭질〉이 IPTV, 인터넷, 모바일 서비스에서도 여전히
TOP을 지키고 있다. 특히 〈숨바꼭질〉은 극장동시개봉 서비스를 시작하자마자 스크린에 이어
부가판권 서비스에서도 여전히 높은 인기를 이어가고 있어 눈길을 끈다.

　　한편 극장동시개봉 서비스에 이어 10/8(화)부터 프리미엄 서비스가 본격적으로 시작되면서
〈숨바꼭질〉의 높은 인기는 2013년 하반기까지 계속될 것으로 전망된다. 〈숨바꼭질〉은 앞으로
도 전국 어디에서나 올레TV, Btv, U+tv 등의 IPTV와 케이블 VOD 홈초이스, 인터넷 웹하드,
티빙, 위성방송 스카이라이프, 곰TV와 SK플래닛을 통한 T스토어, 모바일 서비스 호핀,

U+HDTV에서 계속해서 만나 볼 수 있다.

출처 : U+tv G 공식 홈페이지 http://uplushome.com/?page_id=2354

6) 주문형 운송 및 배달

• 국외 사례

수신인 부재시 소포물 배달의 문제점에 대한 해결책으로 무인 자동 우편함인 무인 소포 시스템을 개발해 눈길을 끌고 있다. 이 소포정류장/소포보관함은 쉽게 말하면 자동판매기의 원리를 이용해 시간에 관계없이 언제든지 소포물을 찾거나 보낼 수 있는 무인 우편시설이다.

독일의 DHL은 도이치 포스트 와 협력해 전국 패키지 배달을 위한 1,000개 이상의 독립 자동화 부스를 운영하고 있다. 고객은 독일 내에서 보낸 소포가 자신의 가정이나 사무실 또는 팩스테이션(무인소포정류장)에 전달 할지 여부를 온라인에서 선택 할 수 있다. 목표는 배송시간 10분 거리마다 팩스테이션을 설치하는 것이다. 또한 해당 물품이 팩스테이션에 배송될 준비가 되면 문자 메시지가 전송돼 알려준다.

출처 : 옐로우 맵(비지니스 정보검색 서비스) http://www.yellowmap.de/Partners/Packstation/SearchForm.aspx

• 국내 사례

편의점 택배서비스가 새로운 형태로 진화하고 있다. 지금까지 편의점 택배는 서비스를 의뢰한 뒤 픽업을 기다리는 시간을 줄이거나 늦은 시간 배송을 의뢰하는 등 택배를 보낼 때만 이용했지만, 이제 고객이 희망하는 편의점을 지정해 자신의 택배를 찾을 수도 있게 됐다.

택배를 픽업하는 서비스는 고객이 지정한 편의점에서 택배를 찾아갈 수 있는 서비스로

택배 수령지가 마땅치 않았던 소비자들은 택배 수신처를 희망하는 CU나 gs25 편의점으로 정하면 된다.

회사 측은 우선 서적, CD, 화장품 등 전문 쇼핑몰을 대상으로 픽업 서비스를 시행하며, 향후 소형 택배화물을 중심으로 서비스 대상 쇼핑몰을 확대 운영한다는 계획이다.

출처 : 네이버 뉴스 (해럴드 경제 제공)
http://news.naver.com/main/read.nhn?mode=LSD&mid=sec&sid1=101&oid=112&aid=0002006504

12.3 ICT 기술 적용시 요소 및 시스템 구조

1) 개요 (RFID를 이용한 음식물쓰레기 처리)

세계적으로 음식물쓰레기를 전국적으로 별도로 분리 · 수거하여 처리하는 나라는 우리나라가 유일하다. 우리나라는 음식문화의 특성상 식단이 다양하고 반찬의 가짓수가 많아서 음식물쓰레기 처리는 지방자치단체의 관심사항일 뿐 아니라 주민의 일상생활에 스트레스를 주는 매우 불편한 요인으로 작용한다.

음식물쓰레기는 연간 8,000억 원의 처리비용과 20조원 이상의 경제적 손실이 발생하는 것으로 추정된다. 이에 정부는 올해 7월 "음식물쓰레기 종량제"를 전국적으로 시행하여 20%를 감량한다는 계획으로 쓰레기 처리비용 절감과 에너지 절약 등으로 5조원에 달하는 경제적 이익이 발생할 것으로 분석하고 있다.

그렇기 때문에 기존 음식물쓰레기 종량제(스티커, 봉투)의 단점을 보완하고자 다른 처리 방식이 필요함은 불가피해 보인다. 현재 많은 곳에서 이용하고 있으며, 차세대 기술로 각광받고 있는 RFID를 사용해 음식물 쓰레기를 효율적으로 관리할 수 있다.

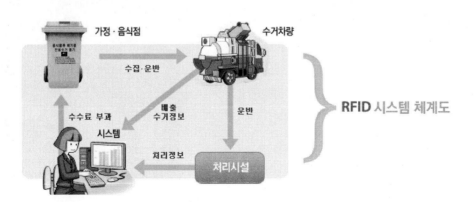

RFID 방식의 이점으로는

① 경제적 손실 절감 → 처리 비용 샀 부가 비용 절감

② 손쉬운 누진세 부과 → 배출량에 따른 수수료 차등 부과

③ 정보시스템 구축 → 수집, 추적으로 더욱 체계적인 관리

④ 도시 미관 개선 → 지정된 위치, 장비를 통한 깨끗한 수거를 들 수 있다.

또한 정부 부담금(장비 설치, 수거, 운용비용)을 제외한 개인 부담금인 RFID의 가격은 다른 방식이나 칩에 비해 싸고 크기가 작다.

2) 시스템 구조

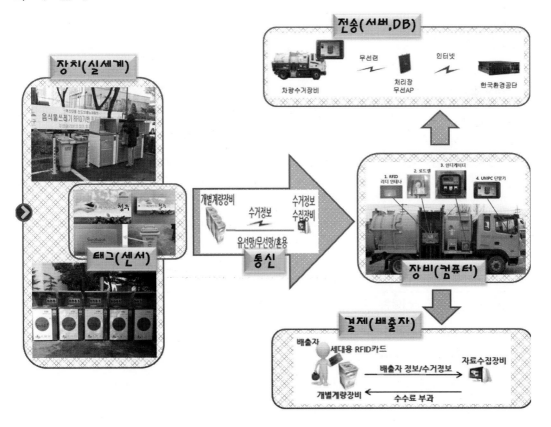

3) 동작 시나리오

① 태그

수거용	인식용

- 차량수거방식, 거점수거용기 부착 - RFID 사용	- 개별계량방식, 세대인식 카드 - RFID 사용

② 통신

온라인	오프라인
개별계량장비 ── 수거정보 ── 수거정보수집장비 유선망/무선망/혼용	개별계량장비 ── Wi-Fi 등 근거리무선망 ── 휴대용단말기 ◀offline▶ 휴대용단말기 ── 수거정보수집장비
- 개별계량장비와 자료전송장비(관리사무소) 간의 실시간 통신 네트워크 구성 - 유선 네트워크(UTP/광케이블, 전화선) - 무선 네트워크(WCDMA, Zigbee[58], 400MHz)	- 배출정보를 개별계량장비에 저장한 후에 수거자의 휴대용단말기를 이용하여 중앙시스템으로 전송하는 구성

③ 결제

선불형	후불형
배출자 ── 선/후불 카드결제 ── WCDMA 실시간 결제/수거정보전송 ──▶ VAN사업자 개별계량장비	배출자 세대용 RFID카드 ── 배출자 정보/수거정보 ──▶ 자료수집장비 개별계량장비 ◀── 수수료 부과
- 음식물쓰레기 배출 시 현장에서 결제하는 방식 - 선/후불 교통카드	- RFID카드 활용, 배출정보를 수집하고 수수료를 사후 부과하는 방식 - 아파트관리비, 상하수도 요금 통합

---

58) 저속, 저전력, 저비용의 강점이 있는 근거리 통신 기술

④ 전송

수거 정보

차량수거장비　　　무선랜　　　**처리장 무선AP**　　　인터넷　　　**한국환경공단**

- 처리장의 무선랜을 통해 수거차량 UMPC(Ultra-Mobile PC)에 저장된 수거정보를 환경공단으로 전송
- 인터넷을 경유하여 전송하므로 행정망을 경유하지 않는 인터넷망 구성 필요

---

⑤ 장비

수거 차량

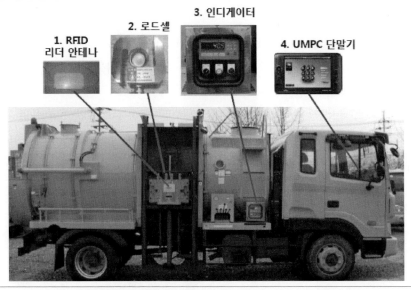

1. RFID 리더 안테나
2. 로드셀
3. 인디게이터
4. UMPC 단말기

- RFID 리더 안테나 : 안테나를 통해 수거 용기에 부착된 태그값 인식
- 로드셀(load cell) : 자저울
- 인디케이터(indicator) : 드셀을 통해 계량된 값을 표시 해주며, 계량에 대한 설정 값 조정
- UMPC 단말기 : RFID리더와 인디게이터로부터 받은 값을 저장하며, 처리장에서 무선랜을 통해 수거 정보를 한국환경공단[59]으로 전송

---

59) 환경부 산하의 글로벌 종합환경서비스기관. (www.keco.or.kr)

4) 적용 방식

① 차량

차량장비 수거방식

음식물 쓰레기 수거용기에 배출원(감량의무사업장, 공동주택) 정보가 저장된 RFID 용기 태그를 부착 후 배포

RFID 용기태그 / 배출원

수거차량은 음식물쓰레기를 수거할 때마다 태그로부터 배출원 정보와 전자저울로 부터 음식물 쓰레기의 무게를 자동으로 수집 후 관리시스템으로 전송

* 음식물쓰레기 수거차량에는 RFID 전자태그의 정보를 인식할 수 있는 리더기와 용기내의 음식물쓰레기 무게를 측정할 수 있는 전자저울이 장착됨

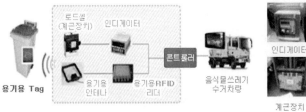

용기용 Tag / 로드셀(계근장치) / 인디게이터 / 용기용 안테나 / 용기용 RFID 리더 / 콘트롤러 / 음식물쓰레기 수거차량

인디게이터 / 계근장치

차량 장착 사진

- 특징 : 감량의무사업장 및 공동주택에 설치된 120 *l* 대용량 수거용기를 수거차량에 부착된 계량장치를 이용하여 음식물쓰레기 배출량을 자동 계량하고 배출 정보를 수집하여 관리시스템으로 전송하는 방식
- 수수료 부과 : 음식점 적용 시 음식점별, 공동주택 적용 시 주민 1/n 부담
- 장점 : 구축비용이 적음. 개별계량수거부스보다 설치비용 및 유지보수비용이 적음
- 단점 : 개별 감량 파악이 안 됨. 과금 공동분배에 따른 추가 감량화 노력필요

② 개별 계량

거점장비 수거방식

카드리더기에 FRID 배출원카드/ 태그 부착수거 용기를 인식

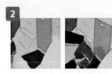

투입구가 열리면 음식물 쓰레기를 투입

중량과 수수료를 확인 후 RFID배출원카드/태그부착 수거용기 인식

투입구가 닫힌 후 관련 정보 중앙시스템으로 전송

- 특징 : 공동주택 및 주택가의 거점마다 거점장비인 개별계량수거부스를 설치하고 RFID 배출원 카드와 태그부착 수거용기에 의해 배출원 인식과 전자저울에 의한 배출량 자동계량을 통해 배출 정보를 수집하는 방식
- 수수료 부과 : 개별 세대별 수수료 부과 가능
- 장점 : 개별 감량 파악용이

    배출량만큼 과금 부과 가능

    전용용기 사용으로 장비 주위가 청결
- 단점 : 구축비용 및 유지보수비용 소요

    음식물쓰레기 배출 후 전용용기를 다시 가져가야 하는 불편

③ 휴대용 리더기

- 특징 : 소형 수거용기를 사용하여 배출원의 문전에서 수거가 이루어지고 용기의 용량별 배출 회수를 집계하여 배출량을 정산하여 수수료를 부과하는 부피 종량제 방식
- 수수료 부과 : 용기용량별 배출횟수 집계, 부피종량제
- 장점 : 구축비용이 적음

    배출원의 편의성 보장

    개별계량 수거부스 설치에 따른 민원 발생 소지가 적음
- 단점 : 정확한 중량 파악이 어려움

    수거자의 자료입력 노력

12.4 참고문헌

경기개발연구원 블로그 "열린지식 발전소"

- http://grikr.tistory.com/374

대한민국 정부 대표 블로그 "정책공감"

- http://blog.daum.net/hellopolicy/6980777

한국환경공단 "RFID기반 음식물쓰레기 종량제 사업관리 매뉴얼"

- https://www.keco.or.kr/cms/upload/board/B0103/2012_031209_4542_808.pdf

u-도시생활폐기물 통합관리서비스

- http://www.citywaste.or.kr/

지테크인터네셔날 (제조 회사)

- http://www.gtech21.net/

물 재사용

13.1 ## 네트워크 관수 시스템

알론소 씨의 아파트는 네트워크 시스템에 의해 운영되는 도시를 유지하기 위해 물이 공급되고 무성한 그린루프에 의존 한다. 이 시스템은 모든 도시 내의 그린루프[60]와 하나의 네트워크로 연결 되어있다. 지붕의 무선 센서는 습도와 온도 그리고 기화 상태를 중앙 서버에 전송한다. 그리고 이 데이터에 근거해 스프링클러 시스템은 물이 필요할 때 자동적으로 동작한다. 견적서에 의하면 이러한 시스템들은 오늘날에 각 주에 하루나 이틀 정도의 식물에게 물을 줌으로서, 매년 수백만 달러의 물과 에너지를 절약할 수 있다.

---

[60] 그린루프 : 식물, 특히, 지붕을 보호하고 각종 식물과 토양을 고정할 수 있는 특별한 세포막과 층을 가지고 있는 식물들로 덮은 지붕

네트워크 관수 시스템이란?

물탱크와 스프링클러헤드간을 연결하여, 펌프를 통해 물탱크에 저수된 물이 스프링클러 헤드로 분사되는 스프링클러 장치에 있어서, 토양의 습도를 감지하는 습도센서기와 습도 센서기로 부터 감지된 습도를 기준치와 비교/판단하여 제어신호를 출력하는 습도컨트롤러, 및 습도 컨트롤러로부터 출력되는 제어신호에 따라 개폐가 가능하여 펌프를 제어하는 제어밸브로 구성되어, 감지된 토양의 습도가 습도컨트롤러에서 설정된 습도 이하이면 제어밸브를 동작시켜 물이 분사되도록 한다.

토양의 습도에 따라 자동으로 물이 분사되어 관수의 자동화가 가능하게 됨과 아울러, 토양 습도에 따른 최적의 습도를 유지하여 생장 발육을 활발히 촉진시킴으로써 효율적인 생육 관리가 가능한 효과가 있다.

13.1.1 SmartCrop(자동 가뭄 모니터링 시스템) - 미국

악센트 엔지니어링 주식회사는 농업 연구 서비스에 의해 SmartCrop(자동 가뭄 모니터링 시스템)을 개발했다. 관개 필드에 배치해 배터리로 작동하는 적외선 온도계는 잎 온도와 릴레이를 모니터링하는 컴퓨터 기지국 정보를 제공한다. 휴대전화 모뎀개인용 컴퓨터에 데이터를 다운로드 할 수 있다. 이 모뎀은 농부의 휴대 전화에 문자메시지를 보낼 수 있다. 각 식물 종은 최고의 성장을 위해 우선적으로 내부 온도의 비교적 좁은 범위를 가지고 있다. 잎 온도가 너무 오랫동안 그 범위의 상한 또는 임계 값보다 클 때, 공장의 열을 냉각을 위해 많은 물을 필요로 한다.

농민들은 온도 임계 값을 선택하고, 언제든지 조정할 수 있다.

(출처 : http://www.sciencedaily.com/releases/2008/05/080502171010.htm)

13.1.2 무선 작물 물 공급 시스템-호주

멜버른에 있는 정보기술회사국가 ICT호주에서 개발되는 네트워크로, 북부빅토리아에서 10헥타르의 밭주위에 분포되어 몇 백 무선 노드로 구성되어 있다. 각 노드는 컴퓨터 칩과 토양 수분, 잎 온도와 증발을 측정하는 여러 센서를 연결해 와이파이 송신기를 포함한다. 측정은 무선 제어 관개 펌프를 통해 다른 지역에 물 공급을 조정하는 중앙서버로 릴레이 된다. 궁극적으로 개별식물에 미세 조정관개할 수 있는 시스템을 구축할 계획이다.

(출처:http://www.newscientist.com/article/mg18925406.300-watering-crops-in-the-wireless-age.html)

13.1.3 임베디드 시스템 구조도

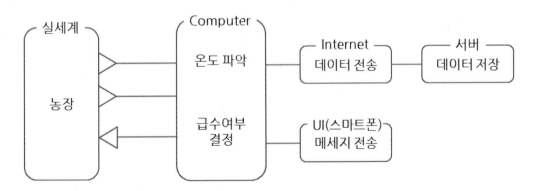

센서 : 적외선 온도센서, 수분센서
구동기 : 분무 밸브
통신방법 : Zigbee

13.2 물 사용 피드백 시스템

Carmelita학과장은 물 절약을 장려하기 위해 도시행사의 하나로 물 소비 모니터링에 대한 대회를 개최하였다. 오하이오 오벌린대학에서 기숙사 학생들은 정보 기술시스템을 통해 물과 전기 소비에 대해 쉽게 분석하고 실시간 피드백을 받을 수 있다. 뿐만 아니라 이 소비의 재정 및 환경에 미치는 영향에 관한 정보를 제공한다. 동기를 부여하고 학생보호권한을 부여하기 위해 대학 기숙사 사이의 절약대회를 후원한다.

물 사용 피드백 시스템이란?

수도사용량을 원격으로 검침하여 데이터관리, 분석 및 과금 서비스까지 제공하는 무선원격검침시스템으로 Zigbee[61] RF 모듈을 이용한 범용 원격 검침방법을 사용하여 빠르고 정확한 검침이 가능하며, 접근하기 쉽지 않은 지역도 쉽게 검침이 가능하며, 누수, 역류, 침수, 온도, 배터리 잔량, 수도 계량기 고장 여부 확인 또한 가능하다.

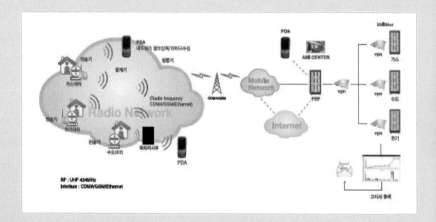

크게 옥외지시부, 전송기, 중계기, 집중기 4가지로 구성되며, 옥외지시부는 계량기값을 표시하고, 그 데이터를 중계기와 집중기로 전송한다. 전송기는 계량기와 연동하여 데이터검침 및 송신을 하고, 중계기가 무선전송거리를 연장시키고 검침 데이터를 전송시키게 되면, 집중기는 각 전송기 또는 중계기로부터 데이터를 수집 및 저장을 하여서 바로 전송하게 된다.

---

61) Zigbee :휴대전화나 무선LAN의 개념으로, 전력소모를 최소화하는 대신 소량의 정보를 소통시키는 개념.

13.2.1 블루투스 스마트 샤워 : Sprāv(SPRay and sAVe)-미국

Sprāv는 가정의 물 사용량을 모니터링하고
줄일 수 있도록 음향 및 온도 센서를 이용하는
블루투스 지원 제품이다. 크레이그루이스클리
블랜드의 케이스 웨스턴 리저브 대학의 프로젝
트에서 발명되어, 기존의 샤워 헤드 뒤에 공급
파이프에 직접장치 물 사용량이 일렬로 늘어서
는 방법 에 대한 피드백을 제공하기 위해 변화
LED 센서를 사용하였다. 사용자 지정 알림은
스마트 폰 앱을 사용하여 설정된다. 개인 주간
/ 월간 자원 목표를 측정 하고 장치를 사용하여
물 절약이 사용 청구서의 비용으로 변환되는
방식이다. Sprāv는 18개월까지 지속될 것으로
예상표준 CR2032 코인 셀 배터리에 의해 구동

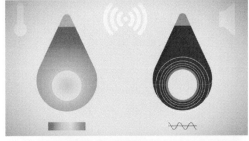

되며, 다른 개발자가 자신의 제품에 장치의 데이터를 통합할 수 있도록 API를 특징으로 한다.

(출처: http://engineering.case.edu/desp/sites/engineering.case.edu.desp/files/team_sprav_final_report.pdf
http://www.kickstarter.com/projects/sprav/sprav-turn-your-shower-into-a-smart-shower)

13.2.2 ChemTreat Solution-미국

블루투스 ChemTreat 솔루션은 사용자가 완벽한 모니
터링과 물 처리 시스템을 제어할 수 있다. ChemTreat
솔루션의 첫 번째 기능은 pH와 ORP, 부식, 염소 등
많은 매개변수를 포함하여 물 처리 시스템 센서가 100
단위까지의 데이터를 수집하는 컨트롤러이다. 이 데이
터는 모든 수질 매개 변수 사양에서 있는지 확인하기
위해 분석된다. 사전 설정된 매개 변수 및 사용자 설정
에 따라 사업자 ChemTreat 솔루션에 의존한다. 연산자
및 현장엔지니어는 결과를 확인하기 위해 시스템에 자
신의 샘플을 입력하는 기능이 있다. 그런 다음 사용자
는 직원이 사내에서 중요한 정보를 유지할 수 있도록,
자신의 데이터를 직접 제어 패널 또는 쉬운 액세스 보

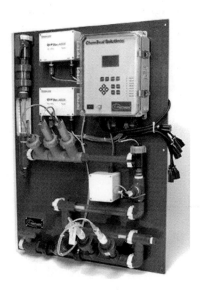

고서의 넓은 범위에서 하나에 액세스할 수 있다. 이 소프트웨어는 모든 곳에서 사용자가 자신의 ChemTreat 솔루션에서 정보를 컨트롤러에 액세스할 수 있다. 사용자는 스마트 폰을 통해 보고서, 시스템이력, 재고 수준, 알람 및 알림, 시스템동향을 볼 수 있다. 사업자가 자신의 시스템의 어떤 변화에 즉시 반응할 수 있도록 하여, 자산의 보호 및 물과 에너지 소비의 감소를 확인할 수 있다.

(출처 : http://www.chemtreat.com/wp-content/uploads/2012/06/control_product_sheet_2-15.pdf)

13.2.3 임베디드 시스템 구조도

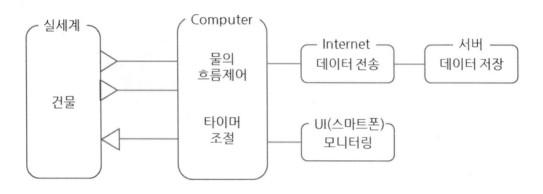

센서 : 음향센서, 온도센서
구동기 : LED조명
통신방법 : 블루투스

13.3 ▲ 물 수집

알론소 박사의 건물의 엘리베이터는 지붕에서 수집된 빗물로부터 크게 동력을 공급받는다. 오늘날 사용되는 대부분의 빗물 수집 시스템은 물을 모아두도록 설계한다. 물탱크 또는 도랑이나 다른 파이프를 통해 수송되고 필요할 때까지 저장할 수 있다. 여과 장치는 일반적으로 있다. 빗물용도는 다양하다. 점차적으로 빗물을 식수요구를 충족시키기 위해 개발되어 세계에서 사용되고 있다. 알론소 박사의 건물은 또한 중수와 하수를 수집한다. 중수는 큰 도시 시스템에 연결되어 있는 지하수를 탱크에 수집한다. 중수는 싱크대의 쓰레기 처리 시스템과 화장실 폐기물 및 음식쓰레기 이외의 모든 폐수를 포함한다. 그것은 여과한 후 지하수 시스템으로 다시 펌핑할 수 있다. 식물과 식물에 필요한 물에 대한 수요를 줄일 뿐만 아니라, 도시 유출수 및 오염을 줄이는 것 또한 이득이다. 하수는 대변과 소변의 함유 물을 설명한다. 이 여과과정이 훨씬 더 어렵다. 하수에 포함된 병원균을 먼저 분해해야 하지만, 하수는 퇴비 등으로 환경에 안전하게 흡수될 수 있다. 화장실에서 하수는 보전탱크에 보관하고 바이오 가스 발효조로 이송하거나 바이오 가스 발효조에 직접 연결할 수 있다.

우수 활용 시스템이란?

빗물을 집수하여 탱크에 저장해두었다가 필요할 때 정화하여 사용할 수 있는 시스템으로 지속적인 수자원을 확보하여 물부족 사태를 대비할 수 있고, 기본 에너지원으로 활용이 가능하다. 또한 열섬 현상을 완화하며 전반적인 물의 순환을 회복하는데 기여한다. 우수 활용 시스템 사용 시 집수지역의 표면과 지수장비는 주기적으로 청소하여 감염을 최소화 하여 물의 질을 유지하여야 하며, 초기의 빗물은 지상에서 배출된 유해물질이 녹아있을 수 있어 집수면에 유해 물질을 포함하고 있을 수 있기 때문에 저장탱크로 저장하기 전에 제거해주어야 한다.

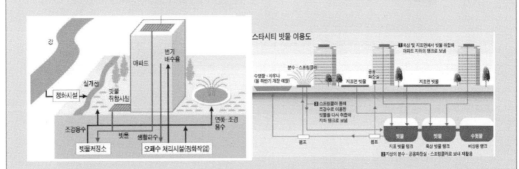

우수 활용 시스템은 집수시설, 처리시설, 저류시설, 침투시설로 되어있다. 집수시설은 옥상이나 지붕 등 집수면에서 빗물을 모으기 위한 시설이다. 집수면은 용수의 수질이 적합한 빗물을 모을 수 있어야 한다. 처리시설은 집수된 초기 빗물을 처리하는 시설로, 지상에서 배출된 유해물질이 녹아있는 경우에는 처리가 필요하다. 저류시설은 집수된 빗물을 저장하는 시설로, 저장된 물은 화장실용수, 정원용수, 청소 용수 등으로 활용 가능하다. 침투시설은 다량으로 발생하는 빗물을 최대한 땅속으로 침투시키기 위한 시설이다. 막힐 가능성이 있기 때문에 적절한 관리가 필요하다.

오수정화시스템이란?

오수란 액체성 또는 고체성의 더러운 물질이 섞여 그 상태로는 사람이 생활이나 사업활동에 사용할 수 없는 물로 화장실 목욕탕, 주방 등에서 배출되는 물로, 오수정화시설은 곧 소규모 가정하수 처리시설이다.

오수정화 방법으로는 정화조 처리방식과 오수처리방식이 있다. 정화조 처리방식으로는 산소를 직접 공기 중 혹은 수중의 용존 산소로부터 취하여 유기물을 산화, 분해하여 정화하는 호기성 처리방식 방식과 산소의 공급을 차단하여 혐기성 분해를 촉진시켜 유기물을 분해하는 혐기성 처리방식이 있다. 이 때, 암모니아, 질소, 탄산가스, 메탄가스 등이 방출된다. 오수처리방식으로는 생물막법 처리방식과 활성오니[62]법 처리방식이 있다. 생물막법 처리방식은 생물에 의한 오수처리법으로 오수에 미생물을 넣어 오수중의 유기성 물질을 제거하는 방식으로 회전원판접촉방식, 접촉폭기방식, 살수여상방식이 있다. 활성오니법은 활성오니를 넣어 유기물을 흡착, 산화한 후 활성오니를 침전, 분리시키는 방식으로 장기폭기 방식, 표준활성오니 방식이 있다.

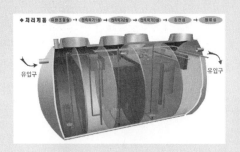

오수 처리는 오수 처리장으로 이송되는 펌프에 이물질을 제거하는 스크린, 오수내의 모래입자를 침전으로 제거하는 침사지, 오수가 일정하게 들어가도록 유량을 조절하는 유량조정조, 미생물을 이용하여 유기물, 질소, 인을 제거하는 생물반응조, 생물반응조의 미생물을 침전시킨 후 일부는 반송하고 일부는 슬러지 저류조로 이동시키는 2차침전지, 2차침전지의 슬러지를 농축하는 농축조, 농축된 슬러지를 모아둔 후 일정량 이상이 되면 수거하는 슬러지 저류조로 구성된다.

13.3.1 소니센터-독일

집수면을 통해 저장된 빗물은 화장실 용수나 건물외부의 조경 용수로 사용되며 오피스타워에 화재가 발생한 경우에도 소방용 수로 빗물을사 용한다. 빗물 저장조가 가득 차게 되면 넘친 물은 하수도로 유입되고 비가 오지 않을 경우에는 빗물 대신 수돗물을 채워둔다. 빌딩 단지 내에 오피스 건물이 유일하게 우수 재활용 시스템을 사용하고 있으며, 다른 빌딩에 물이 떨어지더라도 오피스 타워의 우수 재활용 시스템에서 전체 수도 공급 시스템으로 빗물을 공급하기도 한다.

62) 활성오니 : 유기성폐액의 호기적 생물 처리에서 유기물의 산화에 작용하는 미생물 및 현탁입자의 응집체

13.3.2 레오폴드거리-뮌헨

Munich Reinsurance Company라는 보험회사에서 1995년에 입주한 이곳은 지붕을 통해 빗물을 집수하여 화장실 용수나 조경용수로 사용하도록 되어 있으며 수돗물과 빗물 재활용 시스템이 완전히 분리되어 있다. 건물 밖의 지하에 있는 빗물 저장조 내의 빗물은 건물 안에 있는 2개의 빗물용 압력시스템에 의해 화장실 용수 및 조경용수로 공급되며 UV소독설비와 모래여과 설비가 화장실 공급용 빗물을 처리하기 위하여 사용된다. 두 개의 맨홀이 저장조의 상류부에 설치되어 있어 하나는 흐름을 분기시키고 하나는 필터를 설치해 역류가 발생할 경우 물을 필터링 한다.

13.3.4 스마다시 시청-일본

이 시청 건물은 500㎡의 집수 면적과 1000㎥의 지하저장 탱크를 가지고 있다. 저장된 빗물은 주로 건물 내의 화장실 용수로 사용된다. 1997년 당시 화장실 용수의 43.7%가 빗물로 대체되어 사용되었다.

13.3.4 밀레니엄 돔-영국

320m의 직경을 가지고 있는 50m 높이의 구조물로 빗물은 화장실 용수로 하루 필요한 양의 20%를 보충해주며 100000㎡의 지붕에서 모아진 물은 식물정화시스템을 거쳐 연못에 저장되고 남은 양은 템즈강으로 흘려보낸다. 오염된 지하수를 처리하는데 이용되어 왔던 역삼투와 멤브레인 방식에 의한 필터 시스템을 처리기술로 활용하고 있다.

13.3.5 아크로수후쿠오카-일본

건물은 계단식으로 짓고 전 층에 녹지를 조성했으며 빗물을 재활용하는 시설을 갖추고 있다. 하수처리장에서 고도 처리된 중수를 공급받아 재활용 하고 있다. 이 건물은 각 층마다 50센티미터 두께의 인공토양을 깔고 나무를 심어 빗물은 건물 옥상에서 지하까지 배수가 잘 되도록 했으며 빗물은 지하 4층 저수조에 저장된다. 지하에는 오수와 빗물을 여과 처리하는 시설이 있고 여과 처리된 물은 다시 건물 각 층마다 심어진 나무에 뿌려져 재활용 되며 건물내의 화장실에도 사용된다.

13.3.6 임베디드 시스템 구조도(우수 활용 시스템)

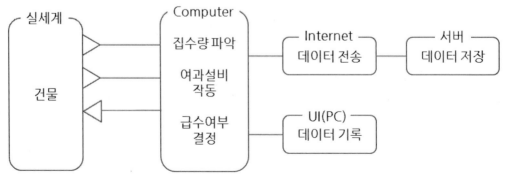

센서 : 적외선 센서, 압력조절 센서
구동기 : 여과설비, 급수밸브
통신방법 : 유선통신

336

13.3.7 임베디드 시스템 구조도(오수 정화 시스템)

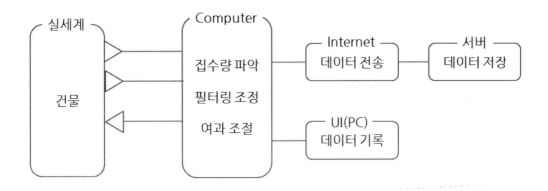

센서 : 적외선센서, 수압측정센서
구동기 : 분배용 압력 시스템, 필터링 시스템
통신방법 : 유선통신

13.4 점적 관개

Carmelita는 옥상정원에 물을 나눠줄 수 있도록 하는 간단한 점적 관수시스템을 사용한다. 특수호스의 간단한 기술은 정원에 물이 필요한 비율을 정확히 확인하는 데 도움이 된다.

> **점적관개란?**
> 파이프나 호스로 물을 끌어올려 흐르도록 한 뒤, 정밀한 양의 물과 양분을 직접 작물의 뿌리에 한 방울씩 공급해 농작물을 재배하는 방법을 말한다. 적은 수량으로 관수가 가능해 물과 인력이 절약되고, 적정한 공기를 유지해 작물 생육을 촉진하며, 토양의 과도한 습도를 방지해 병해도 줄일 수 있다. 또한, 점적호스를 통해 비료를 공급할 수 있고, 작물의 품질향상으로 수확량을 높일 수 있다.
> 보통 중력에 의해 작동하는 점적관개는 작물에 물을 주는 데 필요한 시간과 노동력을 절약하고, 수확량은 더 높인다. 타이머를 설치한 작은 규모도 텃밭 등에 설치하기 쉽다.

13.4.1 회전식 점적관개 – 미국

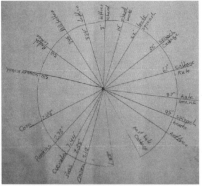

예전 회전식 관개는 더운 날씨에 대기에 물을 높이 분사하여 증발로 많은 양의 물을 잃어버린데 비하여, 오늘날에는 훨씬 효율적이다. 그 효율성은 물의 분산과 증발을 최소화하기 위하여 위의 사진처럼 스프링클러 머리에 호스를 늘어뜨려서 확보했다. 이 방법은 조건에 따라 여러 가지로 선택할 수 있다. 이러한 새로운 저에너지 적용법(LEPA) 회전식 관개는 전기도 덜 소비한다. 아래 도표는 콜로라도의 유기농 채소 농부의 밭에서 활용하고 있는 방법을 나타낸다. 여기에서는 회식 관개의 전자제어장치에 타이머를 달아서, 특정 채소마다 알맞은 양의 관개용수를 사용한다. 둥근 모양으로 채소를 심어서 각각의 채소에 알맞은 양의 물을 공급해 물의 효율성을 최대화한다. 이 사진은 회전식 관개를 위한 물을 공급하는 호수이다. 여기에서는 근처의 도랑을 통해 눈 녹은 물을 모아서 채운다. 이러한 반건조 지역에서는 이러한 물이 지역의 농민들에게 매우 소중하다. 토양 센서는 회전식 관개에서 토양의 수분을 관찰하기 위한 용도로 사용되기도 한다. 이를 통해 지나치게 관개하는 것을 방지한다.

(출처 : http://www.rexresearch.com)

13.4.2 채소 텃밭에서 중력을 이용한 양동이 점적 관개-케냐

양동이 점적 관개는 아프리카, 인도 등 적어도 150여 국에서 자급농들이 활용하는 간단한 기술이다. 플라스틱 양동이나 더 큰 용기와 점적 관개 테이프를 활용하여 식량 안보를 강화한다. 양동이는 적어도 땅에서 90cm 정도의 높이에 떠 있어야 한다. 밭이 평평하지 않으면 위의 사진처럼 끝 쪽에 둔다. 두둑은 퇴비나 유기물질, 거름 등을 넣고 수평을 맞춘 상태로 준비되어 있어야 한다. 그 뒤에 점적 관개 테이프를 설치할 수 있고, 한 5~7년 정도 활용한다.

(출처 : http://www.doubleharvest.org/where/kenya/kenya/)

13.4.3 물병 관개와 투수(물독) 관개

토기(물독)를 묻는 관개는 고대의 기술이다. 다공성 토기를 주둥이 부분까지 묻고서 거기에 물을 채워, 농부는 70%나 효율적인 관수 체계를 이루게 된다. 물방울이 천천히 토기 밖으로 나가고, 물독 지름의 절반에 이르는 지역까지 습기를 유지한다. 토양이 흠뻑 젖지 않기 때문에 토기 주변으로는 식물 뿌리에 아주 건강한 환경이 만들어진다.

고온에서 구워진 두꺼운 두께의 물독은 표면이 거칠고, 약 46리터의 물을 담아 1리터 정도를 표면에 있는 구멍에 머금는다. 토기를 묻고 물을 채운 뒤, 뚜껑은 덮어서 깨끗한 상태를 유지하고 증발을 막는다.

작물과 강우량에 따라서 1주일에 2~3번 정도 새로 물을 채운다. 물독을 사용할 때는 작물들이 수분을 끌어와서 먹고 건조한 부분으로 뻗어 자랄 수 있도록 작물들 중간에 배치한다. 이는 공간과 물을 매우 효율적으로 사용한다. 작은 물독은 물그릇으로도 사용할 수 있다.여러 해 사용하여 토기의 구멍이 막히면, 그걸 다시 뚫기 위해 식초에 담근다. 늘 깨끗하고 맑은 물을 사용하고, 구멍을 막지 않도록 비료는 넣으면 안 된다.

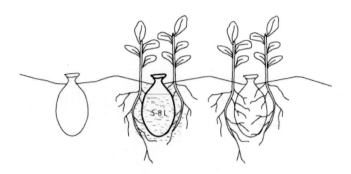

(출처 : http://www.gardeners.com/)

13.4.4 임베디드 시스템 구조도

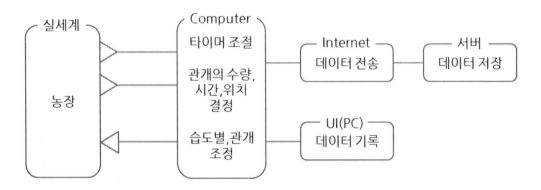

센서 : 적외선 온도센서와 수분센서
구동기 : 분무밸브
통신방법 : 유선통신

제 **14** 장

개인 요구 대중교통 체계

14.1 ▲ 각 사례 조사 및 설명

(1) 카 쉐어링 City Car

20세기의 가장 커다란 사회적 변화를 일으킨 것 중의 하나는 누구나 탈 수 있는 개인용 이동기계인 자동차가 많은 사람들에게 보급된 것이라고 해도 과언이 아닐 것이다. 이로 인해 20세기에 번성한 대부분의 도시들은 자동차들이 잘 다닐 수 있고, 자동차들을 주차할 수 있는 infra를 제대로 갖추고, 자동차를 소유한 사람들을 위한 도시를 만드는데 주력해 왔다. 그러나 최근 발전하고 있는 작으면서도 전기충전이 가능한 전기자동차와 이들에게 쉽게 접근해서 활용할 수 있도록 하는 공유경제 개념의 발전, 그리고 인터넷과 mobile 기술은 21세기형 새로운 도시의 탄생을 예고하고 있는 듯하다.

MIT 미디어랩의 조이 이토 소장은 미래의 도시가 현재보다 인구밀도가 높으면서도 건강한 생태계에서 살아갈 수 있는 형태로 발전할 것이라고 말한다. 그는 2013년 일본 도쿄에서 열린 혁신도시 포럼(Innovative City Forum)에서 다음과 같이 언급하였다.

"제 생각에는 기술이 도시들을 변화시키는 것 같습니다. 서로 다른 기술이 일반화되고 그것이 infra로 이용되기 시작하면 도시의 형태가 바뀝니다. 가장 커다란 변화는 정보기 (information technology)에서 나타났는데, 아직 도시계획이나 도시의 디자인에는 이런 기술적인 환경의 변화가 제대로 반영되고 있지 못합니다. 우리들이 해야 하는 것은 도시를 새로운 정보기술의 관점에서 처음부터 완전히 다르게 바라보는 것입니다."

새로운 자동차 기술은 개인이 소유하고 활용하는 것에 초점을 맞추기보다 대중교통의 성격을 가지되 필요로 할 때 가장 효율적으로 누구나 이용할 수 있는 방식을 미래에는 제일 필요로 할 가능성이 높다.

카 쉐어링 City Car는 주문형 이동성이다. '주문형 이동성'이란 사용자가 필요할 때마다 도시에 있는 자동차를 빌려서 탈 수 있는 것을 말한다. 서울에서도 City Car가 운영중이지만 아직 미흡한 점이 많다. 시민들이 City Car를 적극적으로 이용하기 위해서는 다음의 조건을 충족해야 한다.

우선 적당한 대여 가격이 성립되어야 하고 도시의 곳곳마다 사용하기 편리한 위치에 City Car가 있어야 할 것이다. 그리고 City Car는 전기 자동차의 비율이 높아 전기 충전소가 설치되어야 한다.

(2) RoboScooter

RoboScooter는 접이식 전기 스쿠터이다. RoboScooter는 50CC 가솔린 스쿠터의 동일한 기능 역할을 하도록 설계된다. RoboScooter는 깨끗하고, 조용하고, 적은 주차 공간을 차지하면서 매우 간단하다. 공급 체인 및 조립 공정을 단순화하고, 차량 비용을 절감 하고 유지 보수가 단순하다. 그들은 자전거 랙과 비슷한 자신의 랙에 충전할 수 있다. 자신의 배터리 팩이 방전되면 배터리 자동 충전기를 이용할 수 있다.

RoboScooter는 편도 여행에 한해 임대할 수 있다. 사용자가 슈퍼마켓에 도착해서 스쿠터 또는 자전거를 대여하고 자신의 식료품을 집까지 가져가는 데 빌릴 수 있다. 작은 디자인은 종이접기에서 영감을 얻었고, 부피가 큰 트레인을 바퀴 안에 모터를 넣는 것으로 가능하게 된다. 모든 것은 가방의 크기로 변환이 가능하다.

또한, RoboScooter는 전기 스쿠터라서 이산화탄소 배출량이 감소되므로 친환경적인 교통 수단이다.

(3) 자전거 무인 대여 시스템

현대에 들어 자동차가 일반화 되면서 자전거는 사라지는 것이 아닌 가 했지만, 21세기에도 자전거는 여전히 사람들의 사랑을 받고 있다. 요즘에는 자전거로 출퇴근 하는 사람들도 많아지면서 친환경과 건강한 삶의 대명사가 되고 있다.

자전거 무인대여시스템은 주민 남녀노소 누구나 사용할 수 있게 이용 방법이 편리하다. 누구나 스마트폰만 있으면 LCD창의 대여화면에서 주민번호와 핸드폰 번호를 입력하면 인증을 받을 수 있으며, 인증 후 곧바로 대기 중인 자전거를 탈 수 있다. 대여시간은 기본 4시간이 무료이며 이후 한 시간이 넘을 때 마다 천원이 추가된다. 비용면에서도 일반 자전거 대여비보다 저렴하다. 자전거를 거치대에 놓으면 자동으로 잠금장치가 작동하는 전자 self lock 방식이어서 도난 및 분실위험도 적다.

이러한 무인대여시스템은 누구나, 언제나, 어디서나 편리하고 손쉽게 이용할 수 있도록 원하는 곳에서 자전거를 대여 반납할 수 있는 시스템으로, 앞으로 근거리 이동수단 등으로 교통문화의 혁신을 가져올 것으로 기대된다.

이렇게 즐거운 자전거 여행은 물론 자전거를 타는 사람의 건강증진에도 많은 도움이 되는 좋은 운동이 되는 것이 자전거의 좋은 점이다. 게다가 자전거는 도시의 심각한 공해를 일으키지 않는 친환경성까지 갖추었으니 삶의 질과 건강, 공해 줄이기 등 여러 가지 장점이 많은 자랑스러운 인간의 발명품이기 하다.

14.2 각 국에서 적용 사례 조사 및 분석

(1) 미국의 City Car

City Car는 주문형 이동성에 의해 사용된다. 배기관 배출 및 에너지 사용이 매우 효율적이다. 안전, 편안함, 편리함, 재미를 국민들에게 제공을 할 수 있다. 도시 서비스 지역 주변에 편리한 위치, 차량 자동 충전, 알맞은 편리한 간격이 있다.

이러한 서비스를 제공받기 위해서는 각 간격의 위치에 설치된 대여 시스템에서 신용카드로 결제를 하고 목적지까지 이동할 수 있다. 이러한 서비스를 이용하는 것을 다른 말로 편도 대여 시스템이라고 하는데, 이 시스템은 도시의 혼잡, 에너지 사용과 이산화탄소를 줄이는 등 매우 효율적이다.

출처 : http://www.redorbit.com/news/technology/1288327/foldable_city_car_will_drive_and_park_itself/

한국에서는 서울시에 한하여 City Car을 운영하고 있다.

회원카드 안내

- 씨티카는 환경보호를 위해 별도의 회원카드를 발급하지 않습니다.
- 기존에 쓰고 계신 티머니 카드 혹은 모바일 티머니 앱(무료)이 설치된 스마트폰을 회원카드로 이용할 수 있습니다.

티머니 카드   모바일 티머니 App

- 아이폰은 모바일 티머니앱을 지원하고 있지 않으니 일반 티머니 카드를 이용해주시기 바랍니다.
  단, 씨티카 모바일 앱은 아이폰으로도 이용 가능합니다.

회원가입 후 면허증이 확인(24시간 이내)되면 서비스 이용이 가능합니다.

가입이 완료되면 등록하신 티머니 카드 혹은
스마트폰으로 예약된 차의 문을
열거나 잠글 수 있습니다.

스마트폰을 이용하여 회원가입 및 이용이 가능하다.

차량이용

01
예약

Anytime Anywhere
24시간 무인운영, 인터넷과 모바일로
언제 어디서나 실시간으로!
복잡한 절차 없이 1분만에 예약완료,
기름값, 보험료 등이 모두 포함된
다양한 요금제 선택 가능!

모바일로 예약이 가능하다.

04
이용중

**급속 충전, 사용 연장이 필요할 땐
터치패드에서 간편하게!**
이용중 시간 연장이 필요할 때
터치패드에서 간단하게 연장할 수 있습니다.
충전량이 부족해지면 가까운 급속충전소를
안내해 드립니다.

연장이 필요할 시 간단한 터치로 연장이 가능하고 충전이 필요할 때 가까운 충전소를 GPS를 통해 찾아준다.

출처 : http://www.citycar.co.kr/

(2) 미국의 RoboScooter

City Car와 같이 배기관 배출 및 에너지 사용에서 매우 효율적이다. 그리고 안전하며 편안함과 편리함를 제공해주며 재미를 선사한다. 이동성 주문형 시스템은 밀접한 간격에 차량의 랙을 제공한다. 도시 서비스 지역 주변에 편리한 위치 그리고 차량 자동 충전이 되며 사용자는 픽업 가까운 랙에서 신용카드로 결제가 된다. 또한, 이 robo scooter는 접을 수도 있어서 공간 활용도가 매우 높다. 사용자는 목적지까지 편리하게 목적지에 있는 랙까지 운전하고 내려서 반납한다. 즉, 편도 대여 시스템은 도시의 혼잡, 에너지 사용과 이산화탄소를 줄이는 데 매우 효율적이다.

그림 출처 : http://sap.mit.edu/content/resources/portfolio/roboscooter/1_hi.jpg

(3) 한국의 tashu 자전거 대여 시스템

대전에는 자전거 무인 대여 시스템이 있다. 이 시스템은 대전의 각 지역마다 자전거 무인 대여 시스템이 있어서, 목적지까지 이동한 후에 타슈 대여 시스템에서 반납을 한다. 타슈를 대여하기 위해서는 자신의 핸드폰 번호로 결제를 한다거나, 아니면 신용카드 또는 교통카드로 결제할 수 있다. 이용 시간에 따라 금액이 500원부터, 1시간 초과 ~ 3시간까지: 초과 시 30분당 500원, 3시간 초과 : 초과 시 30분당 1,000원으로 책정되어있다. 이러한 자전거 무인 대여 시스템은 지역과 지역 사이에 가까운 거리를 이동할 때나 대중교통 및 자가용 대신 이용할 수 있다.

키오스크

관리자를 대신하여 자전거 대여와 반납을 담당하는 장치를 키오스크라고 한다. 공공자전거 회원일 경우 각종 교통카드(T-Money) 및 교통카드로 사용 가능한 신용카드 등 다양한 스마트카드를 회원카드로 등록할 수 있다.

출처 : http://www.tashu.or.kr

14.3 ICT 기술 적용 시 요소 기술 및 시스템 구조 제시

(1) City Car ICT 적용 기술

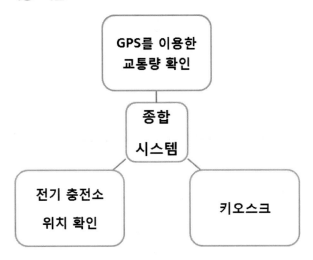

ICT 적용 기술

GPS

GPS 기능으로 자동차의 위치를 알려주고 자신이 가고 싶은 곳의 위치를 알려준다. 자동차의 속도 및 위험지역을 알려준다.

전기 충전

지역 곳곳에 전기충전소를 설치하여 전기가 부족할 시 충전한다. 현재까지는 충전소가 많이 부족하기 때문에 많이 늘려야 한다. 전기는 방전이 될 가능성이 있기 때문에 미리미리 충전을 해놔야 하고 방전을 막아줄 수 있는 방법이 필요하다.

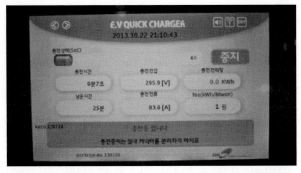

http://klavvier.blog.me/100199519144

대여 및 반납

대여는 인터넷이나 핸드폰을 이용하여 회원가입 후 이용 가능하다. 대여와 반납을 지정된 주차장에서 해야 되기 때문에 주차장을 많이 늘릴 필요가 있다.

추가하고 싶은 ICT 적용 기술

자동차로부터 정보를 받아 교통량을 확인할 수 있다. 스마트폰으로 차량 상태와 위치, 전기 충전상태를 확인할 수 있다.

(2) RoboScooter ICT 적용 기술

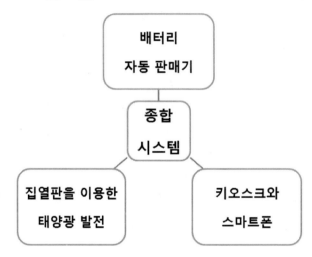

ICT 적용 기술

GPS

스쿠터에 GPS 기능을 달아서, 도난 방지 및 스쿠터 위치 확인할 수 있다.

배터리 자동 판매기

또한, 자신의 배터리 팩이 방전되면 배터리를 반납하고 완전히 충전된 배터리로 제공하는 배터리 자동 판매기가 있다.

추가하고 싶은 ICT 적용 기술

스마트폰

스마트폰 어플을 이용하여, 로보 스쿠터의 잔여 대여 시간, 가능 대여 수, 위치 확인을 할 수 있다. 그리고 로보 스쿠터를 빌리기 위해서는 반드시 스마트폰의 GPS를 켜야 한다. 왜냐하면 GPS 기능으로 로보 스쿠터의 도난 방지를 할 수 있기 때문이다. 이 GPS 기능은 배터리가 많이 소모되는 단점이 있으므로 대여하고 반납할 때까지만 GPS를 켜야 한다. 키오스크로 로보 스쿠터 이용 시, 스마트폰 인증을 거쳐야 한다.

태양광 에너지

전기 에너지로 80% 정도 운용할 수 있고, 나머지 20% 정도는 태양광 에너지로 운용할 수 있다.

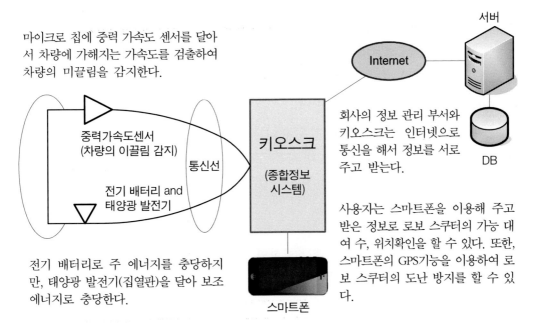

마이크로 칩에 중력 가속도 센서를 달아서 차량에 가해지는 가속도를 검출하여 차량의 미끌림을 감지한다.

중력가속도센서
(차량의 이끌림 감지)

통신선

전기 배터리 and
태양광 발전기

키오스크

(종합정보
시스템)

스마트폰

Internet

서버

DB

회사의 정보 관리 부서와 키오스크는 인터넷으로 통신을 해서 정보를 서로 주고 받는다.

사용자는 스마트폰을 이용해 주고 받은 정보로 로보 스쿠터의 가능 대여 수, 위치확인을 할 수 있다. 또한, 스마트폰의 GPS기능을 이용하여 로보 스쿠터의 도난 방지를 할 수 있다.

전기 배터리로 주 에너지를 충당하지만, 태양광 발전기(집열판)을 달아 보조 에너지로 충당한다.

(3) 자전거 대여 시스템 ICT 적용 기술

ICT 적용 기술

키오스크

대여를 원활하게 하고, 핸드폰 인증 절차를 걸쳐 누가 타는 것인지 확인한다.

> 키오스크를 통해 대여를 확인하면 해당하는 자전거가 잠금이 풀리게끔 하고 반납하고 나면 잠금이 되면서 반납 확인을 시스템에 전송한다.

스마트 단말기 http://blog.naver.com/pinkpin23?Redirect=Log&logNo=60103219480

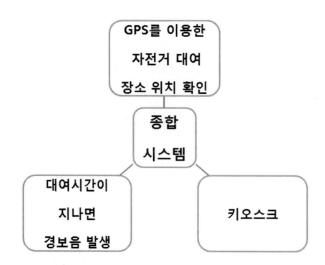

대여 및 반납

씨티카와 마찬가지로 자전거 주차장을 많이 늘려야 한다. 자전거 주차장의 경우 야외에 설치되어 있기 때문에 비나 눈이 내릴 때 자전거가 손상될 수 있다. 그러므로 이런 자연재해를 어느 정도 막아줄 수 있는 주차장이 필요하다.

추가하고 싶은 ICT 적용 기술

단말기를 통해 자전거 상태 정보를 전송하여 상시 확인한다.
대여 시간이 지나면 경보음 발생한다.

제 **15** 장

개인의 탄소배출량 모니터링

15.1 각 사례 조사 및 설명

15.1.1 운전자를 변화시키는 친환경 운전 안내장치

전세계적으로 에코카(Eco car) 개발에 대한 관심이 높아지고 있는 가운데, 이와 함께 운전자의 운전습관에도 관심을 가지고 자동차마다 정확한 연비상태를 체크하고 이에 따른 최적의 운전상태를 제시할 수 있는 기술개발을 진행해오고 있다.

도요다자동차의 개발한 G-BOOK은 도요타 자동차가 중심이 되어 덴소, 도요타 미디어서비스, 도요타 커뮤니케이션시스템, 후지쯔, 아이신 등이 개발한 네트워크 시스템이다. 고객의 친환경운전 실시 정도에 따라 에코레벨 미터가 10초마다 증감하고, 간단한 친환경운전 방법을 표시해주거나 고객이 일정 거리를 운전하면 운전 결과에 기초한 원포인트 어드바이스를 표시해준다.

ESPO화면 〈출처 : http://ko.responsejp.com〉

친환경운전의 레벨 판정은, 인디케이터의 에코 구간 안에서 운행이 되고, 에코드라이브 인디케이터의 점등, 에코모드 스위치를 넣어 엔진이나 에어컨을 연비 우선 제어로 하면서 주행을 한 결과를 토대로 산정된다. 운행 결과를 도요타의 텔레매틱스 서비스인 G-BOOK을 통해 센터로 송신하면 친환경운전 실시도를 포인트화하여 ESPO화면에 표시해준다. PC나 휴대폰, 내비게이션으로 고객의 친환경운전 이력이나 랭킹을 확인할 수 있게 해준다.

에코드라이브 표시장치가 계기판 〈출처 : http://ko.responsejp.com〉

닛산자동차에서 운전자가 친환경운전을 하는데 도움을 주기 위하여 세계 최초로 에코페달 시스템을 개발하여 2009년부터 상용화 되었다. 에코페달 시스템이 켜져 있을 때에 운전자가 필요 이상으로 가속페달을 밟으면 페달이 되돌아오도록 반발 메커니즘이 작동하는 방식이다. 에코드라이브 표시장치가 계기판과 통합되어 있어 운전자가 자신의 연료소비 현황을 실시간으로 볼 수 있어 운전 패턴 향상에 도움을 준다. 연료소비가 최적의 상태일 때 녹색, 과속시

주황색으로 변하여 운전자에게 최적의 연료소비 수준을 표시해준다. 친환경운전을 실현할 수 있도록 가장 적극적으로 운전 패턴에 개입을 하는 시스템이다. 자체 평가에 의하면 에코페달을 쓰면 5~10%의 연비 향상 효과가 있었다고 한다.

엑티브 에코 시스템 〈출처 : http://ko.responsejp.com〉

국내에서는 기아자동차가 능동적으로 실제 주행연비를 개선시켜주는 '액티브 에코 시스템' 적용이 대표적이다. 이 시스템은 경제 운전 상태를 단순히 알려주는 기존의 경제운전 안내시스템에서 한 단계 업그레이드된 시스템으로, 운전자가 액티브 에코 모드를 선택하면 차량 스스로 연료 소모가 최소화될 수 있도록 엔진과 변속기, 에어컨 작동이 조절되는 최첨단 시스템이다. 자체 평가 결과 11%의 연비 절감 효과가 있는 것으로 발표되었다.

액티브 에코 시스템의 기능을 보면, 엔진제어 부문에 있어서는, 불필요한 가속에 의한 연료 소모를 최소화하기 위하여 가속시 엔진 토크 상승을 제한하고, 연료 분사 시점을 앞당기고, 최고 속도를 140km/h로 제한하여 고속도로 등에서 과속을 방지하는 기능을 가지고 있다. 또한 에어컨의 압축기 작동시간을 최적화를 통해 실내온도가 약 1℃ 상승하나 연비는 4% 개선되는 효과를 내고 있다.

15.1.2 텔레매틱스(telematics)

텔레매틱스는 통신 과 정보과학의 합성어로, 무선통신 기술과 위치정보시스템(GPS) 등을 이용, 자동차와 서비스 센터를 연결해 차량운행중 운전자 및 탑승자와 각종 정보를 주고받는 서비스 및 단말기, 운영체제 등을 모두 포함한 개념이다. 텔레메틱스는 이미지, 음성, 영상, 비디오 등의 디지털 정보를 유무선 네트워크에 연결시켜 다중 미디어 커뮤니케이션이 가능하게 해주는 정보 하부구조 및 서비스이다.

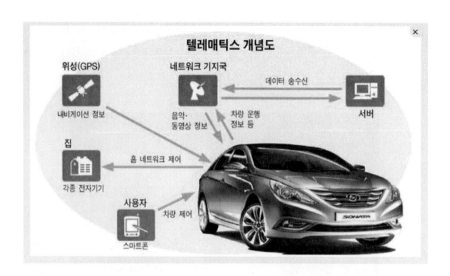

자동차 운전 이외의 운전자에게 정보와 엔터테인먼트를 주는 모든 기능을 텔레매틱스로 넓게 정의할 때, 1920년대에 시작된 카 라디오가 최초의 텔레매틱스가 될 것이다.

차세대 텔레매틱스 단말기는 자동차 오디오/비디오기술과 무선통신 기술의 단순한 결합의 의미를 넘어서 정보사업자에게는 엔터테인먼트와 정보 판매 그리고 완벽한 개별 모바일 고객 서비스가 가능하도록 하며, 운전자에게는 자동차 안의 새로운 세상을 경험하게 된다.

텔레매틱스 이점

텔레매틱스는 사용하는 사람 입장에서도 새로운 지능형 서비스를 받는 이점이 있고, 자동차 제조업체는 고객관리 효과를 높일 수 있는 이점이 있다. 지금까지는 차를 판 뒤 고객과 연락 접점이 없었으나 텔레매틱스 서비스가 활성화되면 이를 통해 지속적인 대고객 창구로 활용할 수 있을뿐더러 자동차 정비, 보험, 주유서비스 등 다른 서비스와 연계할 수도 있다. 그리고 이동통신업체의 경우 가입자가 포화 상태에 이른 시점에서 새로운 수익원 창출을 기대할 수 있다. 그리고 이동통신업체의 경우 가입자가 포화 상태에 이른 시점에서 새로운 수익원 창출을 기대할 수 있다. 즉 망 제공에 따른 서비스 이용료 및 부가이용료가 수익을 기대 할수 있다.

텔레매틱스 기능 및 기술

텔레매틱스 기능 3가지

① 도로안내 및 교통정보서비스

운전자는 낯선 길을 찾아갈 때 위성을 통해 실시간으로 길 안내나 교통정보 서비스를 받거나 주변 주유소 및 정비소 위치 등을 확인할 수 있다.

② 차량안전 보안서비스

차량사고가 나면 GPS와 이동통신망으로 사고차량의 위치를 추적한 뒤 가장 가까운 구조대에 사고위치와 차량정보 등을 곧바로 제공해 인명구조와 사고처리를 신속히 할 수 있다. 또한 차량의 상태 원격진단 및 이를 기초로 정비예약 등을 할수 있다.

③ 엔터테인먼트 정보 제공

차 안에서 인터넷을 이용하거나 팩스 송수신, E-메일 전송은 물론 영화와 음악 감상도 가능하다. 뉴스 수신, 주식투자, 전자상거래, 금융거래 등을 할 수 있으며 인터넷에 접속해 호텔 예약은 물론 팩스 송수신과 게임 등을 할 수 있다. 음성인식 기능이 내장돼 있으므로 굳이 손으로 조작할 필요도 없으며, 서비스 업체에서 운영하는 콜센터로 연결해 직원으로부터 직접 서비스를 받을 수도 있다.

출처 : 중앙일보경제연구소(http://j.mp/1660aGp)

15.2 ▲ 각국 적용사례 조사 및 설명

이제는 탄소도 마음대로 배출할 수 없는 시대. 지난 2005년 2월 선포한 '교토 의정서 The Kyoto Protocol'에 따르면 각 국가별로 정한 탄소 배출 제한선을 넘길 경우 강제로 벌금을 내야만 한다. 이는 우리나라를 포함한 프랑스, 호주, 영국 등 전 세계 40개 국가가 동의한 것으로 상대적으로 에너지 씀씀이가 큰 선진국에게 불리하도록 정한 조항이다. 예를 들어 탄소 배출을 7톤으로 정한 일본이 10톤 정도를 배출했다면, 초과한 만큼을 탄소 배출에 '여유가 있는' 국가로부터 구입해야만 한다. 환경 문제는 전 지구적 사안인데 반해, 가해자라 할 수 있는 선진국이 세계 탄소 배출의 대부분을 차지하니 피해를 입는 개발도상국이나 저개발 국가를 위해 일종의 '벌금'을 물게 하는 것이다. 의무 감축국의 법적 규제가 2013년부터 도입된다니, 세계는 이제 '탄소와 전쟁'을 시작했다 해도 과언이 아니다.

15.2.1 각국의 탄소세 도입 현황

1) 개요

탄소세는 지구의 온난화 방지를 위해 이산화탄소를 배출하는 석유, 석탄 등 각종 화석에너지 사용량에 따라 부과되는 세금을 의미함.

- 탄소세는 CO_2 및 다른 온실가스의 배출에 대한 환경세이며, 공해세의 한 예라고 할 수 있음.

- 1991년 12월 유럽공동체 에너지 환경 각료회의가 최초로 탄소세도 입방침에 합의하였으며, 주요내용으로는 93년부터 도입을 시작하되 첫 해엔 원유 1배럴에 3달러를 부과하고 2000년 까지 매년 1달러씩 부과액을 올림.

- 탄소세의 목적은 화석에너지의 효율적 사용을 권고하고, 다른 각종 대체에너지의 투자를 활성화하는 데 있음

2) 탄소세 부과국 및 내용

- 현재탄소세를 부과하고 있는 나라는 스위스, 스웨덴, 핀란드, 뉴질랜드, 노르웨이, 덴마크, 독일, 영국 및 프랑스 등이 있으며 미국과 캐나다는 주단위로 탄소세를 부과하고 있음

- 핀란드 : 탄소세에 대한 법을 세계에서 처음 재정한 국가로써 2007년 24.39US$/CO2.ton의 탄소세를 부과하고 있음

- 스웨덴 : 1991년 탄소세에 대한 법제정을 하였으며, 현재 150US$/CO2.ton을 부과하고 있음. 전력발전에 사용되는 연료에는 부과되지 않으며 산업용 연료에는 50%를 부과하고 있으며, 비산업소비자에 대해서는 서로 다른 탄소세를 부과하고 있으며, 특히 에탄올, 메탄올 및 바이오연료와 같은 신재생에너지를 사용할 경우 탄소세를 부과하지 않음.

- 노르웨이: 1991년 탄소세를 도입하였음.

- 탄소세[CO2-tax]의 주된 과세대상으로는 가솔린, 디젤/경유, 경유, 중유, 등유, 석탄, 천연가스이며, 2004년 기준으로 8 - 11.5US$/CO2.ton를 부과하고 있음.

- 덴마크: 1993년 산업부문에 대해서 50%의 환부의 탄소세가 도입을 시점으로 1996년 천연가 스에 탄소세가 도입되었음.

- 2004년 기준으로 1 - 6US$/CO2.ton를 부고하고 있음.

- 독일: 1999년 제1차 환경세제개혁을 실시하여 기존의 에너지세인 광유세[mineral oil tax]에 세율을 추가하는 방식으로 도입되었으며, 가솔린~LPG, 천연가스가이에 해당됨

- 2004년 기준으로 0.5- 20US$/CO2.ton를 부과하고 있음.

- 영국: 2001년 4월부터 산업 및 상업의 에너지소비에 대한 세(기후변동세)의 도입이 포함되어 2001년 4월부터 과세를 실시하였으며, LPG, 석탄, 천연가스, 전기가 주요 대상임.

- 2004년 기준으로 0.3- 2.5US$/CO2.ton를 부과하고 있음.

- 프랑스: 1999년 1월 기존의 환경 오염에 대한 과세를 재편성한 오염활동 일반세(TGAP)를 창설되었으나, 2004년 현재 2000년 12월의 헌법원에 의한 위헌판결을 근거로 해 온난화대책 세제의 재검토를 검토 중에 있음.

- 뉴질랜드: 2005년 10.67US$/CO2.ton의 탄소세에 대한 법제정을 마련하였음.

– 세입 및 지출이 같은 구조로 이루어져 있기 때문에 현재 탄소세는 다른 세를 감소하기 위한 세금으로 사용되고 있음.

• 스위스: 2009년 1월부터 난방용 기름과 천연가스에 약 50원/L의 탄소세 부가 예정

• 미국(콜로라도): 2007년 4월 미국에서 처음으로 전력에 탄소세를 부과하기 시작하였음.

– 현재 7US$/CO2.ton 수준이며, 가구당 평균 1.33US$/M의 세금을 부과하고 있는 실정이며, 신재생 에너지를 사용하는 가구에 대해서는 일정량을 감해주고 있음.

• 캐나다(퀘백): 2007년 석유, 천연가스 및 석탄에 대한 탄소세를 부과하기 시작하였으며 연간 200millionUS$를 예상하고 있음.

• 캐나다(벤쿠버): 2008년 7월 휘발유, 디젤, 천연가스 등에 2.5센트/L의 탄소세를 부과하기 시작함.

• 호주 : 2012년 7월부터 톤당 23호주달러(이하 달러)의 탄소세를 부과하기로 확정.

– 석탄, 철광석 등 광산 자원을 생산하고 있는 주요 대기업은 올해 7월부터 탄소 1톤을 배출할 때마다 23달러(한화 약 2만6000원)를 납부해야 한다. 탄소세 도입으로 2020년까지 매년 1.6억톤의 탄소배출량을 감축할 수 있을 것으로 기대한다.

〈출처〉
http://m.hankyung.com/apps/news.view?aid=2013041740601
http://www.carbonfootprint.com/
http://m.heraldbiz.com/view.php?ud=20110808000103

15.2.2 환경을 생각하는 휴식, 탄소중립호텔

모든 여행자의 집이자 휴식처인 세계 호텔은 최근 몇 년 새 탄소 배출을 줄이기 위한 다양한 방안을 펼치고 있다. 이른바 '탄소 중립 호텔(Carbon-neutral Hotel)'은 "탄소 배출량을 제로로 만들자"를 모토로 내세운다. 에너지 절약은 기본이요, 가급적이면 태양열과 바이오 연료 등 재생 에너지를 만들어 사용한다. 그렇게 해도 어쩔 수 없이 발생한 탄소에 대해서는 '감축 실적 크레디트(carbon credit)'를 구입해, 나무를 심거나 재생 에너지 설비에 투자하는 식으로 발생량을 제로에 가깝도록 만들고자 한다.

1 **2** 2012년 완공된 세계 최대 탄소 중립 호텔 메이랜드 시사이드 외관. 그래픽으로 완성한 가상의 공간이 신비롭다.

3 메이랜드 시사이드 호텔 최상위층에 위치한 고급 라운지 바.

1) 이산화탄소 배출량을 최소화하다

가장 적극적으로 탄소 배출을 억제하고 있는 호텔은 상하이 프랑스 조계지에 자리한 '어반 호텔(www.urbnhotels.com)'이다. 지난 2008년 문을 연 이래 중국 최초의 '탄소 중립 호텔'로 유명세를 치른 이 호텔은 신축 과정부터 남달랐다. 1970년대 우체국 건물의 뼈대를 고스란히 사용한 것은 물론 내외부의 마감 역시 주변에서 내다 버린 벽돌과 나무를 재활용했다. 붉은빛 마호가니 나무로 만든 육중한 문을 열고 들어서면 아담한 가정식 정원이 펼쳐진다. 회색빛 징검다리를 건너면 로비 리셉션 뒤로 마치 상하이 예원에서 구입했음직한 가죽 트렁크 가방이 쌓여있다. 회색 벽돌로 지은 복도 양옆으로 총 26개의 객실이 자리하는데, 그 길이 마치 지하 터널처럼 어둡고 고요하다. 탄소 중립 호텔을 표방한다 하여 인테리어에 결코 소홀하진 않다. 로비를 채우는 벨벳 소파, 베이지와 블랙 톤으로 통일한 객실 등 전 세계에서 가장 '힙'하고 스타일리시한 부티크 호텔을 소개하는 '힙 호텔스(Hip Hotels)'의 멤버임을 자랑한다.

호텔의 면모는 머무는 동안 더욱 구체적으로 체험할 수 있다. 빗물을 받아 화장실 변기에 공급하고, 대나무를 차양으로 활용해 냉방비를 절약한다. 지구온난화의 주범인 에어컨은 프레온 가스 대신 차가운 물을 순환시켜 사용한다. 그래도 발생하는 이산화탄소는 정확히 정산해 유엔기후변화협약(UNFCCC)과 국제배출권거래협회(IETA)를 통해 감축 실적 크레디트를 구입한다. 이것으로 호텔 측은 주변에 나무 등의 식물을 최대한 심어 투숙객 1인당 6평방미터의 녹지를 제공하는데, 나무로 둘러싸인 초등학교 운동장 가운데 사람 한 명이 서 있는 것과 같은 효과를 낸다. 투숙객 역시 탄소 배출을 제로로 만드는 데 적극 동참할 수 있다. 자신이 타고 온 비행기에서 발생한 이산화탄소 배출량을 돈으로 환산해 탄소 크레디트를 기부하는 것. 탄소 측정 사이트(http://zeroco2.kemco.or.kr)를 통해 환산할 수 있다. 서울과 부산을 일곱 번 왕복할 때 배출되는 탄소의 양이 1톤으로, 국가별로 금액에 차이가 있지만 유럽에서는 1톤당 100유로, 국내에서는 3만 원 정도로 통용된다. 모은 금액은 중국 선전 쓰레기 매입지에서 발생하는 메탄가스를 중화하는 데 사용한다.

탄소 발생을 제로로 만들기 위해 적극적으로 노력하는 또 하나의 호텔은 덴마크 코펜하겐의 '콩 아더 호텔(www.brochner-hotels.dk)'. 도심에서 5분 거리에 위치한 이 호텔은 외관상 유럽의 여느 호텔과 다를 것이 없다. 그러나 환경을 생각하는 가치와 이념만큼은 그 어떤 호텔보다 우위에 있다. 투숙객은 호텔 로비에서 딱정벌레를 닮은 2인승 차량을 대여할 수 있다. 이 차는 오로지 전기로만 움직여 이산화탄소 배출을 제로로 만든다. 근처 공원까지 운전하는 것은 무료. 호텔 야외 식당은 마치 비닐하우스처럼 태양 유리로 덮여 한겨울에는 난방을 하지 않아도 따뜻한 실내 온도를 유지하며 여름이면 해를 가리는 차양이 된다. 탄소 배출 제로 패키지도 있다. '이산화탄소 중립 시티 브레이크 패키지(CO_2 Neutral City Break Package)'는 더블 룸에서 2박, 오가닉 아침 뷔페, 스파 이용권 외에 '탄소 1톤'이 포함된다. 패키지에 포함된 탄소1톤은 돈으로 환산, 전세계 환경단체들을 위해 사용한다.

1 오래된 건물 구조를 그대로 사용한 상하이 어반 호텔의 객실 화장실.
2 기업의 비즈니스 미팅을 독려하는 상하이 어반 호텔의 코트야드 스위트 파티오 공간.
3 상하이 어반 호텔 로비. 탄소 중립 호텔이라고 하지만, 인테리어는 어디에도 뒤지지 않는다.

2) 대체 에너지 개발 및 전방위적 후원

탄소 발생을 줄이는 이같은 일련의 노력 외에 자체적으로 대체 에너지를 개발하는 호텔도 있다. 중국 광저우의 '메이랜드 시사이드 호텔(Mayland Seaside Hotel)'은 주장강이 흐르는 곳에 자리한 5성급 에코 호텔. 2012년 완공한 호텔로, 그린 인테리어에 능한 세계적 건축회사 페이텔에서 짓고 있다. 전체적으로 고층 원통형 외관을 고수하는데, 빌딩 윗부분에서 다양한 대체 에너지를 생산할 수 있다. 우선, 왼쪽 상층부에 단 바람개비 같은 발전기 3개가 풍력 에너지를 만든다. 날개의 길이는 개당 8m에 달한다. 뿐만 아니다. 뜨거운 증류를 이용해 전기 에너지를 만들고, 건물 외관을 광전지 패널로 덮어 태양열을 흡수한다. 그야말로 자체적으로 에너지를 만들어 일체의 탄소 배출로부터 독립한 세계 최고의 탄소 중립 호텔인 셈. 호텔 타워 꼭대기에는 야외 수영장과 스파를 마련할 예정이며, 객실 디자인은 아직 시행 단계에 있다.

직접 대체 에너지 시스템을 도입하지는 않지만, 세계 환경 보호를 위한 간접적인 봉사 활동을 벌이는 호텔도 있다. 스코틀랜드 에든버러에서 차로 한 시간 거리에 자리한 '러플렛츠 호텔(www.rufflets.co.uk)'은 나무를 심어 호텔이 발생한 이산화탄소량을 상쇄한다. 스코틀랜드 서남부 화학 공업 지역인 덤플리스에 현재까지 20% 가까운 나무와 꽃을 심어왔으며, 그 노력의 결과 지난 2007년에는 스코틀랜드 탄소 중립 호텔 경연대회에서 수상의 영예를 안기도 했다. 호주 브리즈번에 자리한 '머큐어 호텔(www.mercurebrisbane.com.au)'은 환경보호에 동참하도록 유도하는 숙박 패키지를 판매한다. 머큐어 호텔을 운영하는 아코르 호텔 20개 체인에 모두 동일하게 적용되는 시스템이다. 탄소 절약 계산 홈페이지(https://secure.noco2.com.au)에 들어가면 여행 목적지, 체류 기간, 렌털 차량의 타입과 연료 종류, 심지어 호텔 등급까지 선택해 본인이 배출한 이산화탄소량을 산출할 수 있다. 만일, 도쿄 나리타 공항에서 호주 브리즈번으로 왕복 비행기를 타고, 브리즈번의 5성급 호텔에서 3일간 머물 경우 1인당 이산화탄소 배출량은 4.27톤이 나온다. 탄소 배출권은 84.58호주달러. 아코르 그룹은 여기서 10%를 환경보호에 기부할 수 있는 방식을 채택한다.

출처 : http://www.design.co.kr/section/news_detail.html?info_id=49635

3) 기타 신문 기사

http://www.e-hanaro.com/?document_srl=164233

http://weekly.donga.com/docs/magazine/weekly/2013/10/21/201310210500005/201310210
500005_1.html

15.3 ICT 기술 적용시 요소 기술 및 시스템 구조 제시

15.3.1 시스템구조

1) 운전습관 실시간 모니링 시스템

카메라를 장착하여 운전자의 나쁜 습관을 녹화 저장하여 해당 서비스업체가 전송하여 신호 대기중 중립기어여부 급제동 급가속 체크분석하여 연비 효율을 높이고 탄소배출량도 줄일 수 있다.

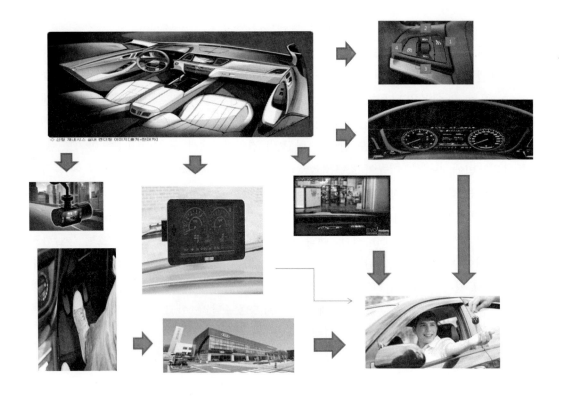

2) 연료분사정보 LCD

연료 소모율을 운전자가 직접 눈으로 확인해 연비를 조절할 수 있는 에코드라이빙디지털 제품들이 출시되고 있다. 모소모토가 개발한 'iEDS(Environmental Driving System)'는 LCD 화면에 연료분사정보가 실시간으로 표시되며 운전자가 엑셀레이터를 밟아 연료분사량을 조절해 연비향상을 유도하는 제품이다.

이 시스템은 주행연비, 연료분사량, 이동거리 등의 7가지 정보가 LCD화면에 표시돼 연비향상은 물론 유해배기가스 배출 감소 및 안전운전에 도움을 준다. 기존의 연료절감 장치들이 첨가제를 넣거나 흡입되는 기름양을 조절하는 것이 대부분이었지만 이것은 운전습관을 바꾸도록 유도하는 소프트웨어라는 점에서 큰 차이가 있다.

3) 소모품 교체시기 알림 장치

소모품 교체시기는 운전자의 기억이나 문자메시지 통보에 의해 대략적으로 결정하게 돼 시기적절한 교체주기를 놓치게 된다. 유효기간이 지난 자동차 소모품을 사용하게 되면 엔진 효율이 떨어지고 연비가 나빠지는 것은 물론 사고가 날 수도 있다.

이에 소모품 교체시기를 알려주는 디스플레이 장치도 개발됐다. 파웰테크윈의 '카시스

(CARSYS)'는 엔진오일 및 오일필터, 에어크리너 필터, 연료필터, 미션오일, 냉각수, 점화플러그 등 10여 가지 주요 소모품에 대한 적절한 교체시기를 알려주는 LCD 디스플레이 장치다.

4) hud(헤드-업-디스플레이)

헤드-업-디스플레이는 운전자의 가시영역 내에 가상 화상(virtual image)을 투영한다. 자동차에 설치된 장치들에 따라 이 가상 화상의 내용은 달라질 수 있으며, 또 운전자가 필요로 하는 정보들(예 : 정속주행, 능동정속주행, 내비게이션, 주행속도, 체크 컨트롤 메시지 등)에 따라서도 달라질 수 있다.

운전자의 가시영역 내에 운전에 필요한 정보를 제공하므로, 운전자는 1차적으로 도로교통 상황에만 정신을 집중할 수 있다. 그리고 운전자가 계기판과 도로를 번갈아가며 주시할 필요가 훨씬 줄어든다. 따라서 운전자의 피로경감 및 주행안전에 기여한다.

5) cruise control(자동 주행 속도 유지 장치)

운전자가 희망하는 속도로 고정하면 가속 페달을 밟지 않아도 그 속도를 유지하면서 주행하는 장치를 말한다 불필요한 과속을 방지하여 에너지 효율을 높인다.

참고자료 : http://news.mk.co.kr/newsRead.php?year=2008&no=487912

15.3.2 ICT 기술 적용 요소

1) 임베디드 시스템을 이용한 차량용 웹서버 구현

인터넷을 통한 자덩차의 운행 데이터나 센서데이터를 모니터링하고 제어하기 위해서는 임베디드 시스템을 펌웨어나 RTOS(Real time operating system)레벨에서 관리하는 것은 신뢰성이 다소 부족하고 웹서버의 구축은 사실상 불가능하다. 따라서 시스템 내부에 OS(operating system)인 리눅스를 포팅하고 OS를 기반으로 웹서버를 구축하여야 한다. 이렇게 OS와 더불어 웹서버를 구축하기 위해서는 처리속도 또한 빠른 시스템이 요구된다.

2) 분산 제어를 위한 지그비(Zigbee)무선 네트워크 구성

자동차에 내장된 ECU는 차량의 전자제어 부분을 처리하지만 차량의 지능화와 무인화와 더불어 편리성까지 대두되면서 많은 독립된 센서나 제어기들의 데이터들을 처리하게 된다. 따라서 ECU에 많은 부담이 생겨 신뢰성에 문제가 발생할 수 있어 차량의 ECU에 의한 중앙 집중적인 처리방식이 아닌 추가되는 기기들에 대해서는 차량 내부의 무선 네트워크를 구성해

ECU와 더불어 분산제어를 가능하도록 한다.

3) ECU(Electronic control unit)

대부분의 자동차에서는 전자제어장치인 ECU가 존재해 자동차 내부에서 사용되는 각종센서
로부터 정보를 받고 구동장치를 작동해준다.

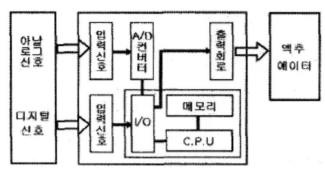

ECU 블록도

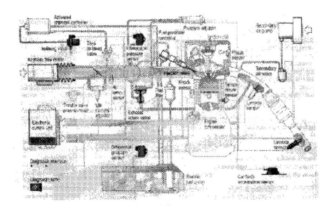

ECU 연결도

4) 전체 시스템 네트워크 구성

주 제어기는 차량에 차량된 ECU와 연결되어 차량 내부의 데이터를 수집하고 지그비 무선모
듈을 이용해 자동차 모든 부분에 슬레이브 제어기들을 관리하게 된다. 임베디드 시스템은
주 제어기를 통해 자동차의 센서 정보를 비롯한 I/O정보를 취득할 수도 있으며 모터를 비롯한
다양한 기기들을 제어할 수도 있다. 이러한 차량용 네트워크의 구성은 차량의 직접적인 제어와
운행에 관련된 부분은 ECU를 통해 수집 및 제어하게 하였으며 그밖에 편리성 및 새로운 기기들

을 제어하고 관리하는 부분은 지그비 통신을 사용한다.

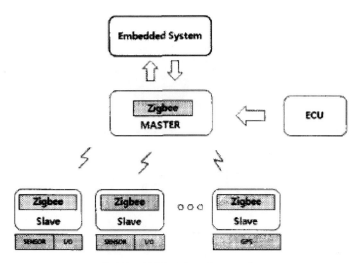

제안된 차량용 네트워크 구성도

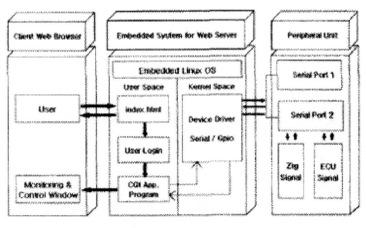

임베디드 시스템의 동작도

참고자료 : http://img.kisti.re.kr/originalView/originalView.jsp

제 **16** 장

도로에서 에너지 절감 사례

16.1 개요

매일 아침 출퇴근 시간 우리는 도로 위에서 시간을 낭비하고 있다. 사람들은 매일 출퇴근을 하고 우리는 어떻게 출퇴근 시간을 좀 더 효율적으로 사용할 수 있을까? 라는 생각을 해보았다. 많은 운전자들은 끔찍한 교통체증과 연료비, 주차비, 통행료 그리고 유지비에도 불구하고 출근을 위해 자가용을 사용한다. 그렇다면 이들을 대중교통으로 불러들일 방법은 없는가? 우리는 이를 해결하기 위해 정보기술을 사용, 창의적인 차량, 경로 그리고 교통서비스를 통해 출퇴근 시간에 일과 여가를 가능하게 만들도록 했다.

Mr. Lars의 사례를 들면서 이 대중교통 시스템에 대하여 설명하겠다.

Amsterdam에 거주하는 Lars는 아침식사시간에 그의 주방 식탁표면에 내장되어 있는 스크린으로 버스시스템을 체크한다. 그는 전날 밤 그가 선호하는 시간에 그를 태우고 직장까지 가는 버스좌석을 예약했다. 그 버스는 Amsterdam에 거주하는 다른 사람들의 요청을 기반으로 스케줄링되어 있다.

이처럼 식탁에서 손쉽게 버스를 예약하면 버스는 도착 5블럭 전에 사용자에게 알려주며 집에서 나와야 하는 시간까지 보여준다.

Lars는 집에서 나오면서 open source bus 애플리케이션을 실행하면 그의 위치를 버스가 볼 수 있게 하고 그의 예약을 확인하고 그가 타려는 버스의 상태정보를 보여준다.

그가 버스에 탑승하였을 때 결제는 그의 핸드폰에 내장되어 있는 RFID를 이용하여 결제한다. 결제가 진행되면 그가 버스에 탑승하였다는 사실을 시스템에 업데이트한다.

그가 출근에 소요하는 시간은 대략 45분 정도이다.

이는 45분 먼저 업무를 수행하는 것을 말한다. 그는 직장 동료와 버스에서 만나서 프로젝트에 대해 논의하기로 예정되어 있다.

출처: William J. Mitchell, connected sustainable cities, MIT Mobile Experience Lab Publishing

그와 그의 동료는 버스좌석에서 커피를 주문하고 버스가 멈추었을 때 정류장에서 커피를 받아볼 수 있다. 커피 또한 신호를 통해 결제되어 있다.

그와 그의 동료는 버스에 컴퓨터를 연결하고 컴퓨터에는 버스의 현재 위치와 주변의 맛집 등을 하단에 알려준다. 연결된 컴퓨터를 통해 버스에서 화상회의 또한 가능하다.

버스가 도착하면 그들의 버스신호는 자동적으로 꺼진다.

회사에서 그가 업무를 보고 퇴근할 때 그는 다시 버스를 선택한다.

그는 요즘 중국어를 배우고 있는데 버스 시스템 내에 중국어를 배우기 희망하는 사람들을 찾아 스터디 그룹을 형성해서 버스에서 만나 스터디도 할 수 있다.

16.2 ▲ 사례 조사

16.2.1 홈플러스 가상스토어

홈플러스 가상스토어란 지하철역에 상품 이미지를 바코드 또는 QR코드로 실제 쇼핑공간처럼 구현해 놓고 스마트폰 앱을 통해 쇼핑하면 집으로 물건을 배송해주는 시스템이다. 지하철역에 가상스토어를 마련하여 통근시간에 필요한 물건을 구입할 수 있다.

구입한 물건을 가져갈 필요 없이 집으로 배송해주기 때문에 따로 시간을 내서 마트에 가지 않고 통근시간을 이용하여 장을 볼 수 있다.

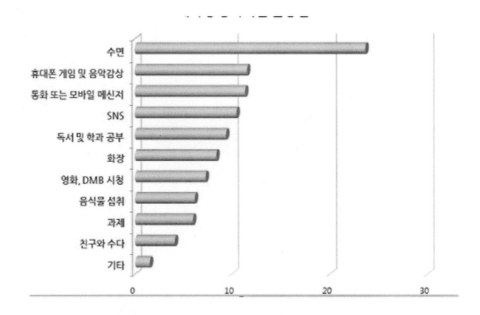

실제로 통근시간을 어떻게 보내고 있냐는 설문에 대부분의 사람들은 수면, 휴대폰게임 같은 생산적이지 못한 일을 하면서 시간을 보내고 있었다. 통근 시간을 이용하여 생산적인 활동을 하는 사례를 조사하려 하였지만 아직은 통근시간은 잉여 시간으로 사용되고 있는 경우가 더 많았다.

그렇다면 잉여시간으로 사용되는 통근시간이 없다면 이 시간을 어떻게 사용될까요?

세계 최대 사무 공간 컨설팅 그룹인 리저스의 조사결과 전 세계 90여개국 직장인 약 20,000명을 대상으로 매일 출퇴근을 하지 않게 된다면, 그 시간을 어떻게 활용할 것인지에 대해 설문조사를 실시했다.

응답자들은 '가족, 연인, 친구와 함께 시간을 보내기' 등 다양한 활동을 선택했는데, 놀랍게도 응답자의 과반수가 넘는 54%가 그 시간에 업무를 더 하겠다고 대답했다.

16.2.2 스마트오피스(Smart office)

스마트오피스(Smart office)란, 도심에 있는 본사 사무실에 출근하지 않고 원격지에서 업무를 처리할 수 있는 IT 기반 사무실을 말한다.

별도의 IT기반의 사무실을 마련, 출근한다는 점과 원격회의시설과 육아시설 등이 포함되어 있어 집에서 일하는 재택근무와는 차이가 있다.

스마트오피스는 통근시간을 줄이거나 없애고 그 시간에 일을 할 수 있다.
스마트오피스를 이끄는 5가지 요소 중 공간에 중점을 두었습니다.

16.3 ICT 기술 적용시 요소 기술 및 시스템 구조 제시

16.3.1 RFID

RFID(Radio Frequency Identification)
사물에 부착된 태그로부터 전파를 이용하여 사물의 정보 및 주변 환경을 인식하여 각 사물의 정보를
수집, 저장, 가공, 추적함으로써 사물에 대한 측위, 원격 처리, 관리 및 사물 간 정보 교환 등의 다양한
서비스를 제공함을 말한다.

1) RFID 기본구성요소

RFID 시스템은 기본적으로 사물의 정보를 갖고 있는 태그(Tag), 사물에 부착된 태그의 정보
를 인식하는 리더기(Reader, or Interrogator) 그리고 리더기로부터 인식 받은 정보를 처리하는
호스트 컴퓨터, 네트워크, 응용 프로그램 등으로 이루어진다.

RFID 구성 요소

2) RFID 작동 원리

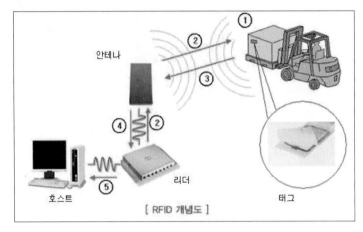

RFID 작동 원리

① 칩과 안테나로 구성된 태그에 활용 목적에 맞는 정보를 입력하고 박스, 팔렛트, 자동차
   등에 부착.
② 게이트, 계산대, 톨게이트 등에 부착된 리더에서 안테나를 통해 발사된 주파수가 태그에
   접촉.
③ 태그는 주파수에 반응하여 입력된 데이터를 안테나로 전송.
④ 안테나는 전송받은 데이터를 변조하여 리더로 전달.
⑤ 리더는 데이터를 해독하여 호스트 컴퓨터로 전달.

16.3.2 센서네트워크

센서네트워크(Sensor Network)
어느 곳, 어느 사물에나 부착된 태그와 센서로부터 사물 및 환경 정보를 감지, 저장, 가공하여 전달,
인간생활에 폭넓게 활용하는 것

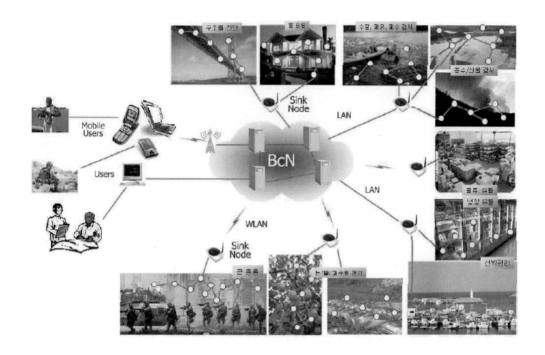

1) 센서네트워크 구조와 구성 요소

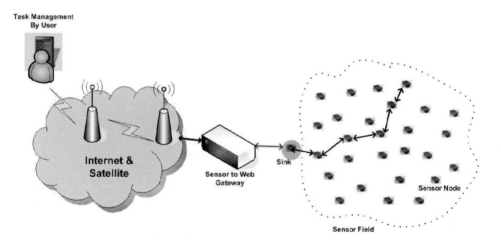

센서네트워크는 크게 4부분으로 나뉜다. 첫 번째는 센서노드로서 그림의 오른쪽 점들이다. 두 번째는 싱크노드로서 그림에서 가운데 위치한다. 센서노드와 싱크노드는 무선으로 연결되어 센서네트워크를 구성한다. 세 번째는 센서네트워크와 인터넷을 연결하는 장치로서 게이트웨이다. 게이트웨이는 싱크노드와 합쳐질 수도 있다. 끝으로 센싱된 데이터를 저장하는 서버이다. 서버에서는 센싱된 데이터를 저장, 가공하여 적절한 조치를 취한다.

품종	센서노드	중계노드	베이스노드
기능	사용자 정보전달	사용자 정보전달	사용자 정보수집
사양	2.4GHz RF 대역의 USN 노드	USN 노드의 센싱데이터 수신 / 송신 역할 수행	USN 노드의 센싱 데이터 또는 중계노드를 통해 수집된 센싱데이터를 USN GateWay로 전송

2) 구성

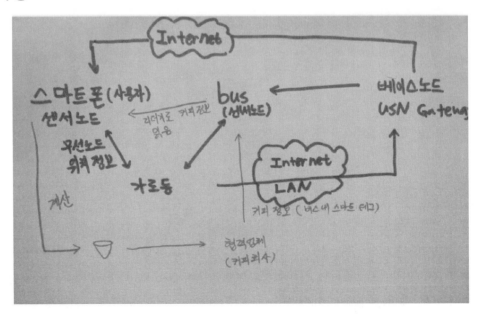

- 사용자가 휴대폰을 이용하여 사전에 버스 예약
- 가로등에 부착된 센서노드를 통해 버스와 사용자 의 위치를 서로 교환
- 버스요금 결제는개인정보가 저장되어 있는 RFID 칩을 사용자의 휴대폰에 주입하여, 사용자가 버스 근처로 가면, 버스가 자동으로 개인정보를 식별함과 동시에 사전에 등록된 사용자의 신용카드로 요금이 자동으로 지불

16.4 ▸ 참고 문헌

- http://www.rfidkor.com/ (RFID 코리아)
- http://www.rfidepc.or.kr (RFID 산업활성화 지원센터)
- http://www.rflink.co.kr/korea/rfid/frame1.htm (알에프링크)
- http://www.jeiltec.co.kr/rfid/rfid.html (제일정보통신)
- http://7wonblog.com/70117932561
- http://cafe.naver.com/fursysoc/29

제 **17** 장

주차장 에너지 절감

17.1 시나리오 분석

(1) 문제점

도시 인구의 급격한 증가에 따라 자동차의 수도 동시에 증가하게 되었다. 이에 따라 주차
공간의 문제가 발생하게 되었다. 어떻게 하면 도시에서의 주차공간을 줄이고, 그 공간을 좀
더 효율적으로 활용할 수 있는가에 대한 내용이다.

일반적으로 도시의 주차 공간은 매우 부족한 형태이며, 주차를 위해서 돌아다니는 차들이
도시 교통 체증의 30%에 달한다. 또한 주차 공간을 찾기 위해 사용되는 연료와 시간을 세계적
으로 본다면 거대한 자원 낭비이다.

(2) 문제 해결 방안

① 카풀을 통해 도시 교외에서 도시로 들어오는 차량의 숫자를 줄인다.
② 길거리 주차공간에 미터기를 설치하여 무료에서 유료로 바꾼다.
③ 고정되어 있는 주차 요금을 수요와 공급을 기초로 하여 시간에 따라 주차 요금을 변화
시킨다.

④ 도시의 주차공간에 센서를 설치하여 차량 주차 유무를 확인할 수 있게 한다.

⑤ 온라인이나 휴대 전화를 이용해서 주차공간의 예약과 주차요금 결제를 하게 한다.

⑥ 사무실 앞 주차공간을 경매처럼 높은 가격을 제시하는 사람에게 제공한다.

(3) 사례

미국의 샌프란시스코시는 스마트 기기와 무선 센서 네트워크를 이용한 지능형 주차 서비스를 제고할 계획을 발표했다. SFPark라고 불리는 이 시스템은 샌프란시스코 지역의 2만여 개의 주차공간에 6천여 개의 센서를 설치하고 스마트폰용 무료 지도를 이용해 주차 공간을 파악하게 도와주는 응용서비스다. 또한 주차비가 지불되어야 하는 장소에서는 스마트폰을 이용한 결제를 가능케 하였다.

영국에서는 YourParkingSpace라는 서비스가 있다. 자신의 차도, 차고 등 주차공간을 다른 사람에게 임대하여 수익을 얻는 서비스로 주차공간이 필요한사람과 남는 사람 모두를 충족시킬 수 있다. 온라인으로 주차공간의 위치 확인과 결제를 할 수 있다.

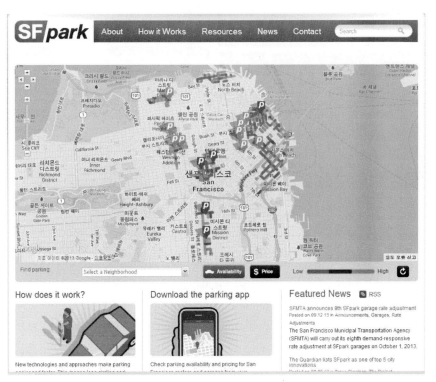

미국의 SFPark

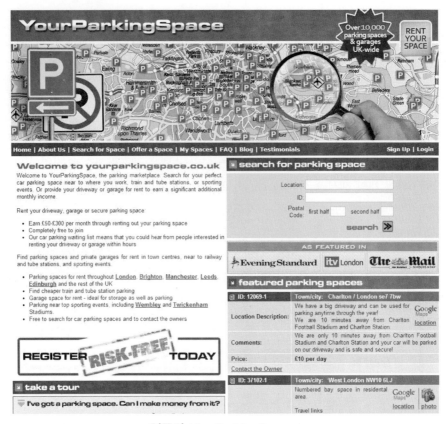

영국의 YourParkingSpace

17.2 ▲ 사례 조사

(1) 독일

첫 번째 사진은 프랑크푸르트 시내중심 공영주차장의 현재 상황을 알려주는 상황판이 곳곳에 설치되어 있는 것이다. 숫자는 주차 가능한 차량의 수를 나타내고, 붉은 표시로 되어 있는 곳은 '만차'를 나타낸다.

두 번째 사진은 한국식으로 말하면 '거주자우선주차구역'을 알리고 있는데 P자 밑에 차가 기울어져 보이며 일명 '개구리주차'로 도로와 인도를 절반씩 물고 주차하는 방식이다.

출처 : http://humandrama.tistory.com/m/post/view/id/602

(2) 프랑스

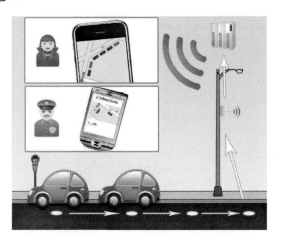

주차장 설치용 무선센서

출처 : blogs.rsr.ch

출처 : greenunivers.com

SmartGrains사, 주차장정보 실시간 제공 무선시스템(Parcorama)

파코라마라는 이 시스템은 자동차의 금속부분을 감지해 주차 상태를 이동통신망으로 전송해 주는 센서만 주차장에 설치하면 되는 아주 간편한 것으로 전력 소비량이 아주 적어서 배터리나

태양광 전기로 작동할 수 있으며, 무선망을 통해 전광 표시판, GPS 또는 스마트폰에 주차상황을 실시간으로 제공해 주는 실용성을 갖춘 제품이다. 실용적이고 신뢰성이 높으며 지하나 도로 주차장 등 아무 곳에나 손쉽게 설치할 수 있다.

(3) 뉴질랜드

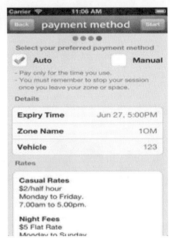

자료원: Frogparking.com

뉴질랜드 'Frogparking'사가 개발한 이 시스템은 도심 곳곳의 주차공간에 설치된 태양광으로 작동하는 센서가 이 회사가 개발한 모바일앱과 연동돼 작동함으로써 운전자가 빈 주차자리를 실시간으로 확인할 수 있다. 운전자가 모바일앱을 사용하지 않는 경우라도 길가에 설치된 전광판을 통해 근처 빈 자리가 얼마나 남았는지 알 수 있다. 또한, 모바일 앱 사용자는 주차권을 발행할 필요가 없으며 주차 후 모바일앱으로 원하는 시간만큼 선불 결제를 하거나 후불 결제를 선택하면 된다. 주차공간에 설치된 센서가 차량을 감지해 클라우드 서버에 차량 출입시간 및 총 주차시간을 전송해 준다.

만약, 모바일앱을 사용하지 않는 운전자라면 기존 방식대로 주차권 발권기에서 원하는 시간

만큼 주차권을 선불 결제한 후 이를 자동차 앞 유리에 꽂아두어야 한다. 주차 단속원 역시 스마트폰을 들고 다니면서 앞 유리에 티켓을 꽂아두지 않은 차량이 Frogparking 서비스를 이용하는 차량인지 무단주차 차량인지를 파악할 수 있다. 현재 오클랜드는 Dominion Road와 Bellwood Avenue 곳곳에 센서를 설치해 시범 운영 중이며, Palmerston North시에는 2300개의 센서가 설치돼 성공적으로 서비스를 제공하고 있다.

(4) 미국

자료원 : SF park 홈페이지, 뉴욕타임즈

탄력적 요금 적용 용이한 스마트 주차미터기 설치 프로젝트 SF park

샌프란시스코 시는 주차공간을 찾기 위해 발생되는 교통 혼잡과 그로 인한 운전자들의 불편함을 해소하기 위해 새 스마트 미터기로 교체하는 'SF park' 프로젝트를 시행한다.

새 미터기의 시간당 요금은 주차공간에 대한 수요와 공급에 따라 자동적으로 25센트에서 6달러까지 차등적으로 부과되며 야구경기 등과 같은 주요 행사시에는 시간당 최고 18달러로 책정할 예정이다. 기존의 주화전용인 미터기를 신용카드 및 체크카드로도 결제 가능하고 샌프란시스코 교통국(SFMTA)의 충전식 주차카드로도 결제가 될 예정이다.

도로 위 아스팔트에 부착된 8300개의 무선전자센서가 주차공간의 사용여부, 주차가능 공간의 위치 및 주차된 각 차량의 남은 주차시간에 대한 정보를 실시간으로 수집에 SF park의 데이터 시스템에 전송하게 되고 이 정보는 다시 도로 위 전광판과 각 스마트 미터기로 전송된다. 이에 따라 운전자들은 전광판과 각 스마트 미터기를 통해 주차요금 및 주차위치정보를 파악하게 됨으로써 주차공간을 찾기 위해 배회하는 불편함이 없어진다. 또한 각 주차장의 차량회전율에 대한 기록을 축적해 다음 주차요금조정의 근거자료로 이용될 수 있다.

(5) 한국

티아이에스정보통신에서 만든 초음파주차유도시스템은 이마트, 병원 등 효율적인 주차시스템이 필요한 곳에 설치되어 있다.

초음파주차유도시스템은 운전자가 전광판에 실시간으로 표시되는 빈 주차공간 및 이동방향을 확인하여 최단거리, 최소시간에 주차하도록 하는 시스템이다.

① 주차장 입구에 각 층별 공차 정보를 제공한다.
② 각 층에는 구역을 나누어 구역별 공차 정보를 제공한다.
③ 주차공간 위에 초음파 센서가 있어 주차 유무를 확인한다.
④ 주차 유무에 따라 녹색과 적색으로 표시한다.

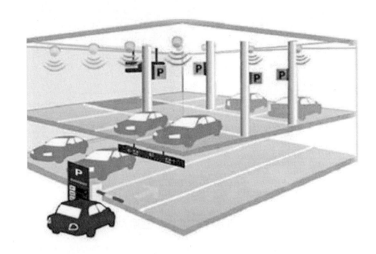

17.3 ICT 적용 기술

(1) 시스템 구조도

주차장에 설치된 각종 센서로부터 게이트웨이를 통해 서버로 데이터를 전송한다.
서버에서는 수집된 데이터를 처리하여 필요한 정보로 가공한다.
가공된 정보를 이용하여 웹, 모바일 등 사용자 편의에 맞게 제공한다.

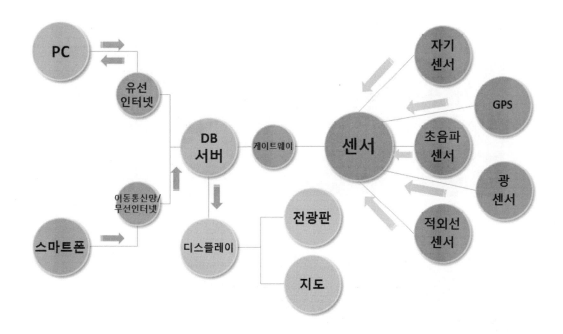

(2) 위치기반서비스(LBS)

위치기반서비스(LBS)란 휴대폰이나 PDA와 같은 이동통신망과 IT 기술을 종합적으로 활용한 위치정보 기반의 시스템 및 서비스를 말한다. 이 서비스는 고객의 위치정보를 기반으로 상품정보 뿐만 아니라 교통정보, 위치추적정보 등 생활 전반에 걸쳐 다양한 정보 제공에 활용될 수 있다.

위치기반 서비스를 통해 얻을 수 있는 정보는 다음과 같다. 사람·차량 등의 위치를 파악하고 추적할 수 있음은 물론, 산속이나 사막과 같은 오지에서 위험에 처했을 때 휴대폰의 응급 버튼을 누르면 구조기관에 연결되어 구조를 받을 수 있다.

또 휴대폰 사용자가 있는 특정 장소의 날씨 서비스, 일정한 지역의 가입자에 대한 일괄 경보 통지 서비스, 지름길을 찾을 수 있는 교통정보 서비스, 주변의 백화점·의료기관·극장·음식점 등 생활정보 서비스, 이동 중에 정보가 제공되는 텔레매틱스 서비스 등 각종 서비스가 가능하다.

유비쿼터스를 실현하기 위한 가장 기본적인 공간 서비스이지만, 개인의 사생활을 침해할 수도 있기 때문에 각국에서는 위치기반 서비스의 활성화와 위치정보의 오남용을 막기 위한 법제화를 추진하고 있다. 우리나라도 2005년 7월 28일부터 '위치정보의 이용 및 보호에 관한 법률'이 시행되고 있다.

(3) Sensor

자료원: Frogparking.com

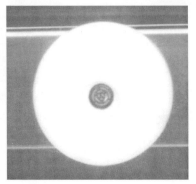

이마트 주차장, 주차표시등과 가운데 초음파 센서

센서는 도로의 표면에 설치하는 방법과 도로의 내부에 설치하는 경우로 나뉘며, 또한 전원 공급 방식의 차이로도 나뉜다. 위의 사진은 태양광 패널을 사용한 경우이며 Full charge time은 10분이며 빛이 없이 48시간 동안 동작한다. 배터리를 사용한 경우는 Lithium 배터리를 사용하고 5년 정도 사용할 수 있다. 디자인은 두 가지 모두 같다.

자기센서, 적외선, 광센서를 통해 주차 유무를 파악한다. 433MHz, 868MHz, 900MHz 주파수를 사용하며, 게이트웨이를 통해 인터넷으로 센서의 상태를 전송할 수 있다.

초음파센서 초음파 펄스를 피측정물을 향해 방사하여 물체에서 반사되어 오는 반사파를 받을 때까지의 시간을 계측하여 거리를 측정한다.

적외선센서 스스로 적외선을 복사하여 빛이 차단됨으로써 변화를 검지하는 능동식과, 자체에는 발광기를 가지지 않고 외계로부터 받는 적외선의 변화만을 읽어내는 수동식이 있다.

광학센서 빛 자체 또는 빛에 포함되는 정보를 전기신호로 변환하여 검지하는 소자. 검지가 비접촉, 비파괴, 고속도, 게다가 주변에 잡음의 영향을 주지 않고 할 수 있는 특징이다.

자기센서 자기장 또는 자력선의 크기와 방향을 측정하는 센서이다. 자기장의 영향으로 여러 가지 물질의 성질 등이 변하는 것을 이용하여 자기장을 측정한다.

(4) Application(web, mobile, server)

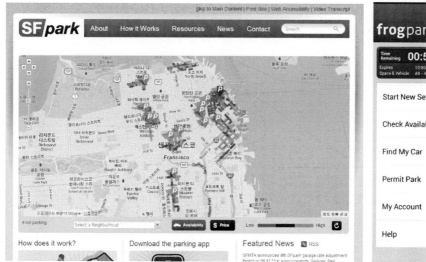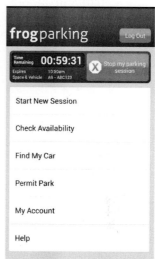

SF park 홈페이지와 frogpaking의 앱

서버에서는 수집된 데이터를 데이터 마이닝 하여 필요한 데이터를 정리한다. 실시간 주차요금 계산, 주차장의 사용 상태, 주차 빈도수 등의 데이터를 처리하며, 다음번 기준 요금을 위한 자료 또한 처리한다.

웹에서는 처리된 데이터를 사용자의 입장에서 보여준다. GPS와 센서를 통해 주차장의 상태, 주차 요금 등의 정보를 제공한다.

모바일의 경우는 웹의 데이터를 모바일 환경에 맞게 보여주며, NFC와 RFID의 기능을 통해 요금 납부도 가능하다.

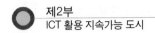
17.4 참고문헌

- SF Park

  http://sfpark.org/

- Frogparking

  https://frogparking.com

- 티아이에스정보통신

  http://www.tis21.com

- KOTRA 해외비지니스정보포털

  http://www.globalwindow.org

저자와의
협의에 의해
인지 생략

ICT 융합에너지 절감도시

1판 1쇄	2016년 2월 15일

저 자	김병호/소선섭/윤영선/정진만/은성배
발행인	송광헌
발행처	복두출판사
임프린트	북링커
주 소	서울특별시 영등포구 경인로82길 3-4
	센터플러스 807호 (우) 07371
전 화	02-2164-2580
FAX	02-2164-2584
등 록	2015. 7. 21 제 2015-000097 호

정가 : 24,000원
ISBN : 979-11-956742-2-0 93530

 한국과학기술출판협회 회원사